Flugzeuge der Welt 2024

AF833333

Coverfoto: Volokopter VoloCity
Dreiseitenrisse: Aeromedia Anton E. Wettstein, Samuel Ehrat, Mattes Kettner, Joachim Schreiber, Benjamin Meili.
Diverse Fotos wurden dankenswerterweise von diversen Herstellerfirmen und mehreren Fotografen zur Verfügung gestellt, u. a. von Guido Bühlmann, Rolf Nyffeler und Paul Bannwarth. Da die Bilder jeweils klein sind, wäre eine Referenzierung auf dem Bild nicht lesbar. Daher sind sie hier pauschal genannt.

ISBN 978-3-613-04627-6
www.motorbuchverlag.de
Druck und Bindung: Graspo CZ, 76302 Zlin
Printed in Czech Republic

FLUGZEUGE DER WELT 2024

Claudio Müller

Motor buch Verlag

Seit 64 Jahren erscheint das Jahrbuch »Flugzeuge der Welt«. Wie üblich, präsentiere ich jene Typen, die sich derzeit in Produktion befinden oder ältere Modelle, welche einer wesentlichen Modernisierung unterzogen werden. Am interessantesten sind jedoch jeweils die Muster, die voraussichtlich im Jahr 2024 ihren Erstflug absolvieren. Auch in diesem Jahr kann von einigen attraktiven Neuerscheinungen berichtet werden.

Die weltweite Entwicklung zur Nachhaltigkeit und zur Umsetzung des Pariser Klimaabkommens macht auch vor der Luftfahrtindustrie nicht halt. Deshalb ist der Schwerpunkt in dieser Ausgabe primär Fluggeräten gewidmet, welche die verlangten Nachhaltigkeitsziele zu erreichen versuchen. Unglaublich, die hohe Zahl an Entwicklungen, welche aktuell in Arbeit sind. Es dürften weit über hundert sein! Wie viele davon werden am Schluss erfolgreich sein? Aus Erfahrung eher wenige, in den meisten Fällen wird es bei der Idee oder allenfalls bei einem Prototypen bleiben. Der Forschungs- und Entwicklungsschwerpunkt liegt bei den Triebwerken und dazu erforderlichen Kraftstoffen. Alternative Antriebe, seien es Triebwerke mit Elektronantrieb oder Hybrid-Lösungen zwischen elektrischen und konventionellen Antrieben stehen im Vordergrund. Auch in den Bereichen alternative Treibstoffe wird intensiv geforscht. Am weitesten sind sog. SAF-Kraftstoffe (Sustainable Aviation Fuel) entwickelt. Deren Herstellung ist aber komplex und energieintensiv. Mittelfristig soll Wasserstoff eine große Zukunft besitzen, aber auch hier sind noch enorme Probleme zu bewältigen.

Ein zweiter Megatrend sind Entwicklungen von autonom fliegenden Modellen, meist eine Mischung zwischen Hubschraubern und Flächenflugzeugen. Erste Erprobungsträger sind bereits geflogen, einige wenige stehen vor der Einführung. Vielleicht entwickelt sich ein neuer Markt von Luftfahrtgeräten zwischen Flugzeugen mit herkömmlicher Besatzung und den Drohnen. Sie sind primär als Taxiflugzeuge innerhalb von Großstädten vorgesehen. Obwohl technisch möglich, darf ein Fragezeichen gesetzt werden, ob gerade Kommunen einen solchen Zusatzverkehr zulassen werden, vielleicht in Asien und Amerika ja, kaum aber in Europa. Auch Fragen der Sicherheit werden sich stellen. Im Segment Fracht oder für militärische Einsätze sind solche Lösungen vermutlich eher denkbar

Das Passagieraufkommen hat 2023 fast wieder die Werte wie vor der Pandemie erreicht. Rekordhohe Bestellungen sind ein Zeichen, wie optimistisch die Airlines die Zukunft beurteilen. Was den Verkauf von Verkehrsflugzeugen angeht, war 2023 ein absolutes Rekordjahr – es gab eine eigentliche Bestellungsflut. Die Auftragsbücher einiger Anbieter sind randvoll. 2023 erhielt Airbus Aufträge über 2319 Flugzeuge, aber auch Boeing konnte im selben Zeitraum 1314 Bestellungen entgegennehmen. Das sind absolute Rekordwerte. Die größten Bestellungen kamen aus Asien, dieses Mal aber nicht aus China. So hat die Air India/Indian Airlines Schlagzeilen mit dem höchsten je vergebenen Auftrag gemacht. Nicht weniger als 500 Airbusse wurden bestellt. Diese Airline hat aktuell rund 1000 Bestellungen offen. Es fällt auch auf, dass wieder vermehrt Großraumflugzeuge bestellt werden, nachdem in den letzten Jahren in diesem Segment Flaute herrschte. Ein großes Problem ist jedoch, dass Airbus wie Boeing mit der Lieferung aus diversen Gründen kaum nachkommen. Airbus lieferte 2023 735 Flugzeuge, Boeing gerade mal 528. Bei den Frachtflugzeugen ist die Konsolidierung eingetreten. Weiterhin wird eine große Zahl von ehemaligen Passagiermaschinen in Frachter umgebaut. Bei den neuen Frachtern erweist sich im Moment nur die A350F als Verkaufserfolg. Sorgen bereitet bei einzelnen Typen immer noch die fehlenden Triebwerke, insbesondere der P&W1100G, dessen Lebensdauer offenbar Probleme verursacht. In der Folge ist jeweils eine größere Anzahl von Flugzeugen am Boden gefesselt.

Angesichts der weltpolitischen Lage sind in fast allen Ländern die Verteidigungsbudgets massiv erhöht worden. Davon profitiert natürlich die Rüstungsindustrie. Bei den Flugzeugen hat sich das aber noch nicht allzu sehr manifestiert. Bisher sind hauptsächlich Nachbestellungen von bestehenden Flugzeugen erfolgt. Kaum neue Programme wurden aufgelegt.

Russland war in den letzten Jahren zunehmend ein ernst zu nehmender Konkurrent in der Zivilluftfahrt, aber insbesondere bei Kampfflugzeugen und Hubschraubern. Außer Nachbestellungen für den Binnenmarkt dürften inskünftig die Exporte von russischen Flugzeugen weitgehend einbrechen. Ob die Finanzen reichen, um neue Modelle zu entwickeln wird sich weisen.

Die große Überraschung stellt aber die türkische Luftfahrtindustrie dar. Sie entwickelte und entwickelt in rascher Folge neue Flugzeuge und Drohnen aller Art. Letztere haben sich sogar zu einem internationalen Verkaufserfolg entwickelt. Mehrere Muster werden in dieser Ausgabe vorgestellt. Es wird sich weisen, ob es sich eher um Papierprojekte handelt oder ob sich diese Modelle zu einem (kommerziellen) Erfolg entwickeln.

Claudio Müller

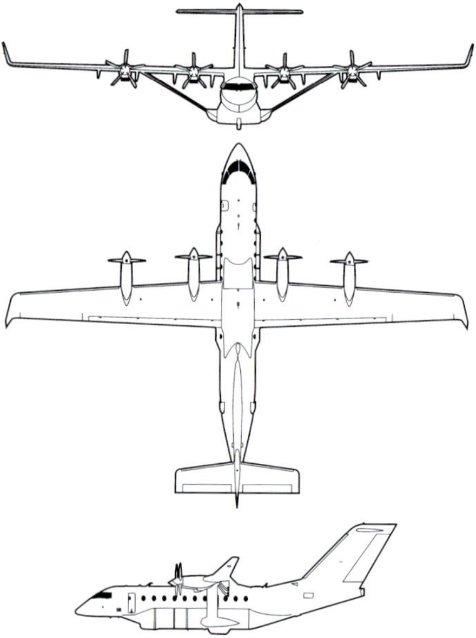

Abmessungen:
Spannweite 30,70 m,
Länge 22,70 m.

HEART AEROSPACE ES-30

Ursprungsland: Schweden.
Kategorie: Regionalflugzeug für Kurzstrecken.
Triebwerke: Vier Elektromotoren noch unbekannter Leistung sowie zwei Turbogeneratoren im Heck.
Leistungen (nach Angaben des Herstellers): Dienstgipfelhöhe 6100 m; Reichweite mit reinem Elektroantrieb 200 km, hybrid und elektrisch 400 km, mit 25 Passagieren 800 km.
Gewichte: (Noch keine Angaben erhältlich).
Zuladung: Ein Pilot und 30 Passagiere.
Entwicklungsstand: Gemäß heutiger Planung soll ein erster Prototyp 2026 erstmals starten. Der Hersteller plant ab 2028 die Indienststellung. Die schwedische Leasinggesellschaft Rockton will bis zu 40 Einheiten beschaffen, Air Canada bis zu 30, JSX bis zu 100. Weitere Interessenten für rund 100 Einheiten sind vorhanden.
Bemerkungen: Dieser bisher nicht als Flugzeugbauer aufgetretene Hersteller ist daran, ein kleines Regionalflugzeug für kurze Strecken zu entwickeln. Solange die ES-30 mit Elektroantrieb fliegt, stößt sie keinerlei Emissionen aus und wäre sehr leise, dies besonders bei Starts und Landungen. Für die rund 5,5 t schweren Batterien ist Raum unter dem Passagierdeck vorgesehen. Dies gibt der ES 30 seine prägende Form. Die Avionik neuester Generation soll von Honeywell geliefert werden. Alle hier gemachten Angaben sind als noch sehr provisorisch zu betrachten. Interessant ist die Idee, zusätzlich zu den vier Elektromotoren noch zwei Turbogeneratoren im Heck im Sinne eines »Reserve-Hybrid-Systems vorzusehen. Die Inneneinrichtung soll den heutigen Anforderungen entsprechen, im Cockpit wird die Avionik G3000 von Garmin eingebaut.
Hersteller: Heart Aerospace, Göteborg, Schweden.

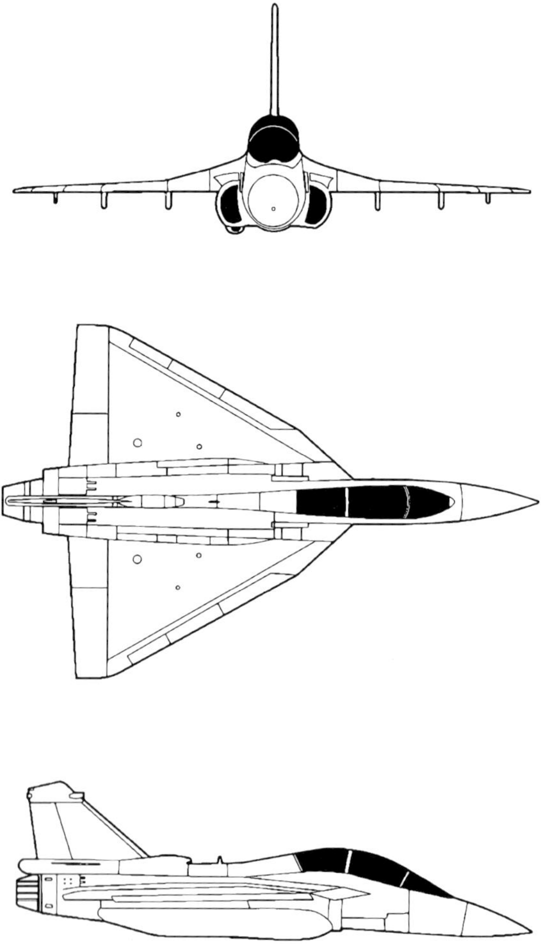

Abmessungen (Mk. 1A):
Spannweite 8,20 m,
Länge 13,20 m,
Höhe 4,40 m,
Flügelfläche 38,40 m².

ADA (HAL) TEJAS/NAVAL TEJAS

Ursprungsland: Indien.
Kategorie: Ein- und zweisitziger leichter Mehrzweckjäger.
Triebwerke (Mk.1A): Ein Mantelstromtriebwerk General Electric F404-IN20 mit 8210 kp (80,50 kN) Standschub mit Nachbrenner; Mk.2 ein leistungsfähigeres Mantelstromtriebwerk F414-INS6 mit 9800 kp (96,10 kN) Standschub mit Nachbrenner.
Leistungen (Mk.1A nach Angaben des Herstellers): Höchstgeschwindigkeit in großen Höhen Mach 1,6; Dienstgipfelhöhe 15250 m; Aktionsradius 800 km; Reichweite mit internem Kraftstoff 2000 km.
Gewichte (Mk.1A): Leergewicht 6560 kg; Startgewicht ohne Außenlasten 9500 kg, mit Außenlasten bis zu 13200 kg.
Bewaffnung: Eine doppelläufige 23-mm-Kanone GSh-23 mit 200 Schuss sowie an sieben Aufhängepunkten Waffenlasten bis zu 3300 kg, (Mk.2) 6500 kg.
Entwicklungsstand: Der erste von zwei Erprobungsträgern TD-1 nahm die Flugerprobung am 6. Januar 2001 auf, gefolgt vom ersten eigentlichen Prototypen PV1 am 25. November 2003. Im April 2007 hatte auch das erste Serienflugzeug Mk.1 den Erstflug. Der erste von zwei Prototypen der Marineausführung Naval Tejas (siehe Dreiseitenriss und Foto) nahm am 27. April 2012 die Flugerprobung auf. Erste Landungen auf einem Flugzeugträger fanden Anfang 2020 statt. Die Indische Luftwaffe will rund 220 Einheiten (neu insgesamt bisher 180 MK.1/Mk.1A bestellt) beschaffen, die Indische Marine 40 Naval Tejas (9 davon bestellt). Nach langen technisch bedingten Verzögerungen erfolgte die Indienststellung am 1. Juli 2016. Bis Ende 2023 wurden etwa 40 Maschinen gebaut. Von der Version Mk.2 sind vier Prototypen im Bau, Erstflug für 2023 geplant. Von dieser Ausführung wird die Indische Luftwaffe ab 2028 voraussichtlich 108 erwerben.
Bemerkungen: Vom Ausgangsmuster Tejas Mk.1 wurden nur 20 Einheiten gebaut und durch die Version Mk.1A ersetzt, welche primär Mängel der Vorgängerausführung beseitigte und über ein AESA-Radar verfügt. Die Version Tejas Mk.2 wird voraussichtlich erst ab der 124. Maschine eingeführt. Aufgrund der mit der Mk.1 gemachten Erfahrungen sind wesentliche Änderungen vorgesehen, beispielsweise auf 14,2 m verlängerter Rumpf, damit u. a. mehr Platz für zusätzliche Avionik gewonnen wird. Das Seitenleitwerk sowie die Fläche des Tragflügels sind größer. Zum Einbau gelangt das leistungsstärkere F414-GE-INS6-Triebwerk. Das maximale Abfluggewicht soll auf 17500 kg gesteigert werden.
Hersteller: ADA Aeronautical Development Agency der Hindustan Aeronautics Ltd., Bangalore, Indien.

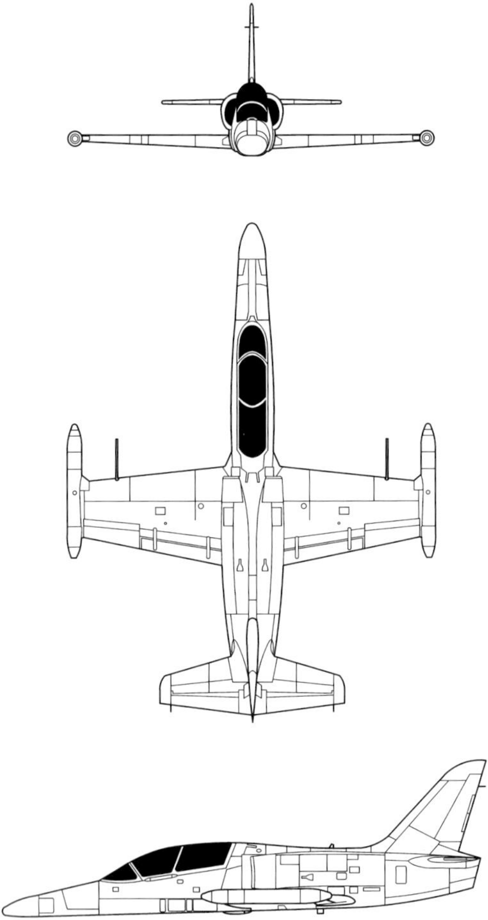

Abmessungen (L-159/L-39NG):
Spannweite inkl. Flügelendtanks 9,54 m/9,56 m,
Länge 12,73 m/12,03 m,
Höhe 4,78 m,
Flügelfläche 18,80 m^2.

AERO L-159/L-39NG ALBATROS

Ursprungsland: Tschechien.
Kategorie (L-159): Zweisitziger Fortgeschrittenentrainer und einsitziger leichter Mehrzweckjäger, (L-39NG) zweisitziger Basistrainer und Aufklärungsflugzeug.
Triebwerke: (L-159) Ein Mantelstromtriebwerk AlliedSignal/ITEC F124-GA-100 von 2850 kp (28 kN) bzw. (L-39NG) Williams International FJ44-4M von 1750 kp (16,80 kN) Standschub.
Leistungen (L-159/L-39NG): Höchstgeschwindigkeit 936/774 km/h; Anfangssteiggeschwindigkeit 47/23 m/Sek; Dienstgipfelhöhe 13200/11500 m; max. Reichweite 2530/2590 km.
Gewichte (L-159/L-39NG): Rüstgewicht 4160/3100 kg; max. Startgewicht 8000/5800 kg.
Bewaffnung (L-159): An einer Station unter dem Rumpf und sechs unter den Flügeln können Luft-Luft-Lenkwaffen, Luft-Boden-Lenkwaffen, Bomben und Elektronikbehälter im Gesamtgewicht von 2340 kg mitgeführt werden.
Entwicklungsstand: Der erste Prototyp der L-159 (siehe Dreiseitenriss) hat die Flugerprobung am 2. August 1997 aufgenommen. Nach dem Bau von 72 Einheiten für die Luftwaffe Tschechiens wurde die Produktion eingestellt. Überschüssige Albatros verkaufte man später an die Irakische Luftwaffe (11 Einheiten) bzw. Draken International (21). Für die Luftwaffe Iraks wurde 2016 die Produktion von vier neuen Einheiten wieder aufgenommen. Der Prototyp der neuesten Version L-39NG nahm am 22. Dezember 2018 die Flugerprobung auf, bisher bestellt von Ungarn 12, Senegal 4, Vietnam 12 und Tschechien 4 (+ 4 Optionen).
Bemerkungen: Obwohl aus der bekannten L-39/L-59 (2957 Einheiten gebaut) abgeleitet, ist die L-159 in weiten Teilen eine Neuentwicklung. Der verlängerte Rumpf wurde im Frontbereich völlig überarbeitet, um der neuen Avionik von Rockwell-Collins, u. a. bestehend aus Mehrzweck-Dopplerradar FIAR Grifo-L, MIL-STD-1553B-Databus, H-764G-Navigationssystem mit GPS, Head-Up Display usw. Platz zu machen. Dank des neuen Triebwerks mit einem um 30 % erhöhten Schub konnten alle Flugleistungen markant gesteigert werden. Das Cockpit mit Displays ist weitgehend gepanzert. Die neue vereinfachte Ausführung L-39NG (siehe Foto) ist kleiner und wesentlich leichter, verfügt über ein schwächeres Triebwerk und eine neue Avionik. Dank neuer Tanks in den Flügeln kann auf die Flügelendtanks verzichtet werden.
Hersteller: Aero Vodochody Aerospace a.s., Odolena Voda, Prag, Tschechien.

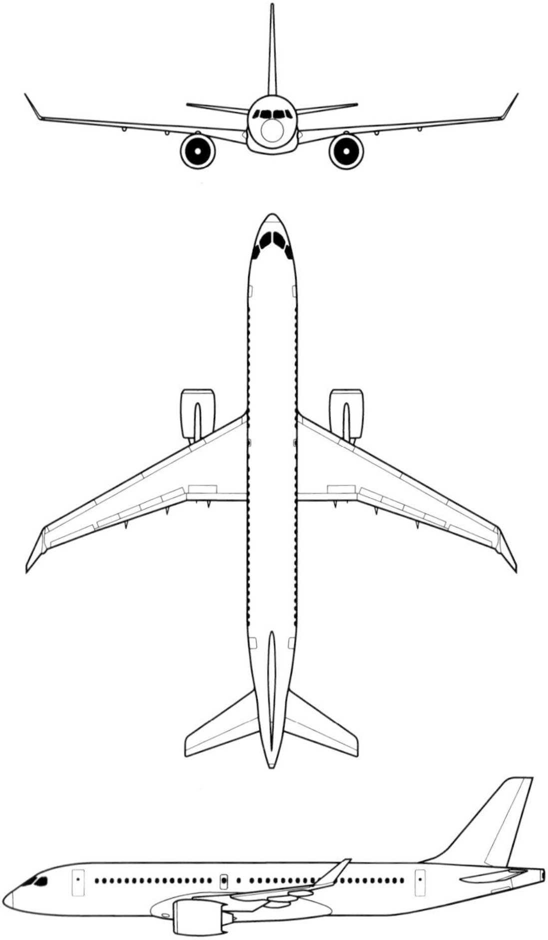

Abmessungen:
Spannweite 35,10 m,
Länge (-100) 34,80 m, (-300) 38,70 m,
Höhe 11,50 m,
Flügelfläche 112,30 m².

AIRBUS A220-100/-300

Ursprungsland: Kanada/Europäisches Konsortium.
Kategorie: Kurz- und Mittelstrecken-Verkehrsflugzeug, Firmenflugzeug.
Triebwerke: Zwei Mantelstromtriebwerke Pratt & Whitney (-100/300) PW1521G von je 9510 kp (93,40 kN) bzw. (CS100ER/300ER) PW1524G von je 10546 kp (103,60 kN) Standschub.
Leistungen: Max. Reisegeschwindigkeit Mach 0,82; normale Reisegeschwindigkeit Mach 0,78; Dienstgipfelhöhe 12492 m; Reichweite (-100) 6390 km, (-300/ER) 6290 km.
Gewichte (-100/300): Leergewicht 33340/35154 kg; max. Startgewicht 63700/70900 kg.
Zuladung: Zwei Mann Cockpitbesatzung und je nach Innenausstattung (-100) zwischen 108 und 125 Passagiere bzw. (-300) zwischen 130 und 150/160 Passagiere; max. Nutzlast (-100/300) 15127/18711 kg.
Entwicklungsstand: Der Erstflug einer CS100 fand am 16. September 2013 statt, gefolgt von der CS300 am 27. Februar 2015. Bis Ende des Jahres 2023 waren von mehreren Flug- bzw. Leasing-Gesellschaften 914 (103 A220-100/811 A220-300) bestellt (abgeliefert deren 261), u.a. von Delta 45 -100, 50 -300, JetBlue 100 -300, Swiss 9 -100/20 -300, Air Baltic 50 -300, Air Canada 60 -300, Breeze 80 -300.
Bemerkungen: Um in den Bereichen Wirtschaftlichkeit, Lärm und Umwelt Bestwerte zu erreichen, hat der ursprüngliche Entwickler Bombardier die A220 zu den neuesten technologischen Lösungen gegriffen. 46 % der Flugzeugteile bestehen aus Verbundwerkstoffen, u.a. das gesamte Leitwerk. Rumpf sowie die Cockpitsektion sind aus leichten Aluminium-Lithium-Legierungen. Zum Einbau gelangen Triebwerke, welche derzeit zu den effizientesten gehören sollen. Durch die großzügig dimensionierte Kabine, große Kabinenfenster, neue Beleuchtungstechniken, überdurchschnittlich große Gepäckfächer und größere Armfreiheit soll ein für diese Flugzeugklasse hohes Komfortniveau erreicht werden. Die Avionik stammt von Rockwell-Collins. Gesteuert wird die CSeries mittels Sidesticks und ein Fly-By-Wire-System. Airbus bietet auf der Basis A220-100 auch eine VIP-Ausführung mit 18 Plätzen und einer Reichweite von 10500 km an. Sechs davon sind mittlerweile bestellt. Airbus prüft aktuell eine verlängerte Version A220-500. Laufend werden Verbesserungen angebracht, so z.B. Abfluggewichte und Reichweiten erhöht.
Hersteller: Airbus Group, Frankreich und Bombardier Aerospace, Montreal, Quebec, Werke Montreal-Mirabel, Quebec, Kanada und Mobile, Alabama, USA.

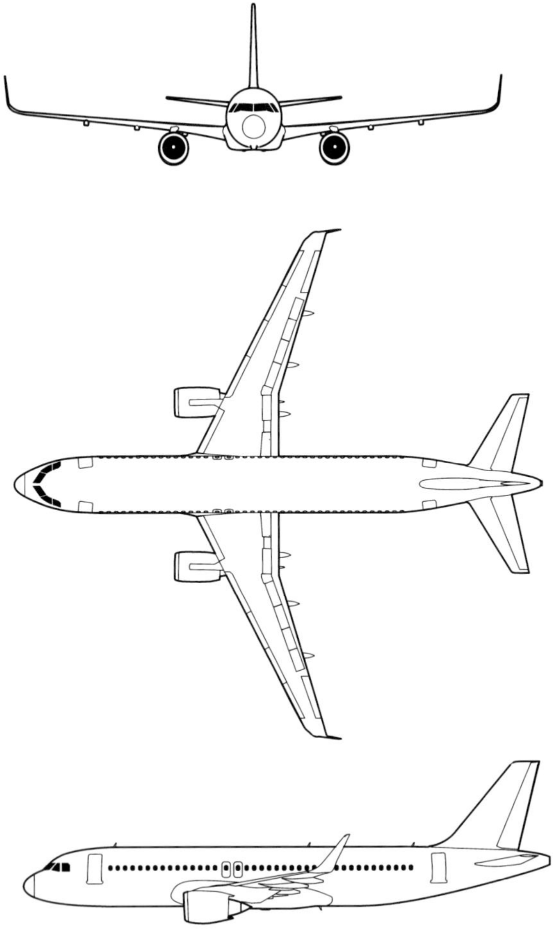

Abmessungen:
Spannweite 35,80 m,
Länge 44,51 m,
Höhe 11,76 m,
Flügelfläche 128,00 m².

AIRBUS A321NEO XLR

Ursprungsland: Europäisches Konsortium.
Kategorie: Langstrecken-Verkehrsflugzeug.
Triebwerke: Zwei Mantelstromtriebwerke Pratt & Whitney PW1134G von je 15000 kp (147,10 kN) Standschub bzw. CFM International Leap-1A35A von etwa gleicher Stärke.
Leistungen (A320neo): Max. Reisegeschwindigkeit 871 km/h (Mach 0,82) auf 11000 m, ökonom. Reisegeschwindigkeit 828 km/h; Dienstgipfelhöhe 11890 m; Reichweite mit max. Passagierzahl inkl. Reserven 6900 km, (A321XLR) 8700 km.
Gewichte (A320neo/A321neo): Rüstgewicht 44300/50100 kg; max. Startgewicht 79000/97000 kg, (A321XLR) 101000 kg.
Zuladung (A320/A321neo): Zwei Mann Cockpitbesatzung und Mehrklassenbestuhlung für normalerweise 165/206 Passagiere. Einheitsklassen-Innenausstattung für max. 189 bzw. (A321 High Density) bis zu 240 Passagiere.
Entwicklungsstand: Der erste von drei Prototypen der Version A321XLR hatte den Erstflug am 15. Juni 2022, gefolgt vom zweiten am 23. September 2022. Bis Ende 2023 waren rund 600 A321XLR in Auftrag gegeben. Erste Auslieferungen an Kunden folgen Mitte ersten Quartal 2024. Die Varianten A319neo, A320neo (siehe Dreiseitenriss) und A321neo wurden in der Ausgabe 2022 vorgestellt, Bestellungsstand dieser Versionen Ende 2023 9189. Nach einem Produktionsrückgang soll der Output aller Varianten 2024 auf 65, 2026 sogar auf 75 Einheiten erhöht werden
Bemerkungen: Die neueste Variante der neo-Familie ist die Mitte 2019 vorgestellte Mittel- bis Langstreckenversion A321XLR. Sie soll insbesondere als Ablösung der noch weit verbreiteten Boeing B757 (siehe Ausgabe 2004) dienen. Dazu folgt man dem zunehmenden Trend, neue sog »dünne« Langstrecken anzubieten, d. h. vermehrt point to point-Verbindungen mit kleineren Langstreckenmaschinen anzufliegen. Für dieses Segment ist diese neue Version noch konkurrenzlos. Gegenüber der A320neo erzielt sie eine rund 30 % größere Reichweite bei hoher Passagierkapazität. Im Vergleich zur Basisversion A321neo unterscheidet sich die A321XLR durch diverse Verstärkungen, Zusatztanks sowie leistungsfähigere Triebwerke. Weiter gibt es noch die A321neoLR mit einer auf 240 Passagiere erhöhten Kapazität und größerer Reichweite.
Hersteller: Airbus, Teil der Airbus Group, Werke Toulouse-Blagnac, Frankreich und Hamburg-Finkenwerder, Deutschland.

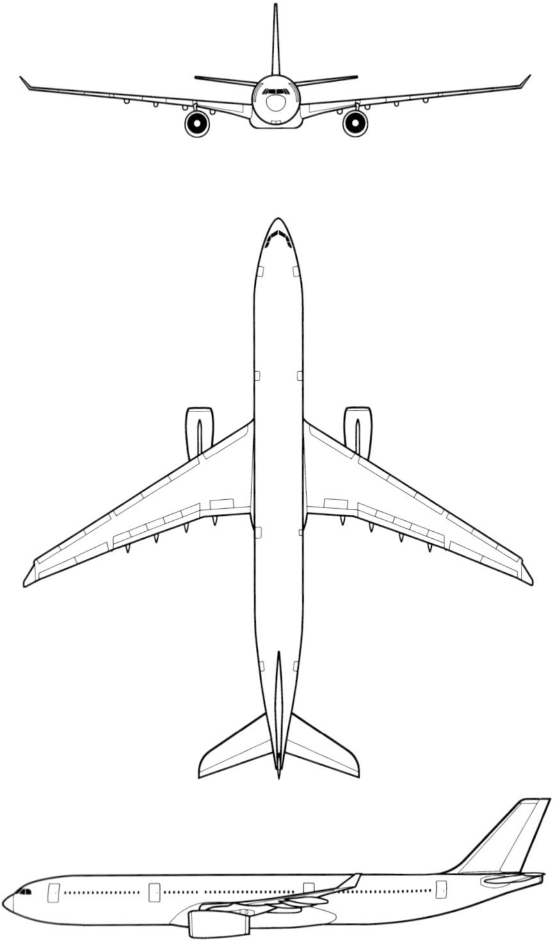

Abmessungen (A330-800/-900):
Spannweite inkl. Sharklets 64,00 m,
Länge 58,82/63,66 m,
Höhe 17,39/16,79 m,
Flügelfläche 363,10 m².

AIRBUS A330-800/-900

Ursprungsland: Europäisches Konsortium.
Kategorie: Mittel- bis Langstrecken-Verkehrsflugzeug.
Triebwerke: Zwei Mantelstromtriebwerke Rolls Royce Trent 7000 von je 33000 kp (324,0 kN) Standschub.
Leistungen (A330-900): Max. Reisegeschwindigkeit 918 km/h (Mach 0,86); Dienstgipfelhöhe 12350 m; Reichweite (-800/-900) 15094/13334 km.
Gewichte (A330-800/-900): Rüstgewichte 132000/137000 kg; max. Startgewicht 251000 kg.
Zuladung: Zwei Mann Cockpitbesatzung und bei üblicher Zweiklassenbestuhlung 30/36 Passagiere in der Business-Klasse und 305/205 in der Touristenklasse in Sechser- bzw. Achterreihen mit zwei Mittelgängen. Max. 440/380 Passagiere in Neunerreihen; max. Nutzlast 44000 kg.
Entwicklungsstand: Erstflug der A330-900 am 19. Oktober 2017, der Version -800 am 6. November 2018. Für die A330-Reihe inkl. der neuen A330neo waren Ende 2023 Aufträge über 1847 Einheiten für rund 120 Kunden vorhanden, davon 12 A330-800 und 284 A330-900, abgeliefert waren 1659. Die Monatsproduktion beläuft sich aktuell auf vier Einheiten.
Bemerkungen: Ab 2018 wird die A330neo ausgeliefert, erhältlich in zwei Versionen: A330-800 mit Rumpflänge der A330-200 und die A330-900 mit jener der A330-300. Nebst vielen kleineren Verbesserungen, u. a. Flügel mit Sharklets, sind die neuen Rolls-Royce Trent 7000-Triebwerke für deutlich günstigere Treibstoff- und Emissionswerte verantwortlich. Zudem wurde die Kabine überarbeitet. Eine VIP-Version ACJ330-900 ist bisher gebaut worden. Angesichts des Onlinehandel-Booms werden ältere Versionen der A330-200/300 zunehmend zu Frachtern umgebaut. Im Überdeck können bis zu 27 Paletten oder Container (A330-300P2F) mitgeführt werden. Dabei sind Reichweiten bis zu 6667 km möglich.
Hersteller: Airbus, Teil der Airbus Group, Werk Toulouse-Blagnac, Frankreich.

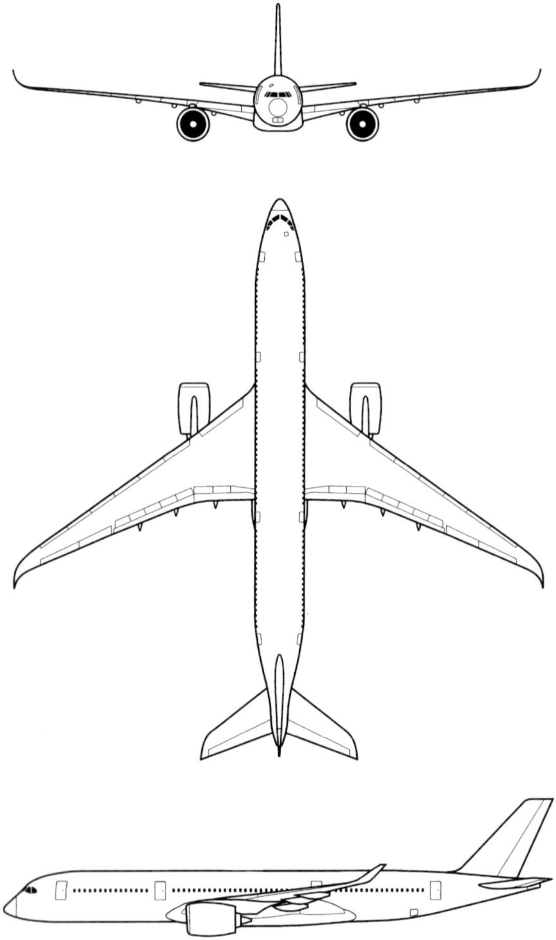

Abmessungen (A350-900/-1000):
Spannweite 64,75 m,
Länge 66,89/73,78 m,
Höhe 17,10/17,39 m,
Flügelfläche (-900) 443 bzw. (-1000) 460 m^2.

AIRBUS A350

Ursprungsland: Europäisches Konsortium.
Kategorie: Langstrecken-Verkehrsflugzeug.
Triebwerke (A350-800/-900/-1000): Zwei Mantelstromtriebwerke Rolls-Royce Trent XWB von je 34360/38100/44100 kp (337/374/432 kN) Standschub.
Leistungen (A350-900/-1000): Höchstgeschwindigkeit Mach 0,89; Reisegeschwindigkeit Mach 0,85; Dienstgipfelhöhe 13010 m; max. Reichweite 15700/15000 – 15600 km; Version A350 ULR 18000 km.
Gewichte (A350-800/-900/-1000): Max. Startgewichte 259000/280000/322000 kg.
Zuladung (A350-900/-1000): Zwei Mann Cockpitbesatzung und in einer üblichen Dreiklassenbestuhlung 314/350, maximal jedoch 440 Passagiere bzw. bei neu gestalteten Notausgängen sogar 480 Passagiere.
Entwicklungsstand: Der Prototyp der Erstvariante A350-900 flog erstmals am 14. Juni 2013. Die Kundenablieferungen haben Ende 2014 begonnen. Als nächste Ausführung folgte am 24. November 2016 die A350-1000, Ablieferungen ab Ende 2018. Bis Ende 2023 sind von über 60 Luftverkehrs- und Leasinggesellschaften Aufträge für 1224 Maschinen erteilt worden, aufgeteilt in 890 A350-900, 282 A350-1000 und 52 A350F, abgeliefert waren 585. Drei Einheiten ACJ350-900 als Staatsflugzeuge erhielt die Bundesregierung ab 2021. Ab 2026 soll die Monatsproduktion auf 10 Einheiten gesteigert werden.
Bemerkungen: Mit der A350 Familie unternahm der Hersteller einen technologischen Sprung nach vorne und betrat in manchen Bereichen Neuland. Für rund 70% der Struktur verwendet man neueste Werkstoffe. So besteht ein Großteil des Rumpfes aus Verbundwerkstoffen. Die Flügel sind nach neuesten aerodynamischen Gesichtspunkten optimiert. Alle diese Maßnahmen sollen laut Airbus eine Steigerung der wirtschaftlichen Effizienz von rund 25% bringen. Auch bezüglich Lärmpegel und CO_2-Ausstoß wurden Bestwerte erreicht. Zudem wird auch ein größerer Passagierkomfort angeboten. Von der A350-900 unterscheidet sich die derzeit größte Variante A350-1000 durch einen längeren Rumpf. Der Flügel wurde bei gleicher Spannweite um 4% vergrößert bzw. verbreitert. Eingebaut ist ein dreiachsiges Hauptfahrwerk. Schließlich erhält die A350-1000 wesentlich stärkere Triebwerke. Eine Ultralangstrecken-Version A350 ULR nahm am 23. April 2018 die Flugerprobung auf. Zulasten des vorderen Frachtraums wird ein Zusatztank eingebaut. Airbus bietet auch eine Frachtausführung A350F der -1000 mit einer Nutzlast bis zu 109 t an. Das Frachttor befindet sich hinter dem Flügel links, der Rumpf wurde um 5 Frames auf 70,41 m verkürzt, das Startgewicht auf 319000 kg erhöht.
Hersteller: Airbus, Teil der Airbus Group, Werk Toulouse-Blagnac, Frankreich.

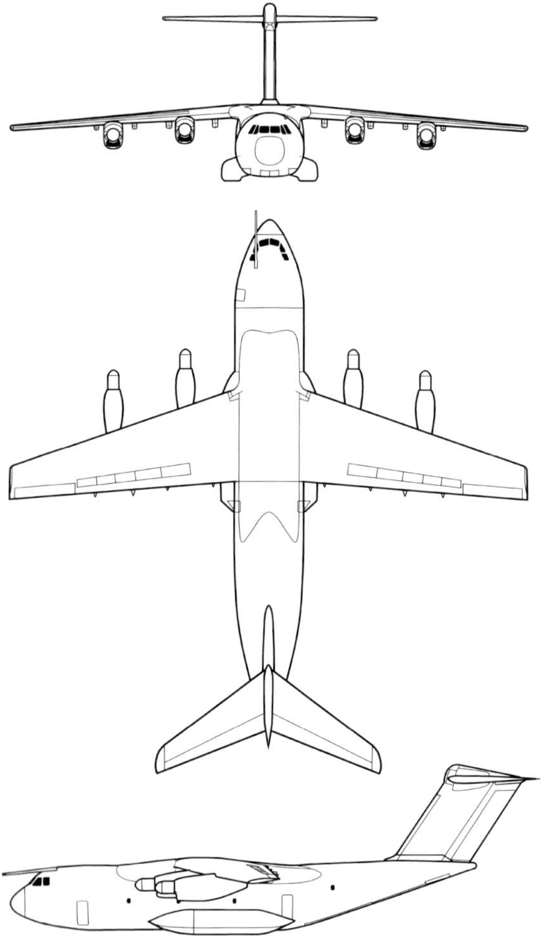

Abmessungen:
Spannweite 42,36 m,
Länge 45,10 m,
Höhe 14,70 m,
Flügelfläche 221,50 m².

AIRBUS A400M ATLAS (GRIZZLY)

Ursprungsland: Europäisches Konsortium
Kategorie: Taktischer und strategischer Militärtransporter.
Triebwerke: Vier Propellerturbinen EuroProp International (EPI) TP400-D6 von je 13000 WPS, reduziert auf 11000 WPS (8200 kW) Leistung.
Leistungen: Max. Reisegeschwindigkeit 780 km/h, Mach 0,72, auf niedriger Höhe 555 km/h; Dienstgipfelhöhe 11300 m; Reichweite mit einer Nutzlast von 20 t 6390 km, mit 30 t 4535 km; Überführungsreichweite 8790 km.
Gewichte: Leergewicht 76820 kg; max. Startgewicht 141000 kg.
Zuladung: Zwei Mann Cockpitbesatzung und z. B. zwei Tiger-Kampfhubschrauber, ein Roland-SAM-System oder ein 12 m-Standard-Container; max. Nutzlast 31500 kg, mit Überlast 37000 kg.
Entwicklungsstand: Der erste von fünf Prototypen nahm die Flugerprobung am 11. Dezember 2009 auf, die erste Serienmaschine folgte am 6. März 2013. Die Indienststellung folgte im Oktober 2013 bei der Französischen Luftwaffe. Derzeit sind 178 Exemplare von folgenden Luftwaffen bestellt: Belgien 7, Deutschland 53, Frankreich 50, Großbritannien 22, Indonesien 2 (+ 4 Optionen), Kasachstan 2, Luxemburg 1, Malaysia 4, Spanien 27, Türkei 10. Ende 2023 waren 123 A400M abgeliefert.
Bemerkungen: Beim Airbus A400M Grizzly (bei der RAF Atlas genannt) werden erstmals für einen Militärtransporter sowohl im Entwicklungs- wie auch im Fertigungsprozess kommerzielle Praktiken angewendet. Viele Elemente stammen von zivilen Modellen ab, so z. B. das Cockpit, welches weitgehend jenem der heutigen Airbus-Verkehrsflugzeuge entspricht. Die A400M löst vorab die C-160 Transall sowie die C-130 Hercules ab. Gegenüber diesen Mustern weist sie bei weitgehend gleich hohen Betriebskosten eine doppelte Nutzlast /Volumenkapazität auf. Der Frachtraum ist 17,71 m lang (inkl. Rampe 23,11 m), 4,00 m breit sowie 3,85 m hoch. Nebst Transportaufgaben kann der Grizzly auch als fliegender Tanker eingesetzt werden. Zudem soll die A400M dank im Frachtraum zu platzierenden modularen Ausrüstungselementen als Plattform für eine Vielzahl weiterer Aufgaben dienen. 2018 wurde bei der Deutschen Luftwaffe eine A400M als fliegende Intensivstation umgerüstet.
Hersteller: Airbus Defense & Space, Teil der Airbus Group, Werk (Endmontage) San Pablo, Sevilla, Spanien.

Abmessungen:
Spannweite inkl. Winglets 60,30 m,
Länge ohne Luftbetankungsausleger 58,98 m, inkl. Tankausleger 59,69 m,
Höhe 17,89 m,
Flügelfläche 363,10 m².

AIRBUS A330-200 MRTT VOYAGER

Ursprungsland: Europäisches Konsortium.
Kategorie: Militärischer Transporter, Tanker und Frachter.
Triebwerke: Zwei Mantelstromtriebwerke Rolls-Royce Trent 772, General Electric CF6-80E1 oder Pratt & Whitney PW4168 von zwischen 29600 und 31000 kp (302 und 316 kN) Standschub.
Leistungen: Max. Reisegeschwindigkeit 900 km/h (Mach 0,86); ökonom. Reisegeschwindigkeit 880 km/h (Mach 0,82); Dienstgipfelhöhe 13000 m; Reichweite als Frachter mit Nutzlasten von 62000 kg bzw. 50000 kg 7780/9815 km, max. Reichweite 14800 km; als Tanker Aktionsradius von 1850 km bei Abgabe von 50000 kg Treibstoff.
Gewichte: Rüstgewicht 120000 kg; max. Startgewicht 233000 kg.
Zuladung: Zwei Mann Cockpitbesatzung und auf dem Hauptdeck 380 Soldaten oder 26 LD3-Container für Fracht; max. Nutzlast als Frachter 62000 kg, als Tanker eine Zuladung von 140000 Liter. Für Sanitätseinsätze kann die MRTT mit bis zu 130 Tragen ausgerüstet werden.
Entwicklungsstand: Die erste für militärische Einsätze vorgesehene A330-200 MRTT begann die Flugerprobung am 24. Juni 2006. Aktueller Auftragsbestand: Australien 7, Brasilien 2 (ex. A330), Frankreich 15, Großbritannien 14, Kanada neu 6, davon 2 ex. 330, Qatar 2, Saudi-Arabien 6, Singapur 6, Spanien 3 (ex. A330), Südkorea 4, UAE 8. Die NATO-Staaten Deutschland, Luxemburg, Niederlande und Norwegen bestellten einstweilen gemeinsam 9 MRTT. Neueste Bestellung: Indonesien (Anzahl noch unbekannt). Bis Ende 2023 waren insgesamt 84 Einheiten bestellt und über 59 abgeliefert.
Bemerkungen: Airbus entwickelte aus der A330-Familie eine militärische Variante MRTT als Luftbetanker, die bis zu 140000 l Treibstoff mitführen kann. Die Tanks befinden sich in den Flügeln sowie im unteren Laderaum. So bleibt das Hauptdeck frei für Passagiere und Fracht. Die Treibstoffabgabe erfolgt entweder über zwei Stationen unter den Flügeln oder mittels eines Auslegers am Heck, der auf zwischen 11,6 und 17,8 m ausgefahren werden kann. Die Bedienung erfolgt an einer Konsole im Cockpitbereich. Neu wird ein System eingeführt, wo der Betankungsvorgang automatisch ohne Mitwirkung einer Person durchgeführt werden kann und damit auch Drohnen betankt werden können. Am 30. September 2016 flog erstmals eine aufdatierte Ausführung der A330-200MRTT, die über ein erhöhtes Abfluggewicht verfügt. Bei ihr wurde zudem die Avionik der zivilen A330-Versionen angepasst. Die geplante Version LMXT für die USAF zusammen mit Lockheed Martin wird nicht weiter verfolgt. Airbus erwägt, inskünftig die neue Version A330neo als Basis für Voyager zu verwenden.
Hersteller: Airbus Defence & Space, Teil der Airbus Group, Werke Toulouse-Blagnac/Getafe, Frankreich/Spanien.

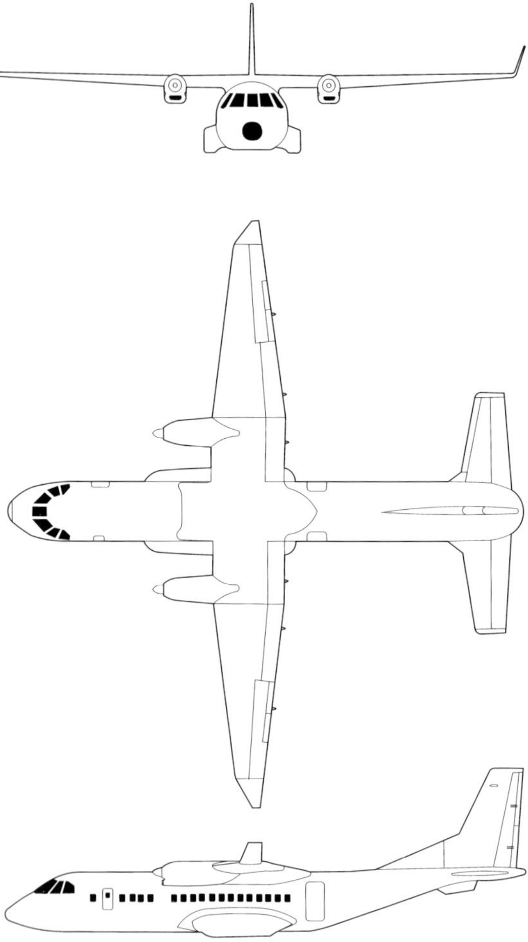

Abmessungen:
Spannweite mit Winglets 27,59 m,
Länge 24,45 m,
Höhe 8,60 m,
Flügelfläche 59,10 m².

AIRBUS C295W

Ursprungsland: Spanien.
Kategorie: Mehrzwecktransporter und Seeaufklärer.
Triebwerke: Zwei Propellerturbinen Pratt & Whitney Canada PW127G von je 2645 WPS (1972 kW) Leistung, 2920 WPS (2177 kW) mit APR.
Leistungen: Max. Reisegeschwindigkeit 474 km/h auf 7620 m; Steigzeit auf Dienstgipfelhöhe von 7620 m 12 Min; Reichweite mit max. Nutzlast 1445 km, max. Reichweite 5278 km.
Gewichte: Leergewicht 11000 kg; max. Startgewicht 23200 kg.
Zuladung: Zwei Piloten und normalerweise 69 oder bis zu 78 voll ausgerüstete Soldaten; für Evakuationseinsätze 27 liegende Personen und vier Helfer; als Frachter fünf Standard-Container oder drei leichte Fahrzeuge; max. Nutzlast 9250 kg.
Entwicklungsstand: Der erste Prototyp nahm die Flugerprobung am 22. Dezember 1998 auf. Im Oktober 2001 begann der damals noch CASA genannte Hersteller mit den Auslieferungen. 35 Nationen haben bisher Bestellungen für 299 C295 aufgegeben, Ende 2023 waren 218 abgeliefert, u.a. Ägypten 24, Brasilien 13, Indonesien 9 (Lizenzbau), Spanien 13. Indien beschafft 56 C295W, wird 40 davon in Lizenz herstellen. Neueste Bestellung: Ecuador 2. Die C295MPA wurde von folgenden Ländern beschafft: Brasilien 3 C295W MPA, Marine von Chile 6, Ecuador 1, Portugal 5 der 12 bestellten C295, Spanien 3, UAE 4. Kanada erwarb 16 C295W als SAR-Flugzeuge. Neueste Bestellung: Spanien 16 C295W MPA/MSA.
Bemerkungen: Basierend auf der CN-235 (siehe Ausgabe 2014) wurde die C295 von CASA alleine entwickelt. Durch Einfügen von Rumpfsegmenten vor und hinter dem Flügel vergrößerte man die Außenlänge um 3,10 m, die Kabinenlänge um 3,00 m. Stärkere Triebwerke gelangen zum Einbau, verbunden mit Sechsblatt-Propellern neuester Technologie von Hamilton. Weiter mussten wegen der höheren Gewichte Flügel und Fahrwerk verstärkt werden. Dank dieser Maßnahmen steigt die Ladekapazität gegenüber dem Ausgangsmuster um rund 50 %. Die C295 verfügt über eine neue Avionik Topdeck von Sextant. Die als C295W bezeichneten Maschinen sind alle mit Winglets ausgerüstet und erzielen bei reduziertem Treibstoffverbrauch bessere Flugleistungen. Eine Seeüberwachungs- und U-Bootbekämpfungsversion C295MPA »Persuader« wird ebenfalls angeboten. Auch eine Tankerversion sowie eine bewaffnete Ausführung C295 ISR wurden getestet. Letztere kann unter den Flügeln acht lasergelenkte Raketen oder zwei Bomben mitführen.
Hersteller: Airbus Defence & Space, Teil der Airbus Group, Werk Sevilla, Madrid, Spanien.

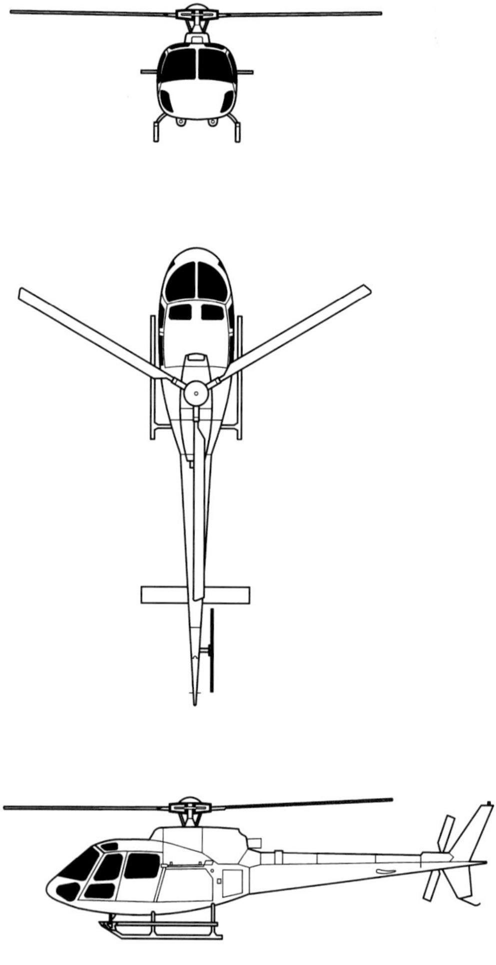

Abmessungen:
Rotordurchmesser 10,69 m,
Rumpflänge inkl. Hauptrotor 12,94 m,
Höhe inkl. Rotorkopf 3,14 m, über Heck 3,02 m.

AIRBUS HELICOPTERS H125 ECUREUIL

Ursprungsland: Frankreich.
Kategorie: Leichter ziviler (H125 Ecureuil) und militärischer H125M (Fennec) Mehrzweckhubschrauber.
Triebwerke: Eine Gasturbine Turboméca Arriel 2D von 848 WPS (632 kW) Leistung.
Leistungen: Höchstgeschwindigkeit 287 km/h; max. Reisegeschwindigkeit 253 km/h auf Meereshöhe; max. Schrägsteiggeschwindigkeit 9,0 m/Sek; Dienstgipfelhöhe 6309 m; Schwebehöhe bei einem Gewicht von 2000 kg mit Bodeneffekt 5105 m, ohne Bodeneffekt 4481 m; Reichweite 620 km; max. Flugdauer 4,3 Std.
Gewichte: Leergewicht 1277 kg; max. Startgewicht 2370, mit Außenlast 2800 kg.
Zuladung: Normal sechs, maximal sieben Personen einschließlich des Piloten. Max. Nutzlast 1092 kg, als Außenlast 1400 kg.
Bewaffnung (H125M): Wahlweise eine 20-mm-GIAT-Kanone, zwei 7,62-mm-Maschinengewehr- bzw. 68-mm-Raketenbehälter oder das Heli-TOW Antitank-Lenkwaffensystem Saab/Emerson.
Entwicklungsstand: Die Ursprungsausführung fliegt bereits seit 27. Juni 1974. Mitte 2022 wurde die 7000. Einheit abgeliefert, und zwar an 2014 Kunden in 124 Ländern. Am 4. März 1997 absolvierte die leistungsfähigere Ausführung AS350 B3 den Erstflug, diese wird nun als H125 bezeichnet. Lizenzbau in Brasilien bei Helibras als HB 350. Die H125 bzw. H125M wird weiterhin in größeren Stückzahlen gebaut.
Bemerkungen: Die H125 bzw. ihre Vorgängerversionen war der erste Hubschrauber, ausgerüstet mit dem sogenannten »Starflex«-Rotorkopf, ein System, bei dem die Anzahl der beweglichen Teile ein Viertel der üblichen Bauweise betrug, was die Wartungsintervalle verlängerte und den Produktionsaufwand erheblich reduzierte. Die neuesten Ausführungen zeichnen sich durch ein Glascockpit Garmin G500H mit Multifunktionssystemen und dank einer überarbeiteten Avionik bessere IFR-Eigenschaften aus. Je nach Version ist die H125 mit Energy absorbierenden Sitzen ausgerüstet, welche bei einer harten Landung besseren Schutz bieten. Airbus bietet neu unter der Bezeichnung MH-125 bzw. AH125 Ares eine aufgearbeitete Version einer militärischen Ausführung H125M an.
Hersteller: Airbus Helicopters, Teil der Airbus Group, Werk Marignane, Frankreich.

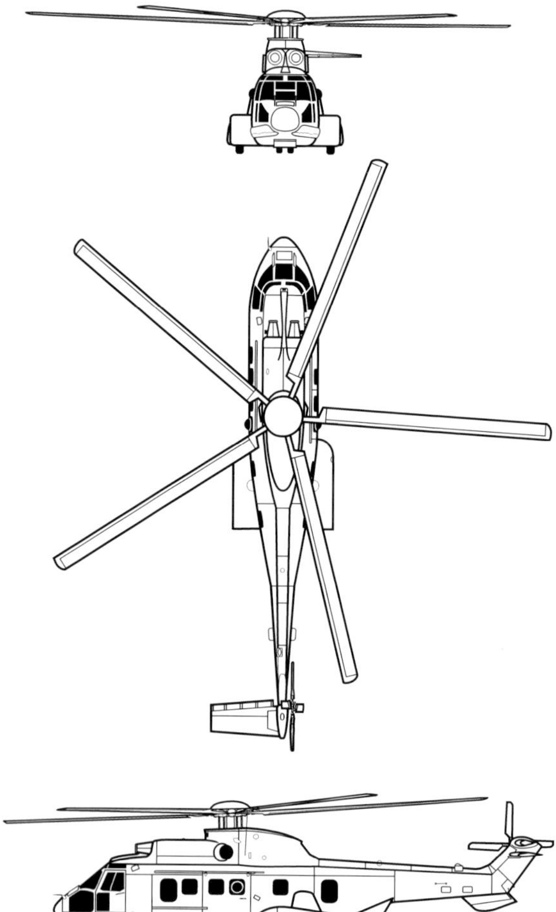

Abmessungen:
Rotordurchmesser 16,20 m,
Rumpflänge inkl. Heckrotor 16,79 m,
Höhe inkl. Rotorkopf 4,60 m, über Heckrotor 4,97 m.

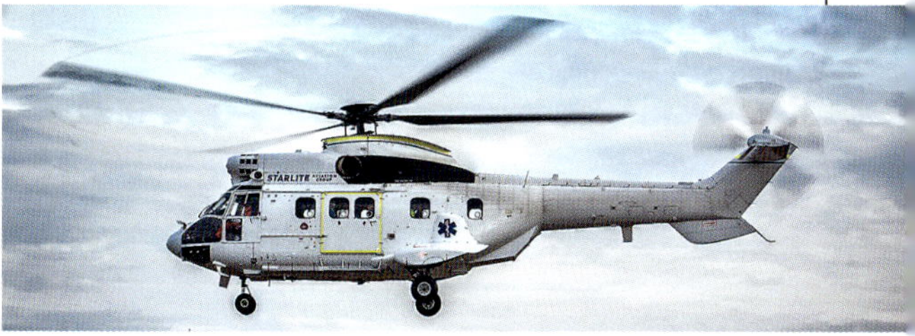

AIRBUS HELICOPTERS H225/H225M/H215

Ursprungsland: Frankreich.
Kategorie: Mittelschwerer ziviler (H225/H215) und militärischer (H225M/H215M) Mehrzweckhubschrauber.
Triebwerke (H225): Zwei Gasturbinen Turboméca Makila 2A von je 2100 WPS (1566 kW) Leistung.
Leistungen (H225): Höchstgeschwindigkeit 324 km/h; Reisegeschwindigkeit 262 km/h auf Meereshöhe; max. Schrägsteiggeschwindigkeit 8,7 m/Sek; Schwebehöhe mit Bodeneffekt 3670 m, ohne Bodeneffekt 2481 m; Dienstgipfelhöhe 6095 m; Reichweite mit Standardtreibstoffzuladung 871 km; (H225e) Reichweite mit zehn Passagieren 556 km.
Gewichte (H225): Leer 5256 kg; max. Startgewicht 10400 kg, mit Außenlast 11200 kg.
Zuladung (H215/H225): Zwei Piloten und 19/24 Passagiere oder 22/29 Soldaten; max. Nutzlast 4500/5457 kg.
Entwicklungsstand: Erstflug des Prototyps der Ursprungsausführung AS332 am 13. September 1978. Alle Versionen zusammen sind bei mehr als 40 militärischen bzw. paramilitärischen Organisationen im Einsatz. Größter militärischer Betreiber diverser H225-Versionen ist Brasilien mit rund 50 Einheiten. Neueste Besteller: Niederlande 14 H225M, Ungarn 16 H225M. Die aktuell angebotenen Versionen sind die zivile H225 (Erstflug 27. November 2000), die Militärausführung H225M in verschiedenen Untervarianten sowie die H215 bzw. H215M. Von allen Ausführungen EC225/EC725/H225(M)/H215 zusammen sind über 500 gebaut worden bzw. sind bestellt, etwa 140 davon der Version H225/M.
Bemerkungen: Anfang 2014 lancierte Airbus Helicopters eine verbesserte Variante der EC225e, neu als H225 bezeichnet. Um eine größere Reichweite zu erzielen, wird in einem Gepäckfach ein 370 Liter-Zusatztank eingebaut. Das maximale Abfluggewicht steigt auf 11500 kg. Dank stärkerer Triebwerke Makila 2A1 sind die Leistungswerte gegenüber dem Ausgangsmuster weitgehend gleich. Eine verbesserte Avionik soll die Belastung des Piloten reduzieren, insbesondere in der Anflugsphase. Weitere Ausführungen sind in früheren Ausgaben von »Flugzeuge der Welt« beschrieben. Die H225M lässt sich auch mit zwei Waffenstationen seitlich am Rumpf ausrüsten. 2016 präsentierte Airbus basierend auf der AS332C1e eine vereinfachte und günstigere Version H215, die in Brasov, Rumänien, gebaut wird, Produktionsstart 2018.
Hersteller: Airbus Helicopters, Teil der Airbus Group, Werk Marignane, Frankreich.

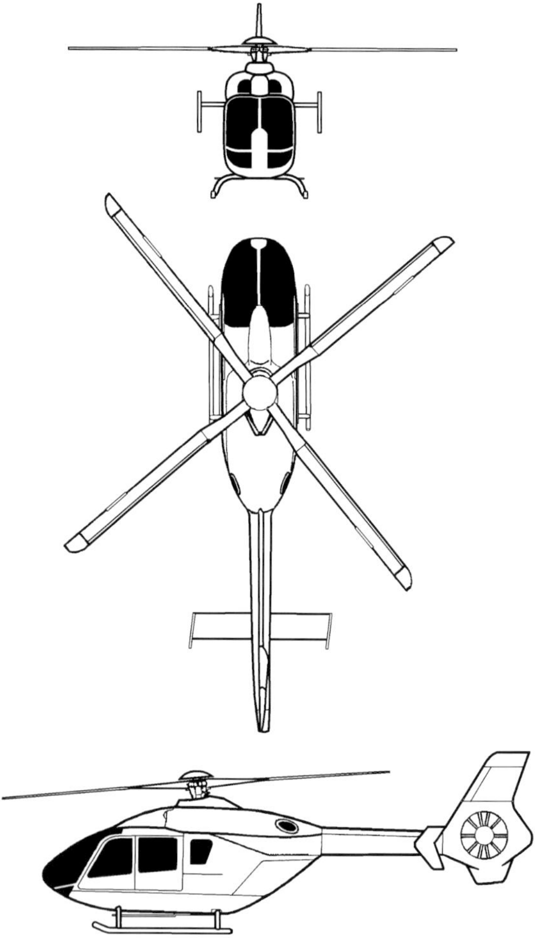

Abmessungen:
Rotordurchmesser 10,40 m,
Länge inkl. Rotor 12,26 m,
Rumpflänge 10,21 m,
Höhe inkl. Rotorkopf 3,16 m, Höhe über alles 3,51 m.

AIRBUS HELICOPTERS H135/135M

Ursprungsland: Deutschland, Europäisches Konsortium.
Kategorie: Leichter (H135) ziviler und (H135M) militärischer Mehrzweckhubschrauber.
Triebwerke: Zwei Gasturbinen (H135T3) Safran Arrius 2B2+ von je 660 WPS (492 kW) oder (H135P3) Pratt & Whitney Canada PW206B3 gleicher Leistung.
Leistungen: Höchstgeschwindigkeit 259 km/h; max. Reisegeschwindigkeit 252 km/h auf Meereshöhe; ökonom. Reisegeschwindigkeit 239 km/h; max. Vertikalsteiggeschwindigkeit 2,00 m/Sek; Dienstgipfelhöhe 6095 m; Schwebehöhe mit Bodeneffekt 4570, ohne 3880 m; max. Reichweite 633 km, bei einem Startgewicht von 3100 kg und Zusatztanks bis zu 832 km.
Gewichte: Leer 1482 kg; max. Startgewicht 2980 kg, als Option 3100 kg.
Zuladung: Ein bis zwei Piloten, sechs bis sieben Passagiere; bei Rettungseinsätzen zwei Tragen und zwei Sanitäter; max. Nutzlast 1425 kg intern, extern 1200 kg.
Entwicklungsstand: Der erste Prototyp EC135 fliegt seit 15. Februar 1994; Beginn der Ablieferungen am 31. Juli 1996. Im September 2023 wurde die 1500. Einheit abgeliefert. Rund 320 Betreiber in mehr als 65 Ländern haben sich für diesen Typ entschieden. Fast die Hälfte davon sind für sog. EMS Aufgaben (**E**mercency **M**edical **S**ervices) im Einsatz. Die militärische Ausführung H135M wird von verschiedenen Luftwaffen eingesetzt, u. a. von jenen Spaniens (59) und Thailands (6). Größter Betreiber verschiedener H135-Versionen ist die US-Gesellschaft Air Methods mit rund 110 Hubschraubern.
Bemerkungen: Derzeit werden die folgenden Versionen als H135 bezeichnet gebaut: Die Zivil-Ausführung H135, eine veredelte Version vertrieben unter der Bezeichnung ACH135 Hermes und die militärische H135M. Diese ist – abgesehen von Zusatzausrüstungen – mit der zivilen jedoch weitgehend identisch. Das Cockpit umfasst eine integrale Avionik von Thales Avionics mit LCD-basierten Multi-Funktions-Displays und einem Navigations-/ GPS-System Garmin GTN-750. Seit 2017 ist eine Ausführung der H135 bzw. H135M mit der Helionix-Digital-Avionics erhältlich, welche verschiedene Verbesserungen ausweist und mit jener der Modelle H145/H175 identisch ist. Aktuell wird geprüft, die H135 mit einem Fünfblatt-Rotor und einem T-Leitwerk auszurüsten. Seit April 2019 wird die H135 auch in Qingdao, Volksrepublik China, gebaut.
Hersteller: Airbus Helicopters, Teil der Airbus Group, Werk Donauwörth, Deutschland.

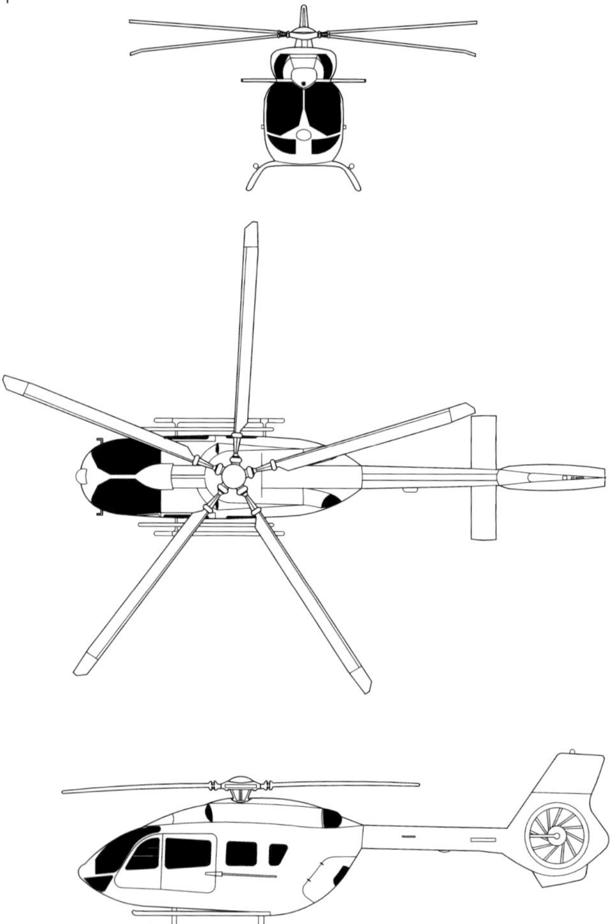

Abmessungen:
Rotordurchmesser 11,00 m, mit Fünfblattrotor 10,80 m, Rumpflänge 10,20 m, mit drehendem Rotor 13,00 m, Höhe inkl. Rotorkopf 3,96 m.

AIRBUS HELICOPTERS H145/UH-72A LAKOTA

Ursprungsland: Deutschland und Japan.
Kategorie: Ziviler (H145) und militärischer (H145M) Mehrzweckhubschrauber.
Triebwerke: Zwei Gasturbinen Safran Arriel 2E von je 1038 WPS (775 kW) Leistung.
Leistungen: Höchstgeschwindigkeit 268 km/h auf Meereshöhe; Reisegeschwindigkeit 244 km/h, max. Schrägsteiggeschwindigkeit 8,4 m/Sek; Dienstgipfelhöhe 5486 m; Schwebehöhe mit Bodeneffekt 3932 m, ohne Bodeneffekt 3139 m; normale Reichweite 650 km; Einsatzdauer 3,30 Std.
Gewichte: Leergewicht 1742 kg; max. Startgewicht 3650 kg bzw. 3800 kg mit Fünfblattrotor.
Zuladung: Acht bis zwölf Personen inkl. Piloten; bei EMS-Einsätzen zwei liegende Verletzte und zwei Sanitäter; max. Nutzlast 1731 kg.
Entwicklungsstand: Erstflug der EC145 am 12. Juni 1999. Aktuell sind rund 1600 H145/EC145/BK117 im Einsatz, davon 300 der Version H145, darunter französische Sécurité Civile 32, Gendarmerie 15, ADAC 2, DRF 17. Sieben Einheiten erhielten die deutschen Heeresflieger als SAR-Hubschrauber. 463 UH-72A Lakota beschaffte die US Army (Lizenzbau), 187 davon als Trainingshubschrauber TH-72A. Die US Army ANG erhält 18 verbesserte UH-72B mit Fünfblatt-Haupt-und Fenestron-Heckrotor. Ganz neu beschafft Deutschland 62 (+ 20 Optionen) H145M als Ersatz der Tiger-Kampfhubschrauber (siehe Ausgabe 2016).
Bemerkungen: Seit Juni 2010 fliegt die EC145T2 (nun als H145 bezeichnet) mit wesentlich stärkeren Triebwerken, überarbeitetem Getriebe, Fenestron-Heckrotor aus Verbundwerkstoff sowie neuer integraler Avionik Helionix. Damit verbessern sich alle Flugleistungen, insbesondere in hohen und heißen Gebieten; Ablieferung ab 2013. Unter der Bezeichnung UH-72A Lakota betreibt die US Army eine Weiterentwicklung der Basisversion mit spezifischer Ausrüstung. Seit 2015 wird eine vereinfachte Version der H145 angeboten, die dank geringerem Leergewicht und erhöhtem Abfluggewicht rund 150 kg mehr Zuladung mitführen kann. Bei der H145M handelt es sich um die Militärausführung, welche mit Maschinengewehren an den Türen sowie an separat montierbaren Seitenauslegern Waffen bis zu einem Gewicht von je 210 kg ausgerüstet werden kann. Ab Ende 2020 ist eine nochmals weiter entwickelte Variante erhältlich, welche dank Fünfblatt-Hauptrotor eine um 150 kg höhere Nutzlast mitführen kann und zusätzliche Verbesserungen aufweist. Unter der Bezeichnung PioneerLab stellte Airbus 2023 einen Technologiedemonstrator mit hybrid-elektrischem Antriebssystem und aerodyamischen Verbesserungen vor. Teile der Struktur bestehen aus recycelten Materialien.
Hersteller: Airbus Helicopters, Teil der Airbus Group, Werke Donauwörth, Deutschland, sowie Kawasaki Heavy Industries Ltd., Gifu, Japan.

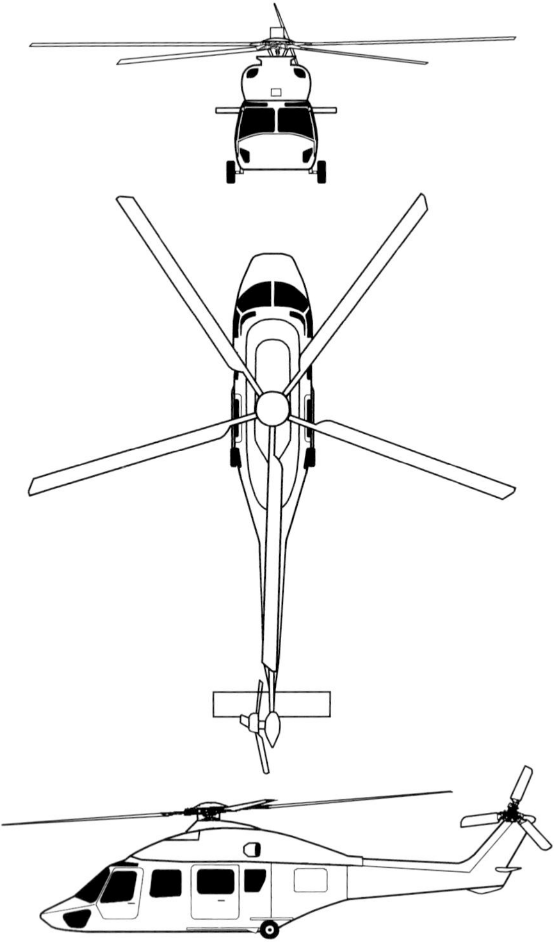

Abmessungen:
Rotordurchmesser 14,80 m,
Rumpflänge 15,68 m,
Höhe über Rotorkopf 3,47 m, über Heckrotor 5,34 m.

AIRBUS HELICOPTERS H175/AC352

Ursprungsland: Frankreich und Volksrepublik China.
Kategorie: Ziviler Mehrzweckhubschrauber.
Triebwerke: Zwei Gasturbinen Pratt & Whitney Canada PT6C-67E von je 1775 WPS (1325 kW) Leistung.
Leistungen: Höchstgeschwindigkeit 305 km/h; Reisegeschwindigkeit 287 km/h; Dienstgipfelhöhe 6000 m, Aktionsradius mit 16 Passagieren bei Offshore-Einsätzen 250 km, Reichweite 1175 km; max. Flugzeit 4 Std. 19 Min.
Gewichte: Leergewicht 4630 kg; max. Startgewicht rund 7800 kg.
Zuladung: Zwei Piloten und 16 Passagiere.
Entwicklungsstand: Die Flugerprobung des ersten Prototyps begann am 17. Dezember 2009. Das erste Serienmuster fliegt seit Dezember 2012, Beginn der Auslieferungen an Kunden Ende 2014. Die chinesische Variante AC352 erhielt 2022 die Zulassung. Lange Zeit kamen kaum Bestellungen für diesen Hubschrauber herein. 2022/2023 hat sich die Situation deutlich verbessert. Nun sind Aufträge von rund 20 Betreibern vorhanden, u. a. von Héli Union (4), Milestone Aviation (5) und Hong Kong Gvt. Flying Service (7). Aktuell beläuft sich der Auftragsbestand auf rund 70 Einheiten. Die H175 wird parallel in Frankreich wie auch in China endmontiert, die Teileherstellung erfolgt jeweils nur an einem Ort. Neueste Bestellung: PHI Aviation 20.
Bemerkungen: Die H175 ist ein 50 : 50-Joint-Venture zwischen Frankreich und der Volksrepublik China. Dieses neue Muster zeichnet sich durch eine breite Einsatzmöglichkeit aus. Dazu weist es eine vergleichsweise sehr große Kabine auf. Weitere Attribute sind hohe Sicherheit und dank reduzierten Wartungskosten auch eine gute Wirtschaftlichkeit. Konstruktion wie auch eingebaute Systeme entsprechen der heutigen State-of-the-Art. Weite Teile des Rumpfes sind aus Verbundwerkstoffen. Eingebaut ist die neueste Avionik Helionix. Was Platzverhältnisse, Reisekomfort, Vibrations- und Lärmwerte wie auch Emissionslasten angeht, sollen Bestwerte erreicht werden. In der Volksrepublik China baut AVIC diesen Typ unter der Bezeichnung AC352 (Erstflug 20. Dezember 2016), angetrieben durch einheimische WZ16-Triebwerke, einer Ableitung der französischen Ardiden 3C. Eine siebensitzige VIP-Version wird seit Mitte 2016 abgeliefert. 2021 lancierte der Hersteller eine Militärausführung H175M, welche 14 voll ausgerüstete Soldaten transportieren kann. Die maximale Reichweite beträgt 926 km.
Hersteller: Airbus Helicopters, Teil der Airbus Group, Werke Marignane, Frankreich und Harbin Aviation Industry Group (AVIC II), Harbin, Volksrepublik China.

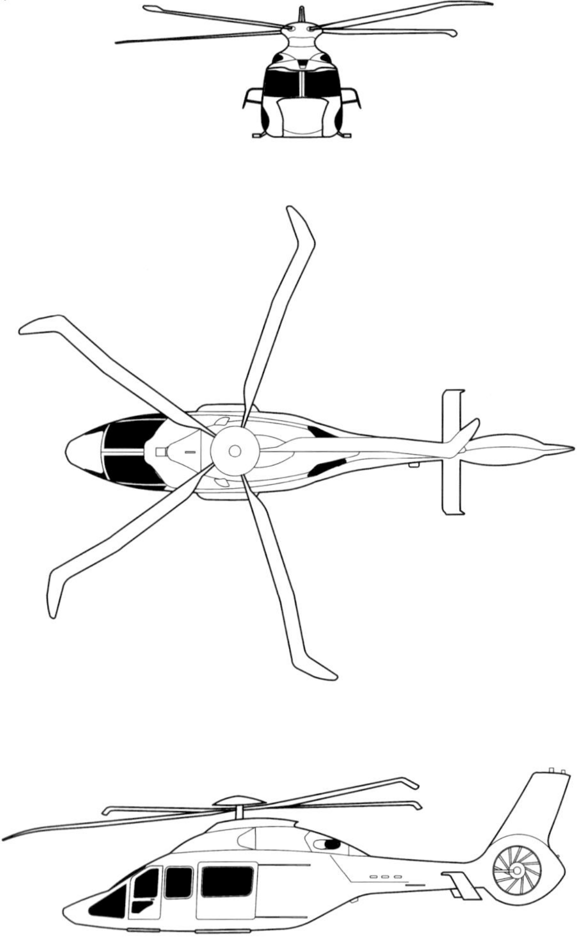

Abmessungen:
Rotordurchmesser 12,00 m,
Rumpflänge 14,00 m,
Höhe 3,99 m.

AIRBUS HELICOPTERS H160

Ursprungsland: Frankreich.
Kategorie: Ziviler und militärischer Mehrzweckhubschrauber.
Triebwerke: Zwei Gasturbinen Safran Arrano 1A von je 1280 WPS (955 kW) Startleistung
Leistungen: Höchstgeschwindigkeit 337 km/h; max. Reisegeschwindigkeit 274 km/h; normale Reisegeschwindigkeit 255 km/h; max. Steigrate 8,9 m/Sek; Dienstgipfelhöhe 6096 m; Reichweite mit max. interner Treibstoffzuladung 880 km.
Gewichte: Leergewicht 4240 kg; max. Startgewicht 5670 bzw. 6050 kg.
Zuladung: Ein bis zwei Piloten und bis zu 12 Passagiere; max. Außenlast 1760 kg.
Entwicklungsstand: Ein erster von drei Prototypen nahm die Flugerprobung am 13. Juni 2015 auf. Die Zulassung erfolgte am 1. Juli 2020. Erste Auslieferungen an kommerzielle Kunden fanden im August 2022 statt, die Aéronavale erhielt ihre erste H160 im September 2022. Über 150 Einheiten sind bisher bestellt worden, u. a.: Französische Gendarmerie 10, Aéronavale 6 als SAR-Hubschrauber (Erstablieferung September 2022), spanisches Innenministerium 4, PHI neu 12. Die französischen Streitkräfte planen ab 2026 als Ersatz älterer Typen 169 Einheiten (80 ALAT, 49 Aéronavale, 40 Armée de l'Air) einer militärischen Ausführung H160M Guépard zu beschaffen. Neuester größerer Besteller: CDAT 50.
Bemerkungen: Mit der vollständig neu entwickelten H160 lancierte Airbus Helicopters eine neue Generation von Hubschraubern. Primär als Nachfolger der EC155 (siehe Ausgabe 2015) gedacht, handelt es sich weltweit um den ersten zivilen Hubschrauber, welcher vollständig aus Verbundwerkstoffen hergestellt ist. Es gelangen neu entwickelte Turbinen zum Einbau, der Fünfblattrotor weist neuartige, mehrfach geknickte Rotorblätter auf. Damit soll der Lärm besonders im Vorwärtsflug minimiert werden. Dank des um 12 Grad geneigten Fenestron-Heckrotors reduziert sich der Leistungsbedarf im Schwebeflug. Weiter fällt das Höhenleitwerk auf, welches aus zwei übereinander angeordneten Flächen besteht. Eingebaut ist die neueste Helionix-Avionik, die insbesondere die Arbeitsbelastung der Piloten reduzieren wird. Das Fahrwerk wird elektrisch ein- und ausgefahren. Verschiedene Konfigurationen werden angeboten wie beispielsweise für Offshore-Einsätze, VIP- und allgemeine Personentransporte.
Hersteller: Airbus Helicopters, Teil der Airbus Group, Werk Marignane, Frankreich.

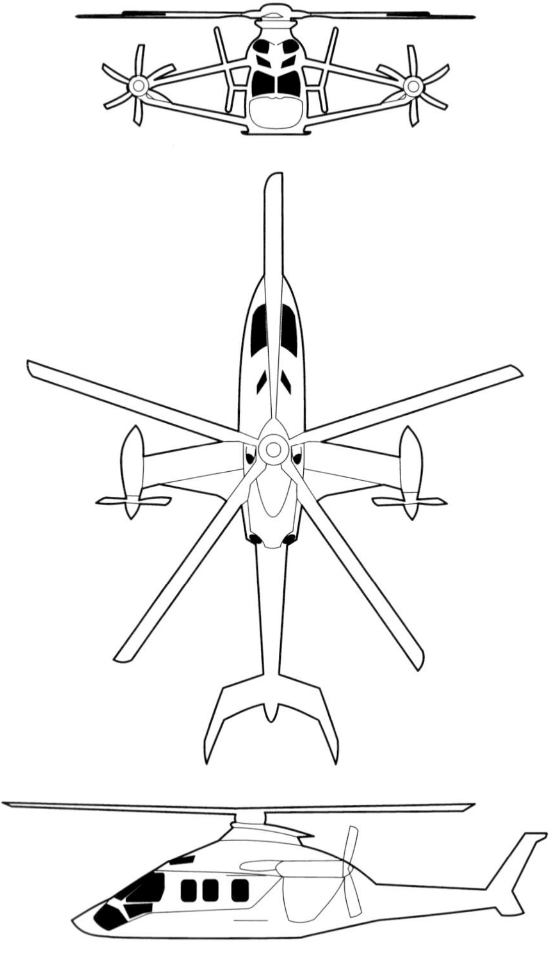

Abmessungen:
Noch keine Angaben erhältlich.

AIRBUS RACER

Ursprungsland: Europäisches Konsortium.
Kategorie: Experimenteller Verbundhubschrauber für die »Rapid And Cost-Effecitve Rotorcraft«-Erprobung.
Triebwerke: Zwei Gasturbinen Safran Aneto-1X von je 2500 WPS (1900 kW) Leistung.
Leistungen (Schätzungen): Höchstgeschwindigkeit über 400 km/h; weitere Angaben noch nicht erhältlich.
Gewichte: (Noch keine Angaben erhältlich).
Zuladung: (Noch keine Angaben erhältlich).
Entwicklungsstand: Das Projekt hat sich aus diversen Gründen verspätet. Mit dem Erstflug des Experimentarhubschraubers wird im Laufe 2024 gerechnet. Soweit bekannt, ist keine Serienfertigung vorgesehen.
Bemerkungen: Mit diesem Erprobungsmuster will der Hersteller die Erweiterung des Flugbereichs für Hubschrauber jenseits der 400 km/h erforschen. Der Racer soll rund 50 % schneller als herkömmliche Muster fliegen können. Dabei will man auch treibstoffeffizienter sein sowie geringere Kosten verursachen. Die seitlich angebrachten Schubpropeller sollen den Vortrieb erzeugen. Dank den Stummelflügeln wird zusätzlich zum Hauptrotor Auftrieb generiert. Dieser soll mit zunehmender Reisegeschwindigkeit um bis zu 15 % verlangsamt werden. Dadurch kann ein Durchbrechen der Schallmauer der Rotorspitzen mit dem damit verbundenen Lärm vermieden werden. Um Kraftstoff zu sparen wird während des Reiseflugs eines der beiden Triebwerke abgeschaltet. Der Rumpf besteht aus einer Mischung zwischen Metall- und Verbundwerkstruktur. Viele weitere Innovationen sollen an diesem Erprobungsmuster getestet werden.
Hersteller: Airbus Helicopters, Teil der Airbus Group, Werk Marigagne, Frankreich

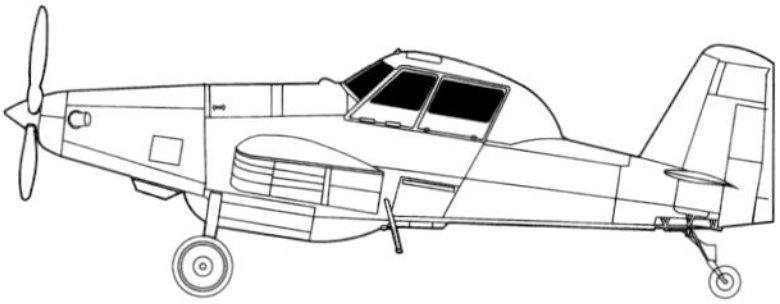

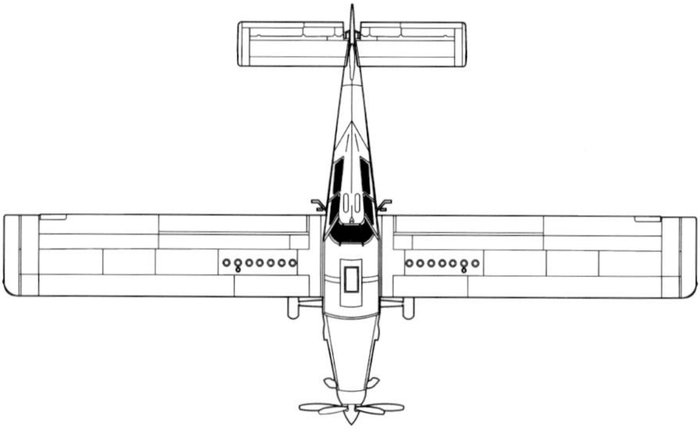

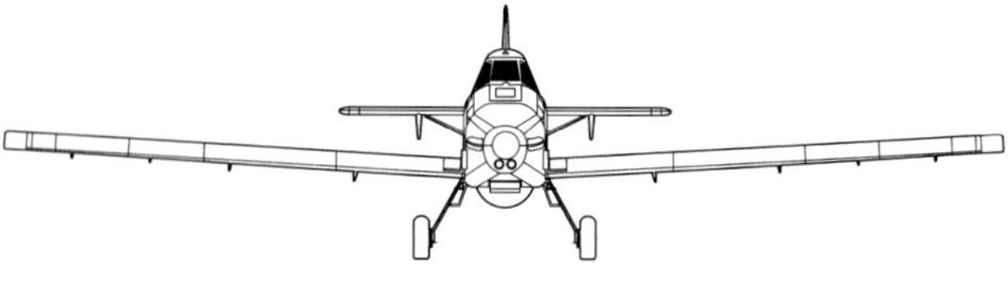

Abmessungen:
Spannweite 18,04 m,
Länge 10,87 m,
Höhe 3,96 m,
Flügelfläche 37,25 m².

AIR TRACTOR AT-802U SKY WARDEN

Ursprungsland: USA.
Kategorie: Zweisitziger leichter Erdkämpfer und Überwachungsflugzeug.
Triebwerke: Eine Propellerturbine Pratt & Whitney Canada von 1700 WPS (1268 kW) Leistung.
Leistungen: Höchstgeschwindigkeit 394 km/h in 3050 m; Patrouillengeschwindigkeit 333 km/h; Dienstgipfelhöhe 7600 m; Reichweite mit Rumpftank 2415 km; Patrouillendauer 8+ Std.
Gewichte: Rüstgewicht 3705 kg; max. Startgewicht 7257 kg.
Bewaffnung: An bis zu elf Aufhängepunkten unter dem Rumpf und unter den Flügeln kann eine Vielzahl von Waffen und Sensoren mitgeführt werden, beispielsweise Präzisionsbomben, ungelenkte 70-mm-Raketen, AGM-114-Hellfire-Lenkwaffen, MG-Behälter oder auch SIGINT-/ELINT-Behälter. Maximale Nutzlast 2720 kg.
Entwicklungsstand: Ein Demonstrator der bewaffneten Variante AT-802U wurde erstmals im Mai 2021 vorgestellt. Bei einem Gesamtbedarf von 75 Einheiten hat die USAF einstweilen sechs Sky Warden für das US Special Operation Command (USSOCOM) fest erworben. Die Produktion ist 2023 angelaufen, die Einsatzbereitschaft ab 2026 vorgesehen. Von der bewaffneten Version haben u.a. auch Jordanien sechs und die VAR 24 beschafft. Weiterhin in beachtlicher Zahl werden jährlich Landwirtschafts- und Löschflugzeuge der verschiedenen AT-802-Versionen hergestellt. Bisher dürften mehr als 2000 Einheiten gebaut worden sein.
Bemerkungen: Basierend auf dem in großer Zahl gebauten Sprüh- und Löschflugzeug AT-802 (siehe Ausgabe 2021) entwickelte Air Tractor zusammen mit L3Harris das leichte Erdkampfflugzeug AT-802U Sky Warden. Dieses soll für sog. »Bewaffnete Überwachungsaufgaben« in niederschwelligen Konflikten eingesetzt werden. Dafür wird ein robustes, zuverlässiges und kostengünstiges Modell benötigt. Diesen Anforderungen genügte die AT-802U. Die Struktur ist in Teilen gepanzert. L3Harris steuert die Avionik Garmin-3000, das elektro-optische System sowie die Kommunikationsausrüstung bei. Sensoren, beispielsweise vom Typ MX-15 oder MX-20HD, werden je nach Aufgabe in Behältern unter den Flügeln mitgeführt. Die AT-802 ist das derzeit größte einmotorige Flugzeug der Welt.
Hersteller: Air Tractor, Olney, Texas und L3Harris, Tulsa, Oklahoma, USA.

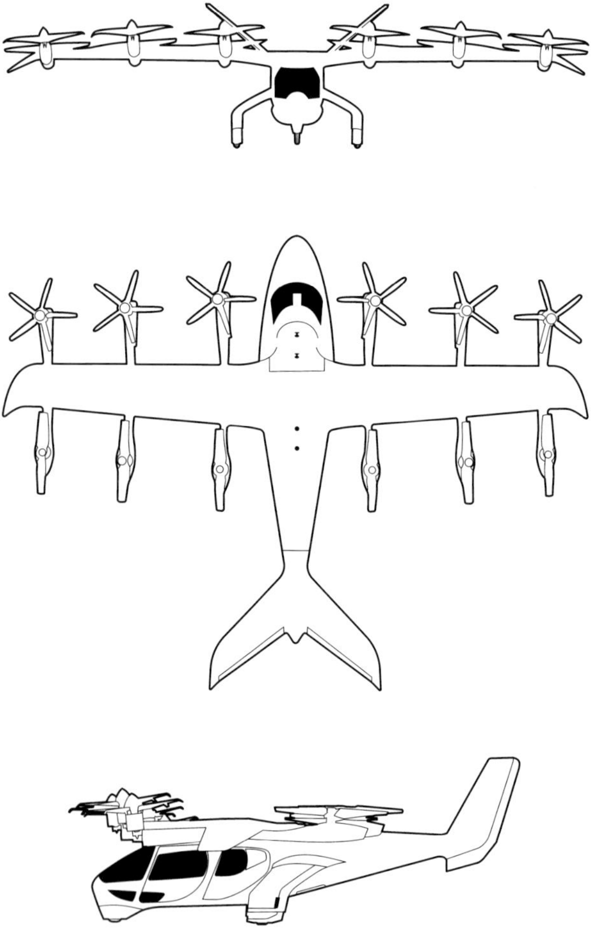

Abmessungen:
Spannweite 14,60 m.

ARCHER AVIATION MIDNIGHT

Ursprungsland: USA.
Kategorie: Elektrisch angetriebenes senkrecht startendes und landendes Kurzstrecken-Air Taxi.
Triebwerke: Zwölf Elektromotoren MagniX Magni350 von je 125 kW Leistung.
Leistungen: Höchstgeschwindigkeit 241 km/h; normale Flughöhe 610 m, Reichweite je nach Quelle zwischen 32 und 80 km.
Gewichte: Max. Startgewicht 3175 kg.
Zuladung: Ein Pilot und vier Passagiere; Nutzlast 450+ kg.
Entwicklungsstand: Der Erstflug des im Maßstab verkleinerten Vorläufers der Midnight, die Maker, fand am 16. Dezember 2021 statt. Im November 2023 nahm die erste Midnight die Flugerprobung auf. Die Produktion sollte noch vor Ende 2023 aufgenommen werden, Ablieferungen ab 2025. United Airlines will bis zu 200 Einheiten beschaffen. Diese sollen primär als Flugtaxis zwischen den Flugplätzen innerhalb einer Stadt (New York, Chicago, Los Angeles usw.) zum Einsatz kommen. Weitere Bestellungen liegen vor, u. a. vom USMC für sechs Einheiten zur Erprobung. Der Hersteller plant anfänglich jährlich bis zu 650 Einheiten zu bauen.
Bemerkungen: Die Midnight reiht sich in die immer länger werdende Liste von elektrisch angetriebenen Air Taxis, welche senkrecht starten und landen und dann in den Flugmodus wechseln, häufig als eVTOL bezeichnet (**e**lectric **V**ertical **T**ake-**O**ff and **L**anding). An den Entwicklungskosten sind zum Teil namhafte Firmen beteiligt, wie z. B. Boeing, United Airlines, Stellantis usw. Besonders am Antrieb der Midnight ist, dass sie über zwölf Rotoren verfügt, sechs davon sind fünfblättrig und können von vertikal auf horizontal geschwenkt werden. Für den Senkrechtstart sind weitere sechs zweiblättrige fest montierte Rotoren vorhanden. Rumpf und der Flügel als Hochdecker sind aus Verbundwerkstoffen, das dreibeinige Fahrwerk ist nicht einziehbar. Sechs Batterien sind im Rumpf untergebracht. Diese lassen sich in 12 Minuten wieder voll aufladen. Deren Lebensdauer beträgt gemäß Hersteller 10000 Zyklen. Die Midnight soll im Flug besonders leise sein.
Hersteller: Archer Aviation, Palo Alto Airport, San José, Kalifornien, Werk Covington, Georgia, USA.

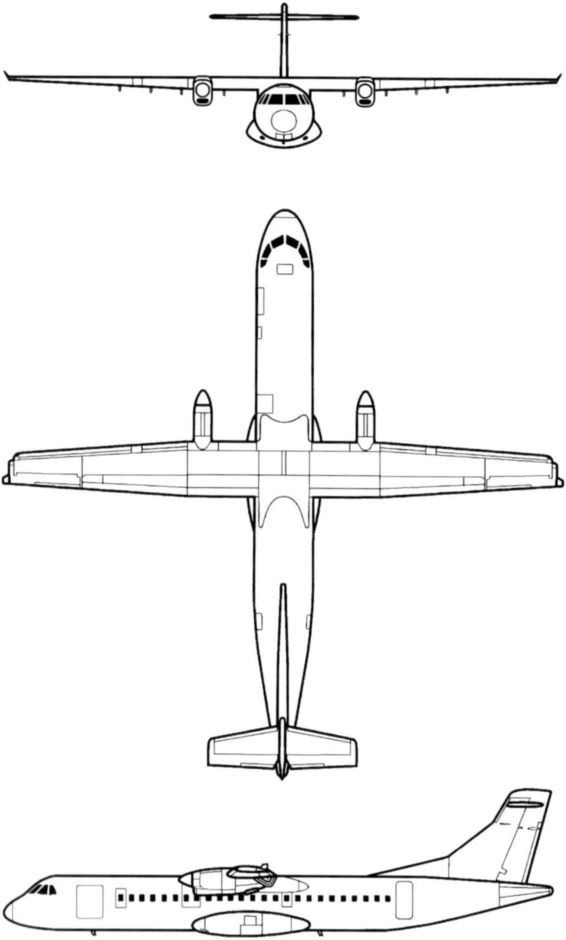

Abmessungen (ATR 42/ATR 72):
Spannweite 24,57/27,05 m,
Länge 22,67/27,17 m,
Höhe 7,59/7,65 m,
Flügelfläche 54,50/61,00 m².

ATR 42-600/ATR 72-600/600S/600F

Ursprungsland: Frankreich und Italien.
Kategorie: Regionalverkehrsflugzeug.
Triebwerke (ATR 42-600/ATR 72-600): Zwei Propellerturbinen Pratt & Whitney Canada PW127M bzw. ab 2022 PW127XT-M von je 2160 WPS (1590 kW) bzw. 2475 WPS (1820 kW) Startleistung.
Leistungen (ATR 42-600/ATR 72-600): Max. Reisegeschwindigkeit 555/511 km/h auf 7620 m; ökonom. Reisegeschwindigkeit 450 km/h auf 7620 m; Reichweite mit 48/68 Passagieren und max. Gepäckzuladung 1484/1527 km.
Gewichte (ATR 42-600/ATR 72-600): Rüstgewicht 11300/13010 kg; max. Startgewicht 18600/23000 kg.
Zuladung: Zwei Mann Cockpitbesatzung und verschiedene Innenausstattungen für (ATR 42) max. 48 bzw. (ATR 72) 64 bis neu 78 Passagiere in Viererreihen mit Mittelgang; Nutzlast (ATR 42-600) 5500 kg, als Frachter (ATR-72-600F) 8093 kg.
Entwicklungsstand: Die Ausführung ATR 72-600 begann die Flugerprobung am 24. Juli 2009, Ablieferung ab 19. August 2011. Von allen Varianten waren bis Ende 2023 rund 1850 Flugzeuge von über 200 Operators bestellt, gegen 1800 davon ausgeliefert. Die erste ATR-72-600F startete am 16. September 2020 zum Erstflug. FedEx hat 30 Exemplare (+ 20 Optionen) bestellt. Die STOL-Variante ATR-42-600S (bisher 21 bestellt) nahm die Flugerprobung am 11. Mai 2022 auf.
Bemerkungen: Mit der ATR-42/72-600 wurde die dritte Generation des bewährten Musters lanciert. Folgende Verbesserungen wurden eingeführt: Stärkere Triebwerke PW127M, die insbesondere bessere Startleistungen auf hoch gelegenen Flugplätzen ermöglichen. Zudem kann eine größere Nutzlast mitgeführt werden. Das digitale Cockpit ist mit einer Thales-Avionik ausgerüstet. Weiter erhöhte man den Kabinenkomfort. 2019 stellte der Hersteller eine STOL-Version ATR 42-600S vor. Hauptanpassungen sind ein größeres Seitenleitwerk und ein automatisches Bremssystem, um bei der Landung schneller mit dem Bremsvorgang zu beginnen. Dadurch ist die ATR 42-600S in der Lage, auf nur rund 800 m langen Pisten mit 40 Passagieren starten und landen zu können. ATR lancierte 2021 eine Ausführung mit etwas stärkeren PW127-Triebwerken, welche einzelne Leistungsparameter verbessern und besonders die Wirtschaftlichkeit optimieren. ATR arbeitet an einer EVO genannten hybrid-elektrischen Variante, welche voraussichtlich ab etwa 2030 in Einsatz kommen könnte.
Hersteller: Avions de Transport Régional (ATR): Aérospatiale Matra, Toulouse-Blagnac, Frankreich und Alenia, Neapel, Italien.

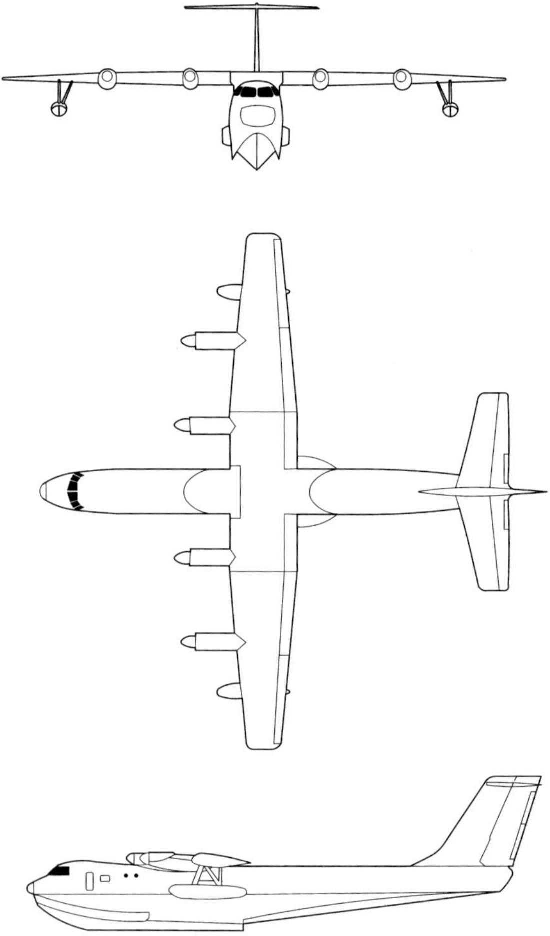

Abmessungen (provisorische Angaben):
Spannweite 38,80 m,
Länge 36,90 m,
Höhe 12,10 m.

AVIC AG600

Ursprungsland: Volksrepublik China.
Kategorie: Amphibisches SAR- oder auch ASW-/Patrouillenflugzeug für Langstrecken, ev. auch für zivile Einsätze (z. B. Löscheinsätze) vorgesehen.
Triebwerke: Vier Propellerturbinen Dongan WJ-6 von je 5103 WPS (3805 kW) Leistung.
Leistungen (nach Angaben des Herstellers): Höchstgeschwindigkeit 560 km/h; Reisegeschwindigkeit 500 km/h; Dienstgipfelhöhe 6000 bzw. 10500 m (je nach Quelle); Reichweite 4500 km.
Gewichte: Leergewicht 20000 kg; max. Startgewicht 60000 kg.
Zuladung: Zwei Mann Cockpitbesatzung und je nach Innenausstattung und Aufgabe bis zu 50 Personen. Max. Nutzlast 12000 kg.
Entwicklungsstand: Der erste Prototyp dieses neuen chinesischen Amphibienflugzeugs wurde im November 2016 in Zhuhai erstmals der Öffentlichkeit vorgestellt. Der Erstflug fand am 24. Dezember 2017 statt. 2020 fanden die ersten Starts und Landungen im Meer statt. Eine überarbeitete zweite Einheit fliegt seit 31. August 2022, ab Wasser am 29. August 2022. Gemäß Hersteller sollen 17 Einheiten bestellt worden sein, vier davon fliegen bereits. Die Einsatzbereitschaft wird für 2025 erwartet.
Bemerkungen: Die AG600 ist für eine Vielzahl von Aufgaben vorgesehen, so beispielsweise als Passagierflugzeug, als Frachter bzw. als Combi-Frachter sowie auch als Patrouillenflugzeug/Seenotretter. Auch eine Version als Löschflugzeug mit einer Wasserzuladung von 12000 Litern ist vorgesehen und wurde bereits erprobt. Rumpf und Flügel sind weitgehend aus Aluminium. Der Hauptflügel ist als Schulterdecker, das Heckleitwerk in T-Form ausgelegt. Dank des in der Mitte abgestuften Rumpfes in Bootsform werden sehr gute Eigenschaften auch bei rauher See erwartet. Die AG600 ist mit einem einziehbaren Dreipunktfahrwerk ausgestattet. Bei den Triebwerken WJ-6 handelt es sich um eine recht alte Konstruktion, abgeleitet vom sowjetischen Ivchenko AI-20. Sie sind mit modernen sechsblättrigen Propellern vermutlich aus Verbundwerkstoffen ausgestattet. Beim zweiten Prototypen wurden Vorderrumpf und Nase wesentlich überarbeitet, weitere Modifikationen vorgenommen und das Abfluggewicht von 53000 auf 60000 kg erhöht.
Hersteller: Aviation Industry Corporation of China bzw. CAIGA China Aviation Industry General Aircraft Co. Ltd., Zhuhai Airport, VR China

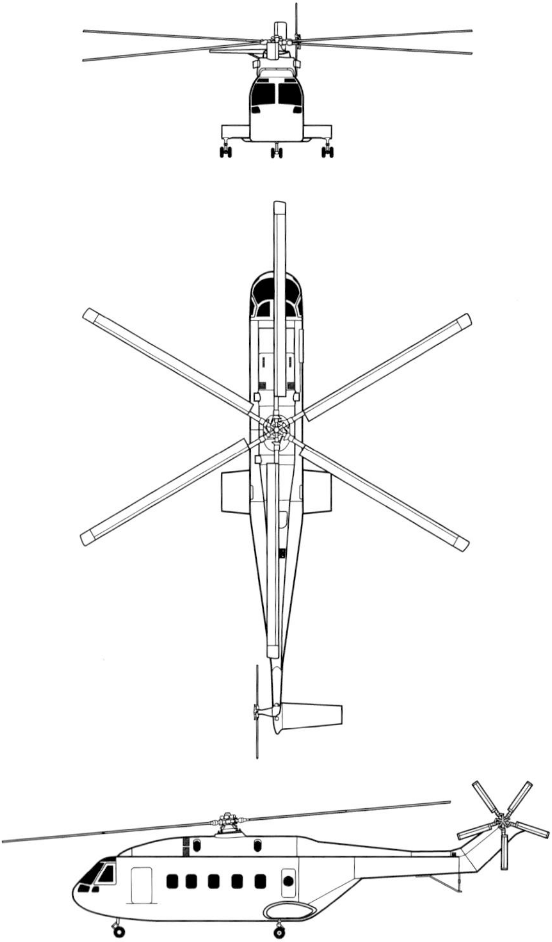

Abmessungen (CAIG/Change Z-8F):
Rotordurchmesser 18,90 m,
Rumpflänge inkl. Rotor 23,05 m,
Höhe 6,66 m.

AVICOPTER AC313A

Ursprungsland: Volksrepublik China.
Kategorie: Mittelschwerer Hubschrauber.
Triebwerke: Drei Gasturbinen Aero Engine Corporation WZ6C von je 1740 WPS (1300 kW).
Leistungen: Max. Reichweite rund 900 km. Weitere Leistungsdaten bisher nicht bekannt.
Gewichte (provisorische Angaben): Max. Startgewicht 13800 kg.
Zuladung: Zwei Mann Besatzung im Cockpit und bis zu 28 Passagiere; max. Nutzlast intern 4000 kg, extern 5000 kg.
Entwicklungsstand: Ein erster Prototyp nahm am 18. März 2010 die Flugerprobung auf. An einige zivile Betreiber, an die chinesischen Streitkräfte sowie an weitere paramilitärische Organisationen wurde bisher eine unbekannte Anzahl geliefert. Am 17. Mai 2022 nahm eine deutlich überarbeitete Version AC303A bzw. AC303-1B die Flugerprobung auf. Über den Stand der Bestellungen ist noch nichts bekannt.
Bemerkungen: Bei der AC313 handelt es sich um eine Weiterentwicklung der CHAIG/Changhe Z-8 (siehe Ausgabe 2008), welche wiederum von der Aérospatiale SA321 Super Frélon abstammt. Sie ist der bisher größte Hubschrauber, welcher in der Volksrepublik China gebaut wurde und dürfte von den Dimensionen her in etwa mit der Leonardo AW 101, der Mil Mi-38 und der Sikorsky S-92 vergleichbar sein. Neben dem Transport von Personen, soll die AC313 für eine Vielzahl von Aufgaben Verwendung finden wie beispielsweise Frachttransporte, Such- und Rettungseinsätze, VIP-Transporte sowie als Löschhubschrauber. Die Avionik ist eine vollständige chinesische Eigenentwicklung. 50 % der Rumpfkonstruktion soll aus Verbundwerkstoffen bestehen. Die Weiterentwicklung AC313A fällt primär durch eine überarbeitete Frontsektion, breiteren Rumpf und ein neues Layout der Triebwerkverkleidung auf. Die gegenüber der AC313 neuen und stärkeren Triebwerke vereint mit einem neuen Getriebe führen zu besseren Flugleistungen. So soll das Muster besonders für Einsätze in großen Höhen geeignet sein. Alle gemachten Angaben sind noch provisorischer Natur
Hersteller: Avicopter, eine Division des chinesischen Luftfahrtkonglomerats AVIC, Jingdezhen Facility, Jiangxi, VR China.

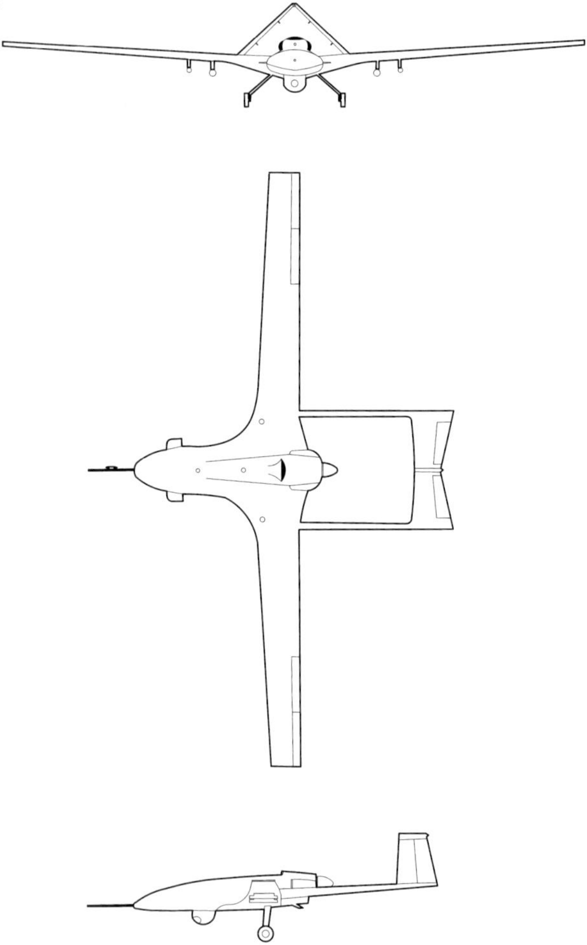

Abmessungen:
Spannweite 12,00 m,
Länge 6,50 m,
Höhe 2,20 m.

BAYRAKTAR TB2

Ursprungsland: Türkei.
Kategorie: Kampf- und Aufklärungsdrohne für mittlere Höhen.
Triebwerke: Ein Kolben-Einspritzmotor Rotax-912-IS mit 100 PS (74,5 kW) Leistung bzw. PD170 unbekannter Leistung.
Leistungen: Höchstgeschwindigkeit 222 km/h; Patrouillengeschwindigkeit 130 km/h; Gipfelhöhe 7600 m; max. Einsatzhöhe 5500 m; Reichweite je nach Quelle zwischen 3500 und 4800 km; max. Flugdauer 27 Std.
Gewichte: Leergewicht 420 kg; max. Startgewicht 700 kg.
Zuladung: Maximale Nutzlast von 150 kg.
Bewaffnung: Bis zu vier lasergelenkte Mini-Bomben MAM-L22 oder zwei L-UMTAS-Raketen.
Entwicklungsstand: Das Datum des Erstflugs ist nicht bekannt. Die Türkische Luftwaffe erhielt ab 2016 110 Einheiten. Die TB2 ist zu einem eigentlichen Verkaufsschlager geworden. Mitte Juni 2023 wurde die 500. abgeliefert. Bestellt haben u. a.: Aserbaidschan, Bangladesh, Djibouti 2, Irak, Kosovo, Kuwait, Marokko 13, Niger 6, Nigeria 6, Qatar 6, Polen 24, Togo. Unbestätigten Angaben zufolge hat die Ukraine bisher über 50 Drohnen erhalten und wird diese in Zukunft in Lizenz herstellen.
Bemerkungen: Die kleine und relativ leichte vollautonome Drohne kann im autonomen Modus ohne Bodensteuerung eines Koordinators starten, zu einem programmierten Ziel fliegen, es ausspähen, zurückkehren und selbstständig landen. Sie wurde von der Start-up-Firma Baykar Technologies zusammen mit der Luftwaffe der Türkei entwickelt. Die TB2 ist in den letzten Jahren in mehreren Konflikten als Aufklärer, zunehmend aber auch als Waffenträger eingesetzt worden, u. a. in der Auseinandersetzung zwischen Georgien und Aserbaidschan wegen Berg-Karabach, insbesondere aber im Krieg Russland gegen die Ukraine. Aus welchen Materialien die Struktur besteht, ist nicht bekannt. Vermutet wird aber eine Konstruktion aus Verbundwerkstoffen. Der Rotax-Motor verfügt über einen zweiblättrigen Propeller. Eingebaut ist eine dreifach redundante Avionik. Wie bei Drohnen üblich, ist sie über eine Satcom-Verbindung zur Übermittlung der Daten in realtime ausgerüstet. Der Anschaffungspreis soll nur rund US $ 2 Mio. betragen. Unter der Bezeichnung TB3 ist am 27. Oktober 2023 eine von der TB2 abgeleiteten trägergestützten Version mit faltbaren Flügeln erstmals geflogen.
Hersteller: Baykar Technlogies, Istanbul, Türkei.

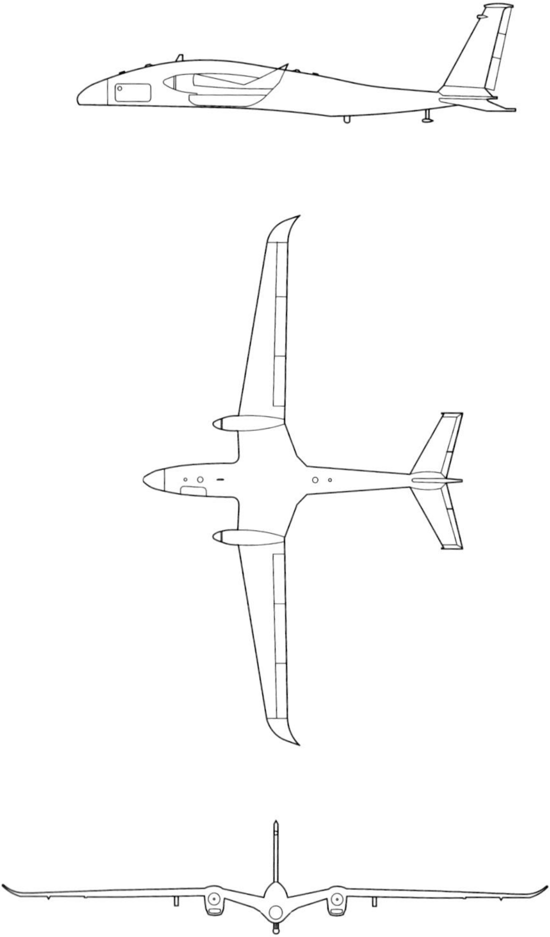

Abmessungen:
Spannweite 20,00 m,
Länge 12,20 m,
Höhe 4,10 m.

BAYRAKTAR AKINCI

Ursprungsland: Türkei.
Kategorie: Langstrecken-Drohne für große Höhen für Aufklärungs- und Waffeneinsätze.
Triebwerke: Zwei Propellerturbinen Iwtschenko Progress AI-450C von je 750 WPS kp (560 kW) Leistung.
Leistungen: Höchstgeschwindigkeit 361 km/h; max. Reisegeschwindigkeit auf 9150 m 280 km/h; Dienstgipfelhöhe 13716 m; max. Reichweite 10000 km; max. Flugdauer 25 Std.
Gewichte: Max. Startgewicht 6000 kg.
Zuladung: Maximale Nutzlast von 1500 kg, davon intern 400 kg.
Bewaffnung: Intern und an sechs festen Aufhängepunkten unter den Flügeln kann eine Vielzahl von Lenkwaffen, Lenkbomben und sog. »Smart-Waffen« mitgeführt werden.
Entwicklungsstand: Der Erstflug erfolgte am 6. Dezember 2019. Aktuell sollen rund 25 Drohnen an die Luftwaffe der Türkei abgeliefert worden sein. Soweit bekannt haben Azerbaijan und Kyrgyzstan die Akinci auch bestellt. Ein weiterer großer Auftrag soll derzeit mit Saudi Arabien verhandelt werden. Auch die Akinci will man inskünftig in der Ukraine in Lizenz herstellen.
Bemerkungen: Nebst Iran hat sich die Türkei zum Entwicklungsspezialisten für Drohnen entwickelt und vermarktet diese sehr erfolgreich. Die neueste und schwerste Ausführung ist die Akinci. Sie ist für sog. HALE-Einsätze (**H**igh-**A**ltitude **L**ong-**E**ndurance) konzipiert. Noch sind wenige Angaben bekannt, insbesondere was die Konstruktion angeht. Man kann aber davon ausgehen, dass Rumpf und Flügel aus Verbundwerkstoffen bestehen. Das Fahrwerk ist einziehbar. Sie verfügt über elektronische Support- und Gegenmaßnahmensysteme, zweifaches Satellit-Kommunikationssystem, Radar mit synthetischer Apertur (AESA-Radar) türkischer Provenienz sowie über eine weitere Ausrüstung. Damit ist die Akinci bestens für SIGINT- wie auch für Waffeneinsätze einsetzbar. Mehrere Einheiten wurden auch nach dem Erdbeben in der Türkei intensiv zur Schadensermittlung eingesetzt.
Hersteller: Baykar Technology, Istanbul, Türkei.

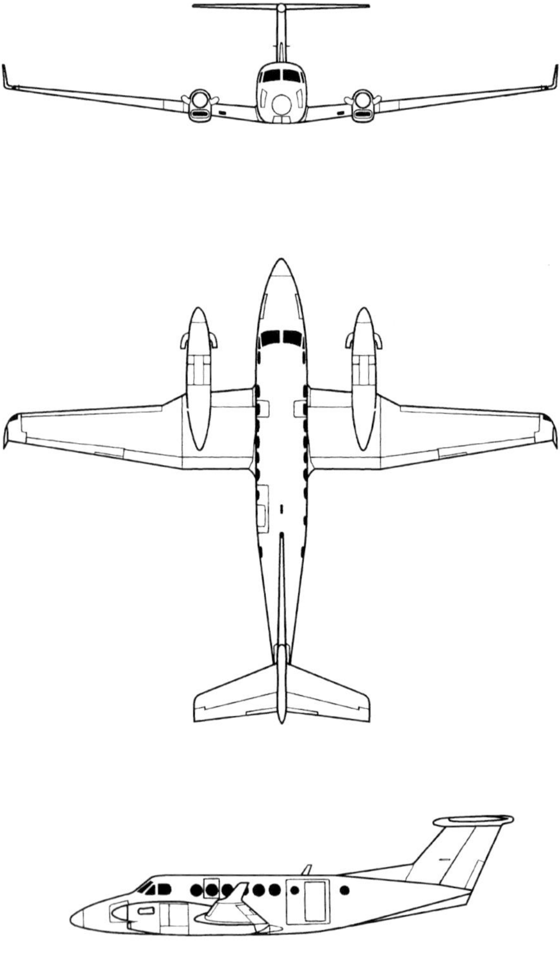

Abmessungen:
Spannweite 17,65 m,
Länge (260/360 und 360ER) 13,36/14,22 m,
Höhe (260/360 und 360ER) 4,52/4,37 m,
Flügelfläche 28,80 m².

BEECHCRAFT KING AIR 260/360/360ER

Ursprungsland: USA.
Kategorie: Arbeits-, Firmen- und Mehrzweckflugzeug.
Triebwerke (260/360/ER): Zwei Propellerturbinen Pratt & Whitney Canada PT-6A-52 von je 850 WPS (634 kW) bzw. PT6A-60A von je 1050 WPS (783 kW) Leistung.
Leistungen (260/360/360ER): Max. Reisegeschwindigkeit 574/578/561 km/h; Anfangssteiggeschwindigkeit 12,4/13,8/12,2 m/Sek; Dienstgipfelhöhe 10668 m; Reichweite mit vier Passagieren und mit 45 Min. Reserven 3185/3345/4986 km.
Gewichte (260/360/360ER): Leergewichte 4005/4516/4643 kg; max. Startgewichte 5670 bzw. als Option 6087/6804 kg, (360ER) 7484 kg.
Zuladung (260/360/360ER): Ein bis zwei Mann Cockpitbesatzung und in der Kabine normalerweise sieben/neun Einzelsitze in vis-à-vis-Anordnung, max. jedoch bis zu 9/11/15 Passagiere; max. Nutzlast 984/1154/1266 kg, bei vollen Treibstofftanks 52/696/542 kg.
Entwicklungsstand: Seit 1964 befindet sich dieses Muster ununterbrochen in Produktion. Bisher wurden über 7700 King Airs in mehr als 20 Varianten gebaut. Derzeit werden ausschließlich die Versionen 260 und 360 bzw. 360ER angeboten. Erstere ist seit Mitte 2021, letztere seit Dezember 2020 erhältlich.
Bemerkungen: Neu lanciert wurden als Ersatz der 350i (siehe Ausgabe 2020) die Versionen 360 bzw. die 360ER mit größerer Reichweite (bisher rund 100 hergestellt). Eingebaut ist u.a. eine leistungsfähigere Druckkabine. Zudem sind neue Inneneinrichtungs-Optionen erhältlich. Die von der 250 weiterentwickelte Ausführung 260 entspricht seitens der Avionik und der Inneneinrichtung der 360. Bei beiden Ausführungen hat man neu ein Autothrottle-System zur Erleichterung der Pilotenlast eingebaut. Weiterhin werden für Luftwaffen und Agenturen eine Vielzahl von Varianten der King Air gebaut, meistens für FLINT-/SIGINT-Aufgaben, See- und Grenzüberwachung. Bei den US-Streitkräften werden sie als RC-12 bezeichnet. Ganz neu beschafft die USN 64 von der Beech 260 abgeleitete und als T-54A bezeichneten Multimotor-Trainer.
Hersteller: Beechcraft Corporation, Tochtergesellschaft der Textron Inc., Werk Wichita, Kansas, USA.

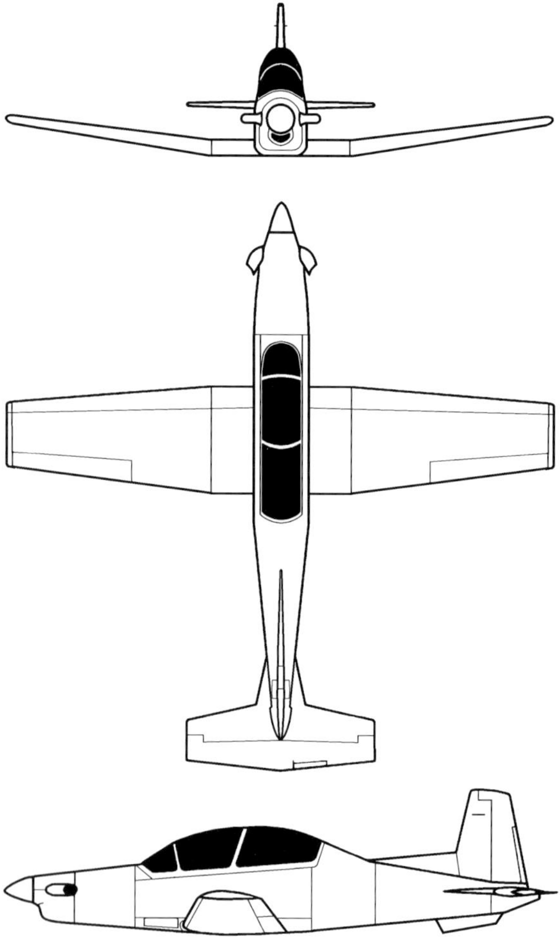

Abmessungen:
Spannweite 10,15 m,
Länge 10,14 m,
Höhe 3,26 m,
Flügelfläche 16,29 m².

BEECHCRAFT T-6A/B/C TEXAN II/AT-6 WOLVERINE

Ursprungsland: USA/Schweiz.
Kategorie: (T-6A/B/C): Zweisitziger Basis- und Fortgeschrittenentrainer, (AT-6): Leichter Erdkämpfer.
Triebwerke: Eine Propellerturbine Pratt & Whitney Canada PT6A-68 von 1708 WPS (1275 kW) Leistung, reduziert auf 1100 WPS (820 kW).
Leistungen: Höchstgeschwindigkeit in großen Höhen 575 km/h, auf Meereshöhe 500 km/h, Reisegeschwindigkeit auf 2285 m 426 km/h; Anfangssteiggeschwindigkeit 20,3 m/Sek; Dienstgipfelhöhe 10670 m; Reichweite 1574 km; max. Flugdauer 3 Std.
Gewichte: Leergewicht 2087 kg; Rüstgewicht 2336 kg; max. Startgewicht 3130 kg; (AT-6) 4536 kg.
Entwicklungsstand: Der erste Produktionsprototyp fliegt seit 23. Dezember 1993, gefolgt vom ersten Serienflugzeug am 15. Juli 1998. Die amerikanischen Streitkräfte beschafften insgesamt 773 Maschinen (alle mittlerweile abgeliefert): USAF 454, USN 315, US Army 4 T-6B. Weitere T-6A/B/C erhielten oder erhalten Argentinien 24 T-6C, Griechenland 45, NATO Flying Training (NFTC) 26 T-6A, Irak 16 T-6A, Israel 25 T-6A, Marokko 24 T-6C, Mexikos Luftwaffe 24 T-6C+, Marine 2 T-6C+, Neuseeland 11 T-6C, RAF 14 T-6C, Kolumbien T-6C und Thailand je 12 T-6TH, Vietnam 6. Von der AT-6 sind bisher bestellt: Thailand 12 ATH-6TH, Tunesien 4 AT-6C, USAF 2 AT6-C. Die 1000. T-6 wurde im Oktober 2022 abgeliefert.
Bemerkungen: Die Texan II basiert auf der Pilatus PC-9 (siehe Ausgabe 2008). Rund 70 % der Konstruktion wurde jedoch neu definiert. Die wesentlichen Unterschiede sind: Verstärkte Rumpfstruktur und Cockpithaube, Druckkabine, Null-Null-Schleudersitze, neue digitale Elektronik (GPS, MLS, Antikollisionsanzeige, HUD) und Einpunktbetankung. Die T-6A ist Bestandteil eines integrierten Trainingssystems, welches auch Simulatoren und übrige Logistik umfasst. 272 der von der USN beschafften Texan II sind T-6B mit einem integralen Glas-Cockpit, HUD und weiterentwickelter Avionik ausgerüstet. Von ihr abgeleitet ist neu die T-6C für den Export im Angebot. Beechcraft testet derzeit für die USAF eine leichte Erdkampfversion AT-6 Wolverine (ex. Coyote); Erstflug 5. April 2010. Die Zelle weist punktuelle Strukturverstärkungen auf, die Triebwerkleistung ist auf 1600 WPS (1193 kW) erhöht. Unter den Flügeln können Waffen bis 1865 kg mitgeführt werden.
Hersteller: Beechcraft Corporation, Tochtergesellschaft der Textron Inc., Werk Wichita, Kansas, USA.

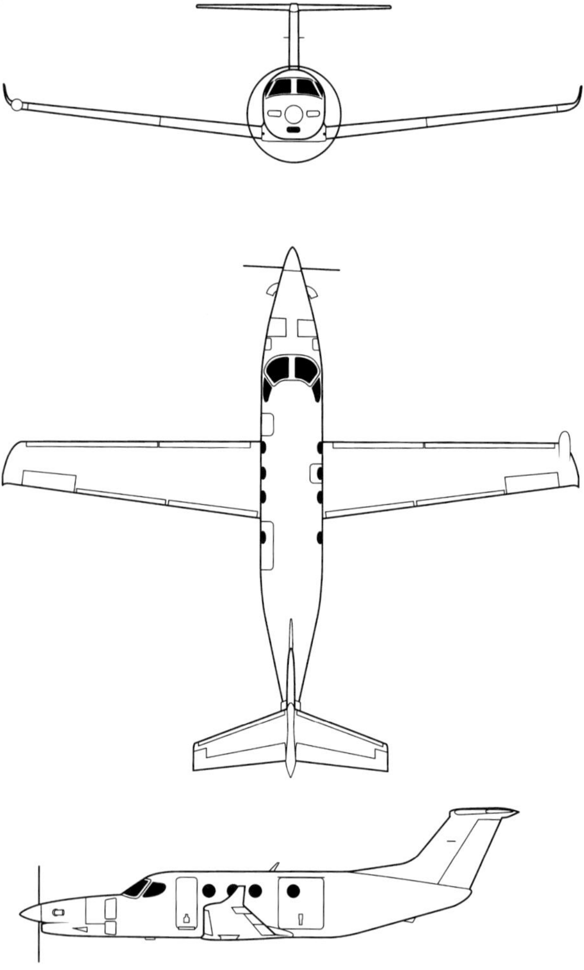

Abmessungen:
Spannweite 16,54 m,
Länge 14,86 m,
Höhe 4,62 m.

BEECHCRAFT (CESSNA) DENALI

Ursprungsland: USA.
Kategorie: Leichtes Mehrzweck- und Firmenflugzeug.
Triebwerke: Eine Propellerturbine General Electric GE CatalystTM GE93 von 1300 WPS (969 kW) Leistung.
Leistungen (nach Angaben des Herstellers): Max. Reisegeschwindigkeit 528 km/h; Dienstgipfelhöhe 9449 m; normale Reichweite mit vier Passagieren 2963 km.
Gewichte: Noch keine Angaben erhältlich.
Zuladung: Ein bis zwei Piloten und normalerweise sechs bis zu elf Passagiere. Nutzlast bei max. Treibstofffüllung 500 kg.
Entwicklungsstand: Nach technisch bedingter Verzögerung startete der erste von drei Prototypen am 23. November 2021 zum Erstflug. Schwierigkeiten bereitete primär das neue Triebwerk GE93 von General Electric. Da diese weiterhin nicht behoben sind, verschiebt sich neuesten Angaben zufolge die Indienststellung ein weiteres Mal auf 2025. Über Bestellungen sind bisher keine Informationen verfügbar.
Bemerkungen: Cessna kündigte eher überraschend anfangs 2016 ein völlig neues Muster eines einmotorigen Mehrzweckflugzeugs an, welches einerseits der konzerneigenen Beechcraft King Air-Reihe (siehe Seiten 54/55), aber auch der Pilatus PC-12 (siehe Seiten 260/261) Konkurrenz machen will. Der Hersteller nennt gegenüber diesen Mustern eine bessere Wirtschaftlichkeit, eine breitere Kabine und ein größeres Frachttor als Pluspunkte der neuen Konstruktion. Die Struktur der Denali ist konventionell weitgehend aus Aluminium. Der Innenraum mit einer Höhe von 147 cm und einer Breite von 160 cm weist einen flachen Boden auf. Völlig neu ist das Triebwerk von General Electric mit Fünfblattrotor, in welchem neueste Techniken zur Anwendung gelangen. Im Cockpit ist die Avionik Garmin G3000TM eingebaut, basierend u. a. auf der Synthetic Vision Technology mit drei LCD-Displays sowie zwei Touchscreens. Die Denali weist Kurzstartfähigkeiten auf und kann dank eines robusten Fahrwerks auf unvorbereiteten Pisten operieren. Als Kaufpreis wurde bisher US$ 4,8 Mio. genannt.
Hersteller: Beechcraft Corporation, Tochtergesellschaft der Textron Inc., Werk Wichita, Kansas, USA.

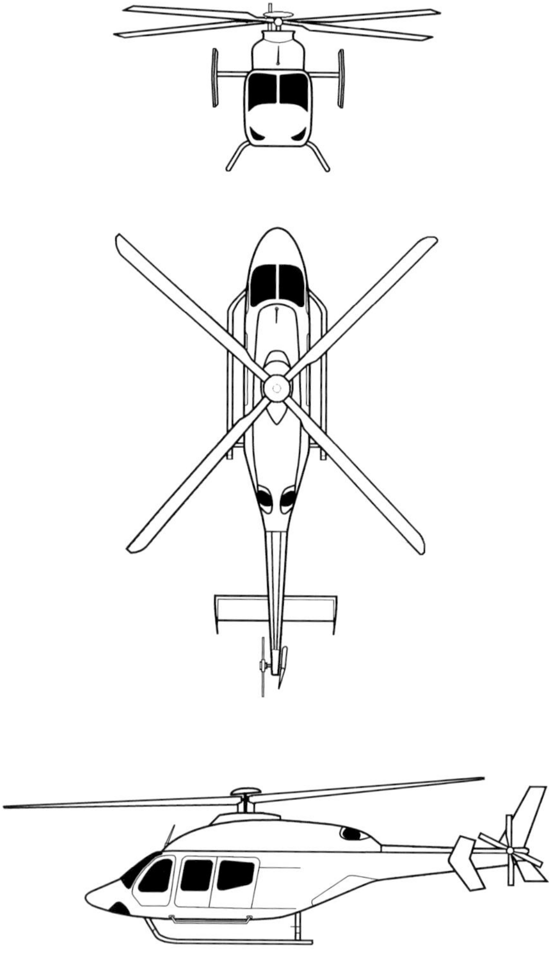

Abmessungen:
Rotordurchmesser 11,28 m,
Rumpflänge 11,73 m,
Höhe über Rotor 4,04 m.

BELL 429WLG GLOBAL RANGER

Ursprungsland: USA (Kanada, Südkorea).
Kategorie: Leichter Mehrzweckhubschrauber.
Triebwerke: Zwei Gasturbinen Pratt & Whitney PW207D1/D2 von je 635 WPS (474 kW) Leistung.
Leistungen (429WLG): Max. Reisegeschwindigkeit 281 km/h; Schwebehöhe bei 3180 kg ohne Bodeneffekt 3439 m, mit Bodeneffekt 4307 m; max. Reichweite 761 km, max. Flugzeit 4,5 Std.
Gewichte (429WLG): Leergewicht 2145 kg; max. Startgewicht mit interner Last 3180 kg, mit Außenlast 3629 kg.
Zuladung: Pilot und bis zu sieben Passagiere oder Frachtzuladung intern von 1150 kg, als Außenlast 1361 kg. Als Ambulanzhubschrauber zwei liegende Verletzte.
Entwicklungsstand: Der erste von zwei 429-Prototypen fliegt seit 27. Februar 2007, gefolgt vom zweiten am 27. August 2007. Die Auslieferung begann Bell im Juli 2009. Bisher sind über 400 Exemplare abgeliefert worden. Seit Anfang 2013 fliegt die Version 429WLG. Bestellt wurde sie u. a. von der Küstenwache Kanadas 15 und der schwedischen Polizei 7 Einheiten.
Bemerkungen: Die Bell 429 basiert auf der 427 bzw. 427VFR. Sie weist aber verschiedene Verbesserungen auf. Die Kabine lässt sich für verschiedenste Zwecke umgestalten. Die großen Türen (auf Wunsch als Schiebetüren) erleichtern dabei den Ein- und Auslad von Fracht. Im Cockpit wurde die BasiX-Avionik integriert. Dadurch kann die 429 durch einen Piloten alleine bedient werden. Das dynamische System (Rotorkopf, Getriebe und Rotoren) stammt von der 407 (siehe Ausgabe 2020), die Rotorblätter sind aber rund 40 cm länger und 25 mm breiter. Der Heckrotor ist X-förmig angeordnet. Sämtliche Sitze sind »crash-resistent« konstruiert. Korea Aerospace stellt die Kabine und den Heckteil aller 429 her, während das Rotorsystem durch Bell, Fort Worth, beigesteuert wird. Die ganze Konstruktion hat man auf wirtschaftlichen Betrieb hin optimiert. Mit der sog. MAPL-Technologie (**M**odule **A**ffordable **P**roduct **L**ine) wurde erreicht, dass diverse Module auch für zukünftige Modelle verwendet werden können. Die neueste Ausführung heißt 429WLG und ist mit einem Einziehfahrwerk ausgerüstet. Bell gibt für diese Variante einen Preis von US$ 6,5 Mio. an. Wie auch andere Hubschrauber-Hersteller bietet Bell nun alle Zivilmuster auch in einer Militärversion an
Hersteller: Bell Helicopter Textron Inc., Canadian Division, Werke Mirabel, Montreal, Kanada und Korea Aerospace, Sachon, Süd Korea.

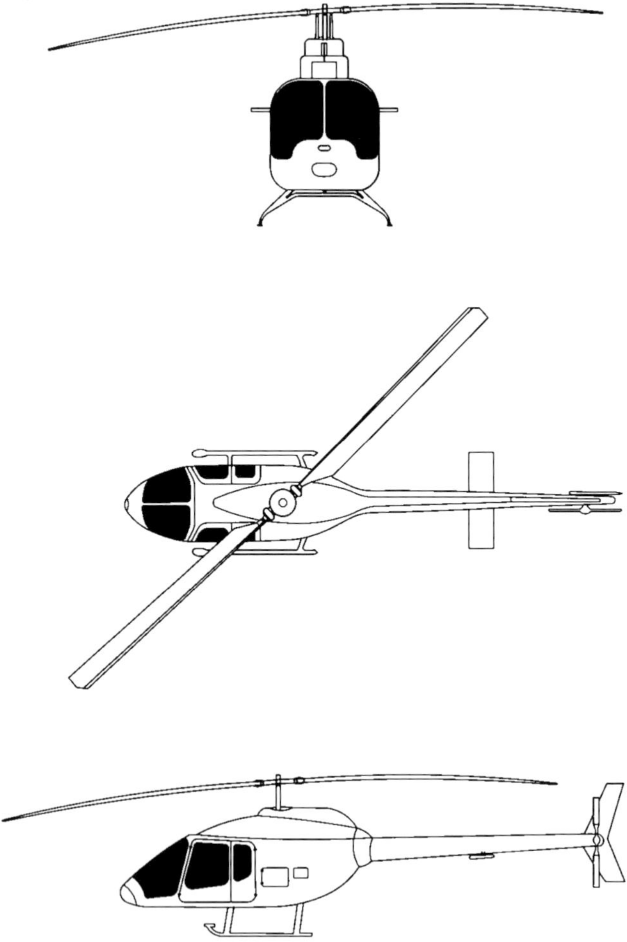

Abmessungen:
Rotordurchmesser 11,18 m,
Länge inkl. drehendem Rotor 12,95 m,
Rumpflänge 10,53 m,
Höhe 3,25 m.

BELL 505 JET RANGER X

Ursprungsland: USA/Kanada.
Kategorie: Leichthubschrauber.
Triebwerke: Eine Gasturbine Safran Arrius 2R von 505 WPS (376 kW) Startleistung.
Leistungen: Maximale Reisegeschwindigkeit 231 km/h; Dienstgipfelhöhe 5672 m; Schwebehöhe mit Bodeneffekt 4404 m, ohne Bodeneffekt 3188 m; max. Flugdauer 3,5 Std; Reichweite 566 km.
Gewichte: Leergewicht 989 kg; Startgewicht 1669 kg, 2030 kg mit Außenlast.
Zuladung: Ein Pilot und bis zu vier Passagiere; Nutzlast intern 680 kg, extern 907 kg.
Entwicklungsstand: Ein erster von drei Prototypen startete am 10. November 2014 zum Erstflug. Der aktuelle Bestellungsstand ist nicht bekannt. Allein aus der Volksrepublik China sind Aufträge für 110 Hubschrauber eingegangen. Die ersten Kundenauslieferungen fanden im März 2017 statt. Bis Ende 2023 sind über 500 Jet Ranger X in rund 60 Länder abgeliefert worden. Als erste Luftwaffe hat Montenegro zwei Einheiten bestellt, gefolgt von Bahrain mit drei, Jordanien mit zehn 505. Südkorea beschafft 40 Einheiten für die Armee und die Marine.
Bemerkungen: Bell möchte mit der 505 an die früheren kommerziellen Erfolge der JetRanger-Familie anschließen, von der bisher fast 7400 hergestellt wurden. Dieser Leichthubschrauber ist zudem eine Antwort an die Konkurrenten Airbus Helicopters/Eurocopter EC120 und Robinson R66. Die Jet Ranger X stellt eine völlige Neukonstruktion dar. Sie verfügt über eine geräumige Kabine mit ebenem Boden und ist dank großflächiger Fenster sehr hell und komfortabel. Die Zelle besteht aus einer Kombination von Aluminium und Verbundwerkstoffen. Ein Teil der dynamischen Komponenten wird von der sich mittlerweile nicht mehr in Produktion befindlichen Bell 206L übernommen, so zum Beispiel der Zweiblattrotor und der Heckrotor. Dank automatischer Triebwerksteuerung und -überwachung soll die Arbeitsbelastung des Piloten auf ein Minimum beschränkt werden. Im Cockpit ist die Garmin G1000-Avionik eingebaut. Bei einem Basispreis von US$ 1,07 Mio. ist die 505 sowohl in der Anschaffung als auch im Betrieb besonders günstig. Bell bietet auch eine VIP-Version der Jet Ranger X an, versehen mit einer hochwertigeren Einrichtung.
Hersteller: Bell Helicopter Textron Inc., Canadian Division, Mirabel, Montreal, Kanada, Werk Lafayette Regional Airport, Louisiana, USA.

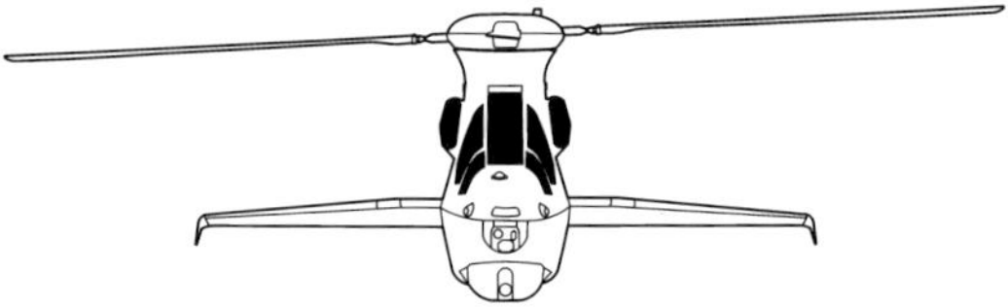

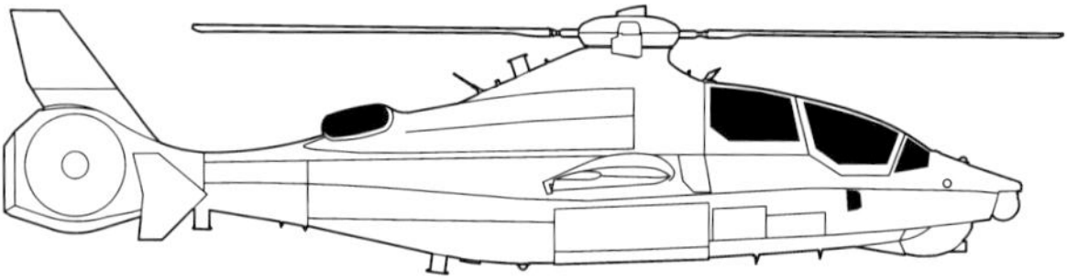

Abmessungen:
Noch keine Angaben bekannt.

BELL 360 INVICTUS

Ursprungsland: USA.
Kategorie: Zweisitziger Erprobungsträger für einen zukünftigen leichten Kampf- und Aufklärungshubschrauber.
Triebwerke: Als Haupttriebwerk eine Gasturbine General Electric T901-GE-900 von 3000 WPS (2240 kW) Leistung sowie ein Ergänzungstriebwerk Pratt & Whitney PW207D1 von 586 WPS (439 kW) Leistung.
Leistungen (nach Angaben des Herstellers): Normale Reisegeschwindigkeit 330 km/h; Reichweite mit max. interner Treibstoffzuladung rund 740 km; Aktionsradius mit 90 Minuten Aufenthaltsdauer am Ziel 250 km.
Gewichte: (Noch keine Angaben verfügbar).
Bewaffnung: Eine 20-mm-Kanone vorne unter dem Rumpf, weitere Waffen im internen Waffenschacht sowie unter den Stummelflügeln bis zu 630 kg. Interessant ist, dass die 360 auch unbemannte Luftfahrzeuge mitführen kann.
Entwicklungsstand: Ein erster von zwei Prototypen befindet sich im Bau und dürfte Anfang 2024 zum Erstflug starten. Die US Army sucht mittels des Wettbewerbs FARA (**F**uture **A**ttack **R**econnaissance **A**ircraft) einen zukünftigen Kampf- und Aufklärungshubschrauber als Ersatz für die bereits 2014 außer Dienst gestellte Bell OH-58D. Der Gewinner soll bei der US Army ab 2028 in Einsatz kommen.
Bemerkungen: Bell beteiligt sich am FARA-Wettbewerb mit der 360 Invictus, wobei eine neue, möglichst Risiko-reduzierte und schnellere Entwicklungsmethode angewandt wird. Mitbewerber ist die Sikorsky Raider X (siehe Seiten 278/279). Der Entwurf basiert auf der Bell 525 (siehe Ausgabe 2023), so sind u. a. das Rotor-System und das digitale Fly-By-Wire Flugsteuerungssystem gleich. Bei höheren Geschwindigkeiten wird dank den beiden Stummelflügeln ein Auftrieb von rund 50 % erzeugt. Die ganze Avionik ist so ausgelegt, dass sie mit wenig Aufwand aufrüstbar ist und an neue Anforderungen angepasst werden kann. Ganz speziell ist die Idee eines Zusatztriebwerks, SPU genannt (**S**upplement **P**ower **U**nit). Es soll Hilfsenergie für Bodenwartung und Systemprüfung liefern sowie die Reisegeschwindigkeit erhöhen bzw. bessere Schwebenutzlast-Leistungen ermöglichen.
Hersteller: Bell Textron Inc., Fort Worth, Texas, Werk Arlington, Texas, USA.

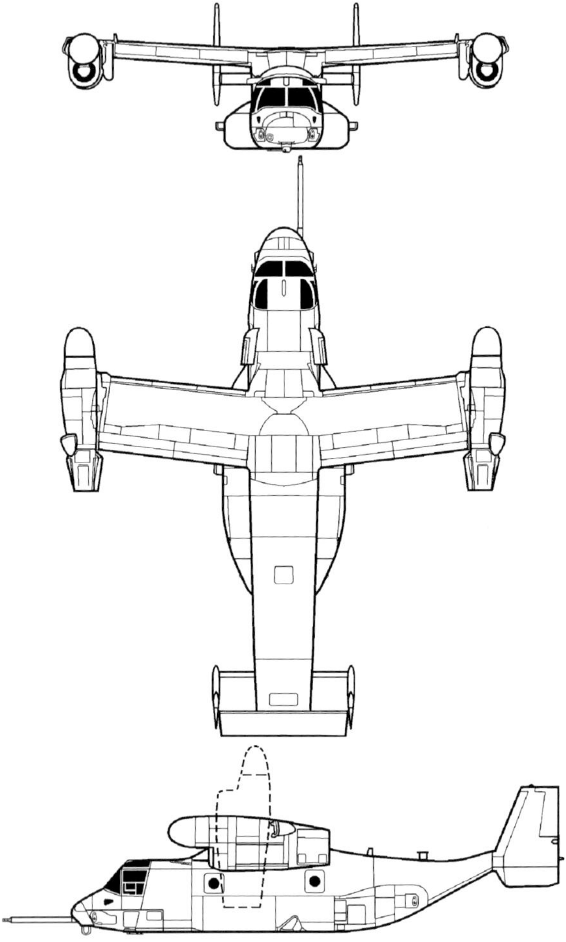

Abmessungen:
Spannweite inkl. Rotoren 25,77 m, ohne 13,97 m,
Länge mit gefalteten Rotoren 19,20 m,
Rumpflänge alleine 17,47 m,
Höhe über alles 6,63 m.

BELL-BOEING V-22B OSPREY

Ursprungsland: USA.
Kategorie: Schwenkrotorflugzeug (MV-22B) als Kampfzonentransporter und (CV-22B) für militärische Spezialeinsätze sowie (CMV-22B) als Versorger für Flugzeugträger.
Triebwerke: Zwei Propellerturbinen Rolls Royce AE1107C von je 6150 WPS (4590 kW) Leistung.
Leistungen: Max. Reisegeschwindigkeit als Flächenflugzeug 493 km/h, in Helikopterkonfiguration 185 km/h auf Meereshöhe; max. Geschwindigkeit mit einer Außenlast von 6804 kg 370 km/h; max. Steiggeschwindigkeit im Flugzeugmodus 16,25 m/Sek; Dienstgipfelhöhe 7620 m; Reichweite bei Senkrechtstart und einer Nutzlast von 5443 kg 2224 km, bei Kurzstart und einer Nutzlast von 9072 kg 3336 km; Überführungsreichweite 3892 km.
Gewichte (CV-22B): Rüstgewicht 15032 kg; normales Startgewicht unter VTO-Bedingungen 23855 kg, max. unter STO-Bedingungen 27442 kg.
Zuladung: Drei Mann Besatzung und bis zu 24 ausgerüstete Soldaten oder 12 Tragen für Verletzte plus Sanitäter, max. Innenlast 9072 kg, Außenlast 6804 kg.
Entwicklungsstand: Der erste V-22-Prototyp nahm die Flugerprobung am 9. März 1989 auf. Die US-Streitkräfte beschaffen: USMC 360 MV-22B, USAF 54 CV-22B für Spezialmissionen. 48 als CMV-22B (Erstflug 21. Januar 2020) bezeichnete Ospreys erhält die USN als Versorger von Flugzeugträgern. Die Luftwaffe Japans beschafft bis 17, neun davon sind bereits bestellt. Mittelweile sind über 400 Einheiten gebaut worden.
Bemerkungen: Die Osprey gibt es aktuell in drei Ausführungen: Den Kampfzonentransporter MV-28B (siehe Foto), die für Spezialeinsätze optimierte CV-22B (siehe Dreiseitenriss) sowie die COD-Version CMV-22B. Von der MV-22 unterscheidet sich die CV-22B hauptsächlich durch zusätzliche Avionik und Kommunikationssysteme. So wurde neu das Terrainfolgeradar Raytheon APQ-186 sowie ein Elektronikabwehrsystem ITT ALQ-211 eingebaut. Zur Erhöhung des Aktionsradius auf 925 km sind in den Flügeln acht zusätzliche Tanks und seitlich am Rumpf zwei Treibstoffbehälter vorhanden. Die CMV-22B unterscheidet sich von der MV-22B hauptsächlich durch größere Treibstofftanks am Rumpf. Mittels eines Umbauprogramms sollen die verschiedenen Versionen technisch aneinander angepasst werden, nicht zuletzt, um die Wartungsfreundlichkeit zu verbessern.
Hersteller: Bell Helicopter Textron Inc., Fort Worth, Texas, und Boeing Helicopter Company, Philadelphia, Werk Amarillo, Texas, USA.

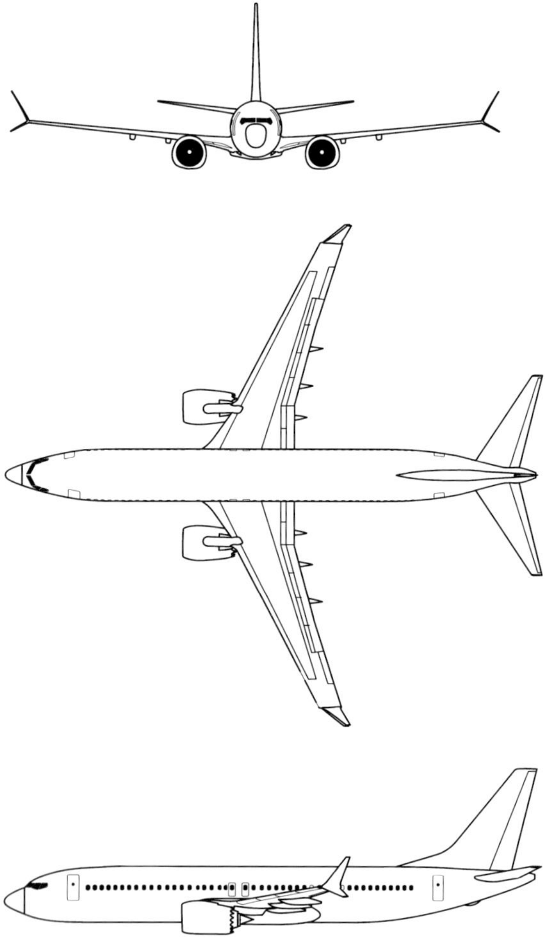

Abmessungen:
Spannweite 35,90 m,
Länge (MAX-7/-8/-9/-10) 35,60/39,50/42,20/43,80 m,
Höhe 12,30 m,
Flügelfläche 124,60 m².

BOEING 737 MAX-7/-8/-9/-10/MAX BBJ

Ursprungsland: USA.
Kategorie: Kurz- und Mittelstrecken-Verkehrsflugzeug, Businessflugzeug (BBJ).
Triebwerke: Zwei Mantelstromtriebwerke CFM International LEAP-1B von je bis zu 12745 kp (125,00 kN) Standschub.
Leistungen: Höchstgeschwindigkeit Mach 0,82; normale Reisegeschwindigkeit 839 km/h (Mach 0,79), Dienstgipfelhöhe 12500 m; Reichweite (MAX-7) 7084 km, (MAX-8/-9) 6510 km, (MAX-10) 5960 km, (BBJ-7) 13000 km.
Gewichte (MAX-7/-8/-9/-10): Rüstgewichte 48195/49950/53590/- kg; max. Startgewichte 72350/82286/88314/89765 kg.
Zuladung (MAX-7/-8/-9/-10): Zwei Mann Cockpitbesatzung und je nach Innenausstattung bis zu 138/162/180/188 Passagiere, maximal jedoch 172/189/220/230 Personen.
Entwicklungsstand: Die erste MAX-7 startete am 29 Januar 2016 zum Erstflug und wurde ab Mai 2017 in Dienst gestellt. Ende 2023 belief sich der Auftragsbestand auf 7976 Einheiten, davon waren 1420 abgeliefert. Zählt man alle früheren Ausführungen hinzu, so sind bis Ende 2023 19205 Maschinen bestellt und 11646 gebaut worden. Somit ist die 737 weiterhin das am meisten gebaute Düsenverkehrsflugzeug der Welt. Die neueste Ausführung MAX-10 startete am 8. Juni 2021 zum Erstflug, Anfang 2024 soll die Zulassung erfolgen. Ob und wann diese sowie die MAX-7 einsatzbereit sein werden, ist aktuell noch offen. Der Hersteller kämpft weiterhin mit Produktionsproblemen, so dass im Moment nur gerade 38 737MAX pro Monat hergestellt werden.
Bemerkungen: Zentrale Neuerung der 737MAX-Serie sind die Triebwerke neuester Technologie. Um diese einzubauen musste das Bugfahrwerk um rund 20 cm erhöht werden. Weiter waren Verstärkungen am Flügelmittelkasten und an den Flügeln sowie neue Triebwerkaufhängungen erforderlich. Zusätzliche Modifikationen betreffen die Aerodynamik, z. B. neue sog. AT-Winglets und die Inneneinrichtung. Alle Maßnahmen zusammen ermöglichen eine namhafte Treibstoffreduktion sowie deutlich bessere Abgas- und Lärmwerte. Eine Unterversion der MAX-8, die MAX200, kann bei besonders dichter Bestuhlung bis zu 200 Passagiere aufnehmen. Die längste Ausführung für bis zu 230 Passagiere stellt die MAX-10 dar. Unter dem Namen BBJ MAX-7/-8/-9 werden auch Businessjet-Versionen angeboten, Erstflug im April 2018, bisher über 20 bestellt.
Hersteller: The Boeing Company, Commercial Airplane Group, Seattle, Werk Renton, Washington, USA.

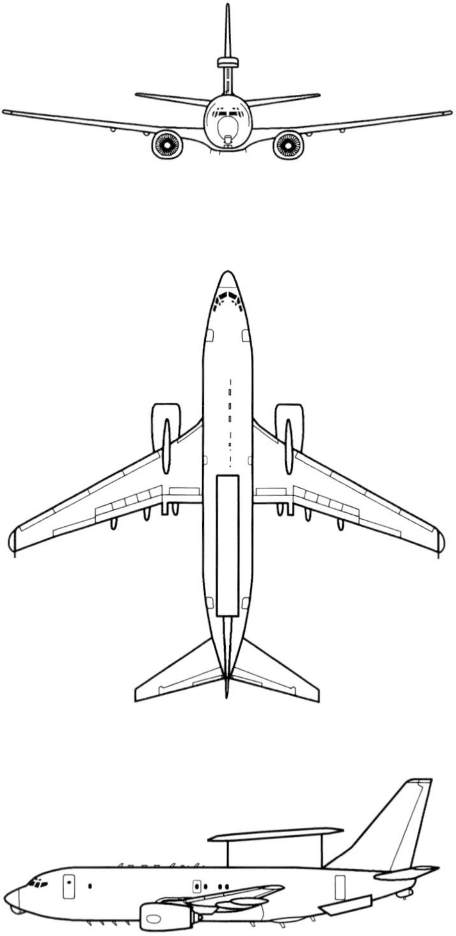

Abmessungen:
Spannweite 35,80 m,
Länge 33,63 m,
Höhe 12,55 m,
Flügelfläche 124,60 m².

BOEING 737AEW&C/E7 WEDGETAIL

Ursprungsland: USA.
Kategorie: Radarfrühwarn- und Überwachungsflugzeug.
Triebwerke: Zwei Mantelstromtriebwerke CFM International CFM56-7B27A von je 12383 kp (121,44 kN) Standschub.
Leistungen: Höchstgeschwindigkeit 955 km/h; max. Reisegeschwindigkeit 853 km/h (Mach 0,78), Dienstgipfelhöhe 12500 m; max. Reichweite 7040 km, Patrouillierzeit 550 km vom Stützpunkt entfernt 8 Std.
Gewichte: Leergewicht 46700 kg; max. Startgewicht 77710 kg.
Zuladung: Zwei Mann Cockpitbesatzung und je nach Einsatz zwischen sechs und zehn Systemoperateure.
Entwicklungsstand: Das erste Erprobungsmuster fliegt seit dem 20. Mai 2004. Nach Einbau und Tests der gesamten Ausrüstung begannen die Auslieferungen Ende 2007. Aufgrund technischer Probleme ist die Einsatzbereitschaft aber erst Ende 2009 erreicht worden. Folgende Aufträge sind bisher eingegangen: Australien 6, Großbritannien 3, Südkorea 4, Türkei 4. Auch die USAF hat entschieden, die als E-7 bezeichnete Wedgetail als Ersatz der mittlerweile altersschwachen Boeing E-3 Sentry zu beschaffen. Zwei von total 26 geplanten sind bereits bestellt. Vorderhand sechs Einheiten hat die NATO als Ersatz für die alternden Boeing E-3A AWACS in Auftrag gegeben.
Bemerkungen: Diese Ausführung basiert auf der Boeing 737-700IGW. Zur Erfüllung ihrer Hauptaufgabe ist sie primär mit einem 2950 kg schweren 360°-Mehrzweck-Scanner-Radar von Northrop Grumman ausgerüstet, dessen sichtbarer Teil aus einer rund 10,70 m langen Antenne hinten über dem Rumpf besteht. Dieses Radar kann gleichzeitig Luft- wie auch Seeziele bis zu einer Reichweite von 400 km erkennen. Hinzu kommen diverse weitere Passiv-Suchsysteme, u.a. ein Freund-Feind-Erkennungsgerät. Die ganze Avionik ist mit einer offenen System-Architektur verbunden.
Hersteller: The Boeing Company, Defence & Space Group, St. Louis, Werk Renton, Washington, USA.

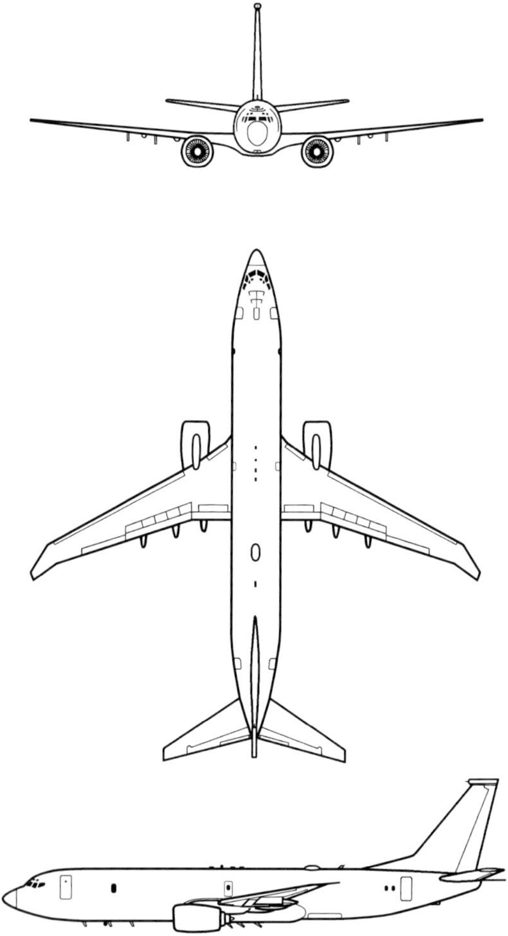

Abmessungen:
Spannweite 37,64 m,
Länge 39,50 m,
Höhe 12,83 m,
Flügelfläche 124,60 m².

BOEING P-8A POSEIDON

Ursprungsland: USA.
Kategorie: Langstrecken-Seeaufklärungs- und Angriffsflugzeug.
Triebwerke: Zwei Mantelstromtriebwerke CFM International CFM56-7BE von je 12383 kp (121,44 kN) Standschub.
Leistungen: Höchstgeschwindigkeit 907 km/h; Marsch-Reisegeschwindigkeit 815 km/h, Patrouillengeschwindigkeit ca. 330 km/h; Dienstgipfelhöhe 12500 m; max. Aufenthaltsdauer im Zielgebiet 4 Std. 2200 km vom Stützpunkt entfernt, Überführungsreichweite 8300 km.
Gewichte: Rüstgewicht 62700 kg; max. Startgewicht 85820 kg.
Zuladung: Insgesamt eine Besatzung von neun Personen, zwei davon im Cockpit, ein Avionik-Engineer sowie sechs System-Operateure.
Bewaffnung: In einem Waffenschacht sowie unter dem Rumpf und unter den Flügeln kann eine Vielzahl von Waffen mitgeführt werden, so u. a. Bomben, Torpedos, Minen und Lenkwaffen aller Art.
Entwicklungsstand: Der erste von insgesamt drei Prototypen nahm die Flugerprobung am 25. April 2009 auf. Bisher sind rund 180 P-8 gebaut worden. Die US Navy erhält seit 2013 insgesamt 128 P-8A. Fast alle sind mittlerweile abgeliefert. Weitere Aufträge gingen ein von: Australien 14, Deutschland neu 8 (vorher 5), Großbritannien 9, Indien 22 P-8i, Neuseeland 4, Norwegen 5 und Südkorea 6. Neueste Besteller: Kanada 14+ und voraussichtlich Saudi-Arabien 6 Einheiten.
Bemerkungen: Mit der P-8A Poseidon wird die US Navy die veralteten P-3 Orions ersetzen. Als Ausgangsmuster dient die Boeing 737-800ERX. Die Flügel dagegen stammen von der 737-900, sind aber leicht modifiziert. Die P-8A werden auf der gleichen Produktionsstraße wie die zivilen Muster gefertigt und dann entsprechend umgebaut und ausgerüstet. Der Rumpf ist verstärkt, um die höheren Belastungen aufzufangen. Zur Erfüllung der Aufgaben, u. a. die U-Boot-Jagd, Schiffsbekämpfung und allgemeine Überwachungsmissionen, verfügt die P-8A über modernste Systeme. Sichtbar davon sind die rund 100 Antennen an Rumpf und Flügeln. Als wichtigstes Element ist das synthetische Breitbandradar APY-10 zu erwähnen.
Hersteller: The Boeing Company, Defense & Space Group, St. Louis, Werk Renton, Washington, Washington, USA.

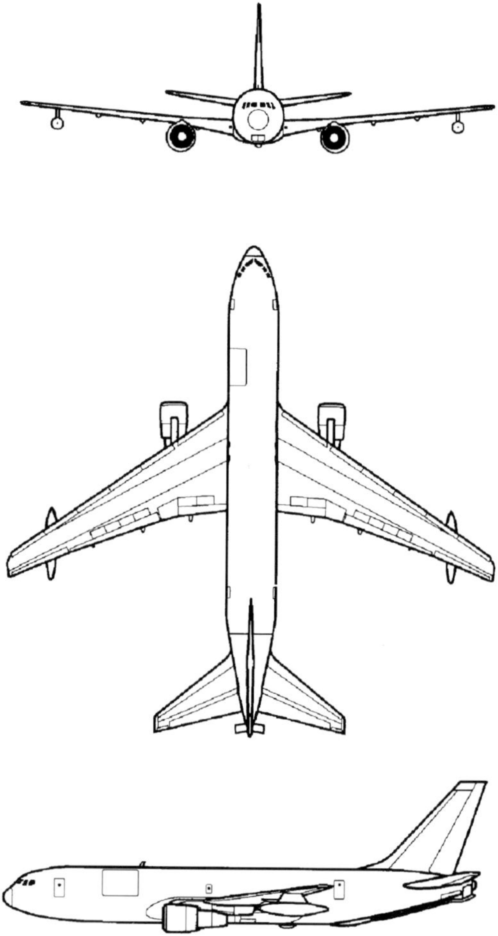

Abmessungen:
Spannweite 47,50 m,
Länge 48,50 m,
Höhe 15,85 m,
Flügelfläche 283,30 m².

BOEING KC-46A PEGASUS

Ursprungsland: USA.
Kategorie: Militärischer Tanker und Transporter.
Triebwerke: Zwei Mantelstromtriebwerke Pratt & Whitney PW4062 von je 28712 kp (281,57 kN) Standschub.
Leistungen: Höchstgeschwindigkeit 915 km/h (Mach 0,86); Reisegeschwindigkeit 850 km/h (Mach 0,80); Dienstgipfelhöhe 12200 m; max. Reichweite 12200 km.
Gewichte: Leergewicht 82377 kg; max. Startgewicht 188240 kg.
Zuladung: Zwei Piloten und ein Betankungsoperateur; als Frachter 18 Standardpaletten mit max. 50000 kg, als Tanker eine Zuladung von 124205 l bzw. 92197 kg. Alternativ können auch bis zu 114 Passagiere transportiert werden.
Entwicklungsstand: Die erste E-767T-T/KC-767, noch ohne Tankerausrüstung, nahm am 16. Juli 2003 die Flugerprobung auf. Eine später in die KC-46A umzubauende 767-2C startete am 28. Dezember 2014 zum Erstflug. Der erste von drei vollständig ausgerüsteten Prototypen flog erstmals am 2. Juni 2015. Die USAF hat einen Erstbedarf von 179 Maschinen angemeldet, bisher sind 153 geordert. Obwohl Ende 2023 über 80 KC-46A abgeliefert waren, ist die vollständige Indienststellung mit allen vertraglich vereinbarten Leistungen wegen technisch bedingten Problemen immer noch nicht erfolgt. Italien beschafft zwei KC-46A, Japan neu sechs und Israel vorläufig zwei.
Bemerkungen: Die veralteten Boeing KC-135 (siehe Ausgabe 2020) der USAF sollen weitgehend durch die KC-46A ersetzt werden. Als Tanker verfügt das neue Muster über einen Flying Boom unten am Heck und zwei Betankungspods unter den Flügeln. Die KC-46A ist in der Lage, pro Minute bis zu 4540 l Treibstoff abzugeben bzw. via die beiden Pods weitere 1510 l. Die Kabine kann sowohl für Passagier- als auch für Frachteinsätze ausgelegt werden. Vorne links am Rumpf befindet sich eine große Frachttüre. Bei Einsätzen als fliegende Ambulanz können bis zu 58 Patienten mitgeführt werden. Die Zivilversion B767-300F erfreut sich weiterhin großer Nachfrage. Insbesondere werden laufend Passagierflugzeuge in Frachter umgebaut, aber auch neue konstruiert, z. B. für UPS weitere 29 auf 100 Exemplare.
Hersteller: The Boeing Company, Boeing Integrated Defense Systems, St. Louis, Missouri, Werke Everett und Wichita, USA.

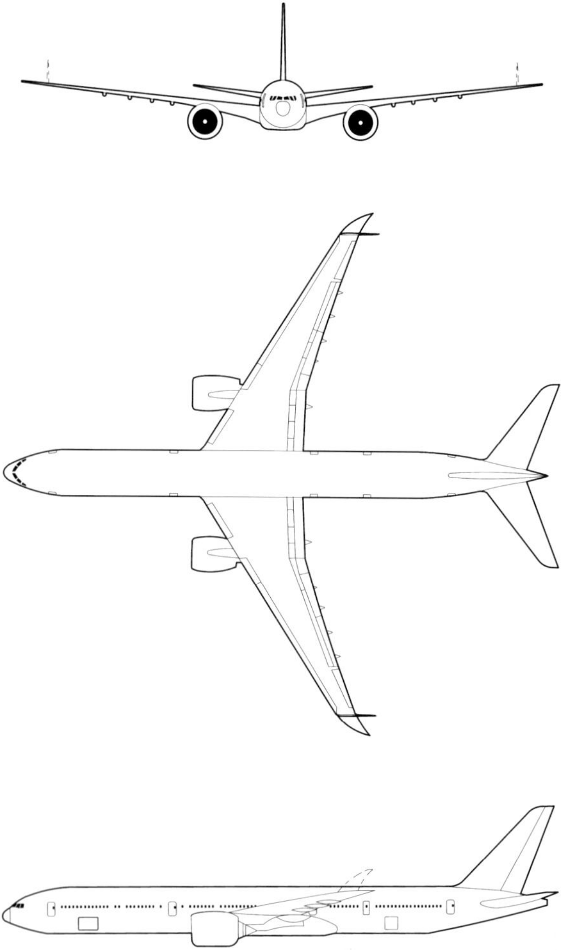

Abmessungen:
Spannweite (777-200LR/300ER/F) 64,80 m, (777-8/9) 71,80 m bzw. eingeklappt 64,80 m,
Länge (200LR/F) 63,70 m, (300, -ER) 73,90 m, (-8/8F) 70,86 m, (-9) 76,73 m,
Höhe (300/LR) 18,60 m, (-8/9) 18,47 m,
Flügelfläche (300/LR) 436,80 m², (-9) 516,70 m².

BOEING 777-300ER/200LR/-8/-9/F

Ursprungsland: USA.
Kategorie: Langstrecken- (777-300ER/777-9) bzw. Ultra-Langstecken-Verkehrsflugzeug (777-200LR/777-8) sowie Langstrecken-Frachter (777F).
Triebwerke (777-300ER/-200LR): Zwei Mantelstromtriebwerke General Electric GE90-115B/-110B1 von je 52700/49865 kp (519,0/489,0 kN) Standschub.
Leistungen (777-300ER/-200LR): Max. Reisegeschwindigkeit 950 km/h (Mach 0,87); Langstrecken-Reisegeschwindigkeit 895 km/h (Mach 0,84); Dienstgipfelhöhe 13106 m; max. Reichweite 13650/19840 km; 777-8 17220 bzw. 777-9 13500 km.
Gewichte (777-300ER/-200LR): Rüstgewicht 169135/156635 kg; max. Startgewicht 351734/347800 kg, (777-9) 351534 kg.
Zuladung (777-300ER/-200LR): Zwei Piloten und in normaler Dreiklassenbestuhlung 365/301, max. mit Economy-Einrichtung 550/440 Passagiere; max. Nutzlast 69853/63957 kg; 777-8 349 bzw. 777-9 414 in Dreiklassenbestuhlung. Der Frachter 777F kann eine Nutzlast bis zu 103900 kg mitführen.
Entwicklungsstand: Die erste 777-300ER nahm die Flugerprobung am 24. Februar 2003 auf, gefolgt von der 777-200LR am 8. März 2005. Der Frachter 777-200F flog erstmals am 14. Juli 2008. Von allen 777-Varianten sind bis Ende 2023 2478 bestellt worden, davon 1701 abgeliefert. Von der Frachtausführung 777F sind bisher 352 bestellt und 238 davon abgeliefert worden. Für die B777-8/-9 (Erstflug 25. Januar 2020) liegen Aufträge über 453 Flugzeuge vor. Nachdem Emirates 35 Einheiten der Version 777-8 bestellt hat, wird diese nun definitiv gebaut. Auch eine VIP-Version BBJ 777X ist im Angebot (bisher vier bestellt). Die Indienststellung verspätet sich wegen technischer Probleme mit den Triebwerken ein weiteres Mal auf 2025.
Bemerkungen: Derzeit baut Boeing nur noch die Ultra-Langstrecken-Version 777 200LR, den davon abgeleiteten Frachter 777F sowie die verlängerte 777-300ER. Als deren Nachfolger entwickelt der Hersteller die Ultralangstrecken-Version 777-8 sowie die verlängerte 777-9. Im Wesentlichen sind folgende Verbesserungen vorgenommen worden: Ein neuer fast 20% größerer Flügel aus Verbundwerkstoffen, dessen Spitzen klappbar sind, schwächere Triebwerke GE9X neuester Generation mit einer Leistung von 48000 kp (470,00 kN) und weitere aerodynamische Optimierungen. Damit erhofft man sich eine deutliche Erhöhung der Wirtschaftlichkeit. Die Avionik wird weitgehend jener der B787 entsprechen.
Hersteller: The Boeing Company, Commercial Airplane Group, Seattle, Werk Everett, Washington, USA.

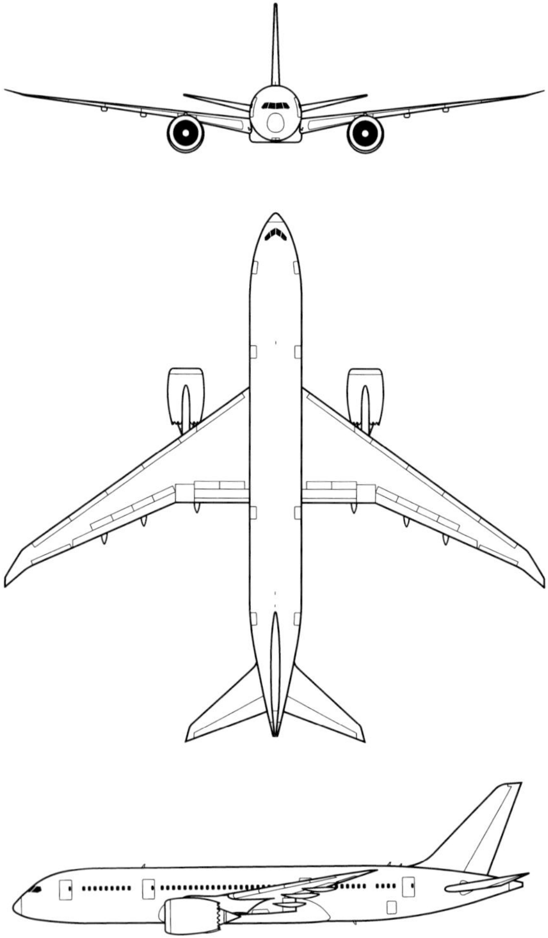

Abmessungen (787-8/-9/-10):
Spannweite 60,12 m,
Länge 56,72/62,81/68,20 m,
Höhe 16,92/17,02/17,02 m,
Flügelfläche 361 m².

BOEING 787-8/-9/-10 DREAMLINER

Ursprungsland: USA.
Kategorie: Mittel- bis Langstrecken-Verkehrsflugzeug.
Triebwerke: Zwei Mantelstromtriebwerke General Electric GEnx-1B oder Rolls-Royce Trent 1000 von je zwischen 29000 und 35380 kp (280 bis 347 kN) Leistung.
Leistungen: Reisegeschwindigkeit 913 km/h (Mach 0,85); Reiseflughöhe 13100 m; Reichweite bei voller Zuladung (787-8) 11000 km, max. Reichweite (787-8) 13620 km, (787-9) 14140 km, (787/10) 11910 km.
Gewichte: Rüstgewicht (787-8) 111493 kg; max. Startgewicht (787-8) 227930 kg, (787-9/-10) 254011 kg,
Zuladung: Zwei Mann Cockpitbesatzung und (787-8/-9/-10) in Dreiklassenbestuhlung 217/257/300 Passagiere, bei Einheitsklasse 359/406/440 Passagiere.
Entwicklungsstand: Der Erstflug der 787-8 fand am 15. Dezember 2009 statt. Die Ablieferungen begannen im November 2011. Bis Ende 2023 sind Aufträge für 2355 Einheiten eingegangen (787-8 670, 787-9 1405, 787-10 280). Zum gleichen Zeitpunkt waren 1110 787 abgeliefert. Die Ausführung 787-9 hatte am 17. September 2013 den Erstflug, Beginn des kommerziellen Einsatzes im Juli 2014. Die neueste Ausführung 787-10 nahm am 31. März 2017 die Flugerprobung auf, Indienststellung März 2018. Während zweier Jahre war die Produktion wegen Fertigungsproblemen vollständig unterbrochen und konnte erst Mitte 2022 in geringen Stückzahlen wieder aufgenommen werden. Ab 2024 soll die Monatsproduktion auf acht Einheiten gesteigert werden.
Bemerkungen: Mit der Familie 787 Dreamliner lancierte Boeing eine neue Generation von Verkehrsflugzeugen. Zwei Neuerungen sind dabei zentral: Der erhöhte Passagierkomfort und die Wirtschaftlichkeit. So ist der Passagierraum besonders attraktiv gestaltet. Nebst bequemen Stühlen mit mehr Sitzabstand fallen die großen Fenster auf. Durch ein Bündel von Maßnahmen, vor allem aber durch zukunftsweisende Technologien, wurden bezüglich Wirtschaftlichkeit und Ökologie neue Bestwerte erreicht. Erstmals stellt man bei einem so großen Flugzeug den Rumpf vollständig aus Verbundwerkstoffen her. Die Triebwerke zeichnen sich vor allem durch einen hohen Wirkungsgrad, einfache Wartung und geringen Lärm aus. Bei einer typischen Auslastung ist der Treibstoffverbrauch pro Person, gemessen an der zurückgelegten Distanz, drei Mal geringer als bei einem Personenwagen. Auch eine Businessjetversion 787BBJ ist im Angebot.
Hersteller: The Boeing Company, Commercial Airplane Group, Seattle/Chicago, Werk Charleston, South Carolina, USA.

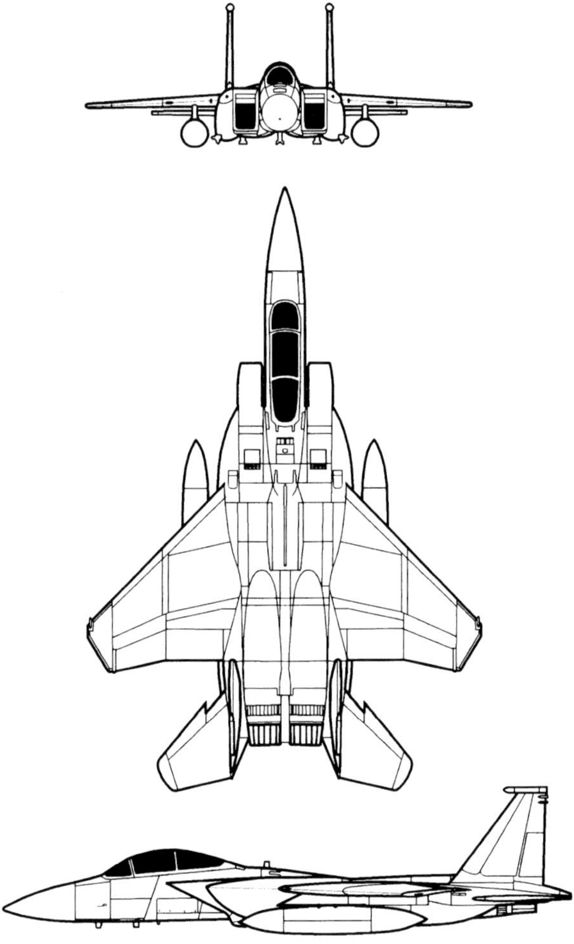

Abmessungen:
Spannweite 13,05 m,
Länge 19,45 m,
Höhe 5,65 m,
Flügelfläche 56,50 m².

BOEING F-15K/QA/EX EAGLE II

Ursprungsland: USA.
Kategorie: Zweisitziger Luftüberlegenheitsjäger und Erdkämpfer.
Triebwerke (EX): Zwei Mantelstromtriebwerke Pratt & Whitney F100-PW-229 oder General Electric F-110-GE-129 von je 8073 kp (79,20 kN) Standschub ohne und 13200 kp (129,40 kN) mit Nachbrenner.
Leistungen (EX): Kurzzeitig erreichbare Spitzengeschwindigkeit 2698 km/h oder Mach 2,54 auf 12190 m; länger dauernde Höchstgeschwindigkeit 2443 km/h oder Mach 2,4 auf 12190 m; Dienstgipfelhöhe 19812 m; max. Aktionsradius 2000 km; Überführungsreichweite mit Zusatztanks 4445 km.
Gewichte: Rüstgewicht 14379 kg; max. Startgewicht 36741 kg.
Bewaffnung: Eine sechsläufige 20-mm-Revolverkanone M61A1 und bis zu 13380 kg Außenlasten (Erdkampf) bzw. je vier Luft-Luft-Lenkwaffen AIM-120 und AIM-9L Sidewinder oder bis zu acht (EX zwölf) AIM-120 (Luftüberlegenheitseinsatz).
Entwicklungsstand: Die erste F-15SG begann mit den Testflügen am 16. September 2008, gefolgt von der ersten F-15K am 27. April 2010. Südkorea erhielt 61 F-15K, Singapore 40 F-15SG. Saudi-Arabien beschafft weitere 84 der Ausführung F-15SA. Qatar bestellte 36 F-15QA. Von allen F-15-Versionen sind insgesamt über 1600 Einheiten gebaut worden (Beschreibung siehe frühere Ausgaben). Unter der Bezeichnung F-15EX Eagle II wird die USAF bis zu 104 Doppelsitzer für die Air National Guard beschaffen, 56 davon sind bereits bestellt. Erste Ablieferungen 2021. Neuerdings will Indonesien zwischen 24 und 36 F-15ID kaufen.
Bemerkungen: Die Ausführung F-15K für Südkorea ist u. a. mit neuen leistungsfähigeren Triebwerken, neuem Cockpit, verbesserten Sensoren und Avionik ausgestattet. Das ebenfalls neue APG-63V1 oder V-2-Radar erlaubt, bewegte Ziele auf dem Land wie auch im Meer zu verfolgen. Die Ausführung F-15QA unterscheidet sich von den Vorgängerversionen wie folgt: Erweiterte Rumpfnase zur Aufnahme des AESA Radars APG-82, verstärkte Flügel gesteuert via Fly-By-Wire, neueste Version des LANTIRN-Navigationspods mit Terrain-Following-Radar sowie weitere Systeme. Im Cockpit ist ein Advanced Display Core Processor II von Honeywell eingebaut, welcher die diversen Apparaturen besser steuert. Schließlich kann die F-15QA neue sog. »Conformal«-Tanks mit einer Aufnahmekapazität von 4535 kg mitführen. 2019 präsentierte Boeing die neueste Version F-15EX, welche konzeptionell auf der F-15QA aufbaut.
Hersteller: The Boeing Company, Defence & Space Group, Seattle, Washington, Werk St. Louis, Missouri, USA.

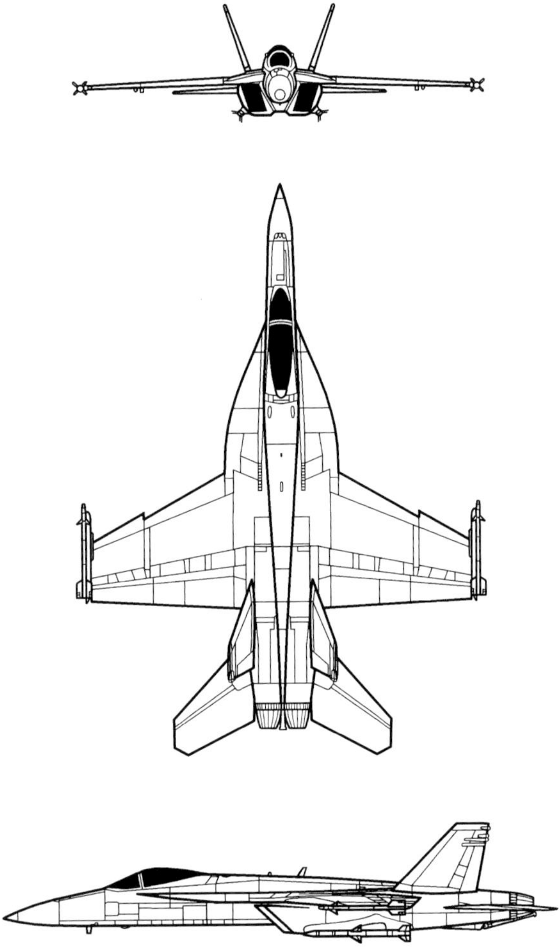

Abmessungen:
Spannweite 13,70 m,
Länge 18,40 m,
Höhe 4,88 m,
Flügelfläche 46,45 m².

BOEING F/A-18E/F SUPER HORNET

Ursprungsland: USA.
Kategorie: Einsitziges und zweisitziges bord- und landgestütztes Mehrzweckkampfflugzeug.
Triebwerke: Zwei Mantelstromtriebwerke General Electric F414-GE-400 von je 6470 kp (63,4 kN) Standschub ohne und 9978 kp (97,86 kN) mit Nachverbrennung.
Leistungen: Höchstgeschwindigkeit auf optimaler Höhe Mach 1,8+; Dienstgipfelhöhe 15240 m; Radius als Abfangjäger mit je zwei Luft-Luft-Lenkwaffen Sidewinder und AMRAAM 760 km, bei Tiefangriffseinsätzen mit vier 450-kg-Bomben, zwei Sidewinders und zwei 1818-l-Außentanks (hoch-tief-tief-hoch) 722 km.
Gewichte (F/A-18E/F): Leergewicht 14580/14905 kg; norm. Startgewicht 23541 kg, max. 29964 kg.
Bewaffnung: Eine 20-mm-Revolverkanone M61A2 und eine Waffenlast verschiedenster Auslegung von 8050 kg.
Entwicklungsstand: Der erste Prototyp flog erstmals am 29. November 1995. Ursprünglich beschaffte die USN 563 Maschinen, aufgeteilt in 292 F/A-18E und 271 F/A-18F. Alle sind bereits produziert. Australien erhielt 24 F/A-18F Block II Super Hornets, Kuwait bekommt 28, USN Nachbestellung von 78 Super Hornets Block III. Ein Erprobungsmuster der Advanced Super Hornet flog erstmals am 5. August 2013, erste Ablieferungen an die USN Mitte Juni 2021. Bestehende F/A-18E/F Block II werden in die Version Block III umgebaut. Die Produktion wird voraussichtlich 2025 eingestellt.
Bemerkungen: Die F/A-18E/F Super Hornet ist eine leistungsfähigere Weiterentwicklung der F/A-18C/D Hornet. Die Hauptflügel sind größer, der Rumpf wurde um eine zusätzliche Sektion von 86 cm verlängert. Rund ein Drittel der Zelle besteht aus Verbundwerkstoffen, vorwiegend Karbonfaser. Die Triebwerkeinläufe sind rechteckig gestaltet. Gegenüber dem Ausgangsmuster ist die Super Hornet um rund 25 % größer. Im Übrigen sind alle Konturen möglichst reflektionsarm ausgelegt, um die Radarsignatur klein zu gestalten. Dank um rund 35 % stärkeren Triebwerken und einer um einen Drittel erhöhten Treibstoffkapazität resultieren in allen Bereichen wesentlich bessere Flugleistungen und insbesondere eine deutlich erhöhte Reichweite. Alle ab 2005 gebauten Super Hornets erhalten in einer neu konfigurierten Rumpfnase das wesentlich leistungsfähigere Radar vom Typ APG-79 AESA. Die »Stealth«-Weiterentwicklung Advanced Super Hornet Block III der F/A-18F erhält stärkere Triebwerke, rumpfkonforme Waffen-Zusatzbehälter und Zusatztanks, überarbeitetes Cockpit, Avionik mit erhöhter Netzwerkfähigkeit, Infrarot-Such- und Verfolgungssensor usw.
Hersteller: The Boeing Company, Defence & Space Group, Seattle, Washington, Werk St. Louis, Missouri, USA.

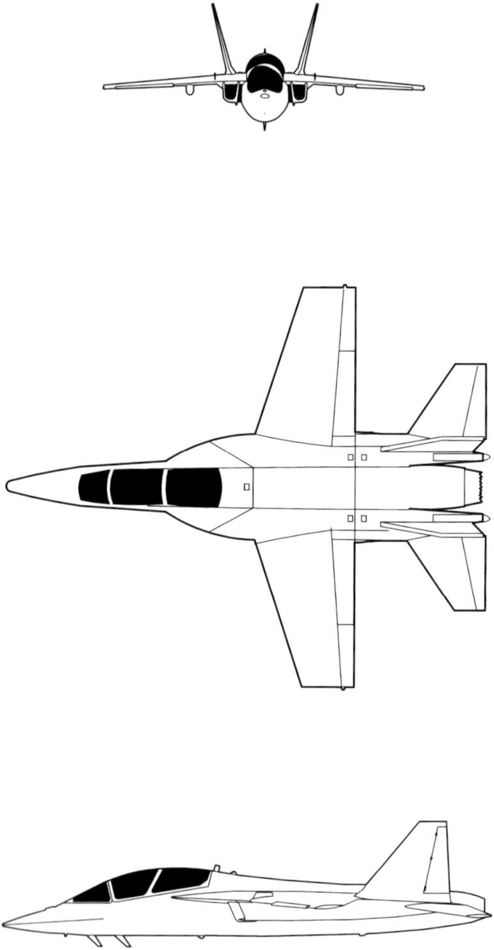

Abmessungen:
Spannweite 9,32 m,
Rumpflänge 14,30 m,
Höhe 4,11 m.

BOEING T-7A RED HAWK

Ursprungsland: USA/Schweden.
Kategorie: Zweisitziger Fortgeschrittenentrainer.
Triebwerke: Ein Strahltriebwerk General Electric F404-GE-103 mit einer Leistung von 5000 kp (49 kN) ohne bzw. 8000 kp (79 kN) mit Nachbrenner.
Leistungen (nach Angaben des Herstellers): Höchstgeschwindigkeit 1300 km/h; Anfangssteiggeschwindigkeit 170 m/Sek; Dienstgipfelhöhe 15000 m; Reichweite 1800 km.
Gewichte: Leergewicht 3250 kg; maximales Startgewicht 5500 kg.
Bewaffnung: Noch keine Angaben erhältlich.
Entwicklungsstand: Der erste von fünf Prototypen nahm die Flugerprobung am 21. Dezember 2016 auf, gefolgt vom zweiten am 25. April 2017. Mittlerweile wurde auch das erste Serienflugzeug fertig gestellt. Die USAF gab am 27. September 2018 bekannt, dass Boeing den T-X-Wettbewerb als Ersatz der T-38 für sich entschieden hat. Insgesamt sollen nun 351 Einheiten und zusätzlich 46 Simulatoren angeschafft werden. Mit Optionen könnte die Bestellung sogar auf 475 T-7A steigen. Als nächster Schritt werden fünf Vorserienflugzeuge gebaut. 2023 ist die Serienfertigung angelaufen. Die Programmkosten belaufen sich auf US $ 9,2 Mrd., der Stückpreis liegt unter US $ 20 Mio.
Bemerkungen: Beim als Boeing T-7A bezeichneten Fortgeschrittenentrainer handelt es sich um einen in Zusammenarbeit mit der schwedischen Saab vollständig neu entwickelten Typ. Dabei sind aber Elemente der Saab Gripen (siehe Seiten 266/267) eingeflossen. Die T-7A ist, wie heute üblich, Teil eines gesamten Training-Systems, basierend einerseits auf dem Flugzeug aber auch auf Bodensystemen, wie Simulatoren. Gemäß Hersteller sind die neuesten Systeme eingebaut und beim Bau sollen die modernsten Produktionsmethoden zur Anwendung kommen. Dank nur eines Triebwerks und weiteren technologischen Neuerungen soll die T-7A sehr wartungsfreundlich sein und wirtschaftlich betrieben werden können. Sie verfügt über eine Fly-By-Wire-Steuerung und über eine moderne, schnell umprogrammierbare Avionik. Boeing plant die T-7 zu einem leichten Erdkämpfer weiterzuentwickeln. Auch sind Überlegungen im Gange, eine trägergestützte Version T-7B für die USN zu bauen. Noch sind sehr wenige technische Daten bekannt.
Hersteller: Boeing Defence, USA und Saab AB, Schweden, Produktionsstandort in den USA noch offen.

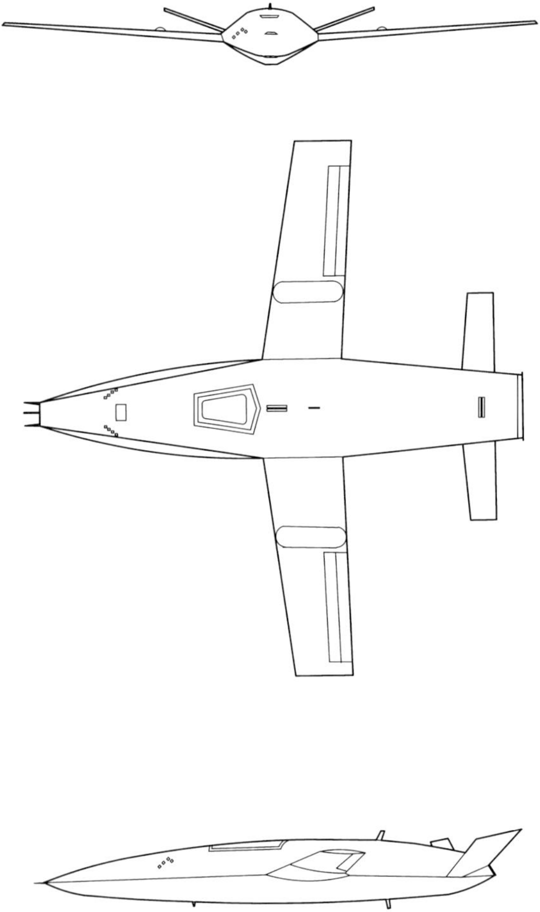

Abmessungen:
Spannweite 22,86 m, mit gefalteten Flügeln 9,54 m,
Länge 15,54 m,
Höhe 3,00 bzw. mit gefalteten Flügeln 4,78 m.

BOEING MQ-25 STINGRAY

Ursprungsland: USA.
Kategorie: Unbemanntes bordgestütztes Tankflugzeug.
Triebwerke: Ein Mantelstromtriebwerk Rolls-Royce AE3007N mit einem Standschub von 4500 kp (44,12 kN).
Leistungen: Einzig bekannt ist, dass bei einer Treibstoffabgabe von 6800 kg ein Aktionsradius von 930 km erzielt wird.
Gewichte: Noch sind keine Angaben bekannt.
Zuladung/Bewaffnung: Die MQ-25 soll in der Lage sein, 6800 l Flugbenzin an andere Flugzeuge in der Luft abzugeben. Unter den Flügeln könnten an zwei Aufhängepunkten auch Waffen mitgeführt werden.
Entwicklungsstand: Der Prototyp nahm die Flugerprobung am 19. September 2019 auf. Vier weitere Vorserienmaschinen sollen in den nächsten Jahren folgen. Die USN will ab 2024 bis zu 76 Stingrays beschaffen. Sieben Seriendrohnen sind mittlerweile bestellt.
Bemerkungen: Die Entwicklung der MQ-25 Stingray geht auf das UCLASS-Programm (**U**nmanned **C**arrier-**L**aunched **A**irborne **S**urveillance and **S**trike) zurück. Nachdem dieses aber eingestellt wurde und die USN neu ein unbemanntes Tankflugzeug »UCAAS (**U**nmanned **C**arrier **A**viation **A**ir **S**ystem) verlangte, hat der Hersteller das Projekt entsprechend angepasst. Dabei griff Boeing auf das frühere Entwicklungsmuster Phantom Ray (siehe Ausgabe 2013) zurück. Außer den publizierten Bildern fehlen bis heute zuverlässige Angaben über Leistungen, Konstruktion, Maße und Gewichte. Es handelt sich bei der MQ-25 aber um eine relativ große Drohne mit Abmessungen ähnlich einer FA-18. Man kann davon ausgehen, dass modernste Werkstoffe und Technologien verwendet werden. Quellen zufolge soll die Stingray der FA-18E/F Super Hornet (siehe Seiten 82/83) ermöglichen, den Aktionsradius dank Luftbetankung von 830 km auf über 1300 km zu steigern. Bereits erfolgten erste Betankungsversuche mit verschiedenen Typen der US Navy. Es ist zu vermuten, dass in späteren Jahren die MQ-25 für zusätzliche Aufgaben weiterentwickelt wird.
Hersteller: The Boeing Company, Defence & Space Group, Werk St. Louis, Missouri, USA.

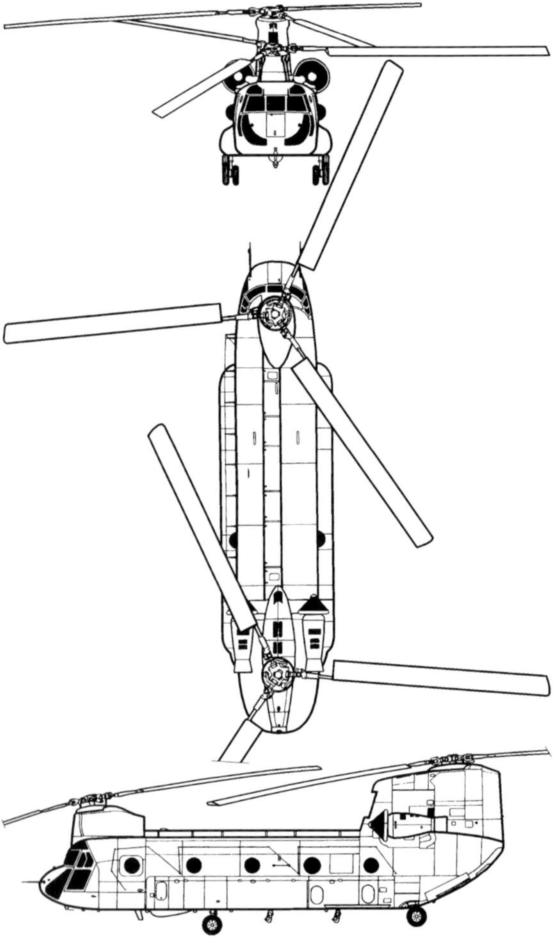

Abmessungen:
Durchmesser jedes der beiden Rotoren 18,29 m,
Rumpflänge 15,84 m,
Rumpfhöhe ohne Rotor 5,20 m.

BOEING CH-47F CHINOOK

Ursprungsland: USA.
Kategorie: Schwerer Transporthubschrauber.
Triebwerke: Zwei Gasturbinen Honeywell T55-714A von je 4733 WPS (3529 kW) Leistung.
Leistungen: Höchstgeschwindigkeit 298 km/h auf Meereshöhe; Durchschnittsgeschwindigkeit 245 km/h; max. Schrägsteiggeschwindigkeit 9,38 m/Sek; Schwebehöhe mit Bodeneffekt 1837 m, ohne Bodeneffekt 1675 m; max. Flughöhe 6030 m; max. Einsatzradius 600 km; Überführungsreichweite 1902 km.
Gewichte: Leer 11550 kg; norm. Startgewicht 22688 kg.
Zuladung: Zwei Piloten und 45 Personen; als Ambulanzhubschrauber 24 Patienten plus zwei Sanitäter. Max. 11340 kg Außenlasten, (Block II) 12000 kg.
Entwicklungsstand: Der Erstflug der Ausführung CH-47SD bzw. CH-47F fand am 25. August 1999 statt. Seit Juli 2006 erhält die US Army insgesamt 478 CH-47F sowie 88 MH-47G, davon 42 neue MH-47G Block II. Bei rund der Hälfte handelt es sich um neue Hubschrauber, die restlichen sind Umbauten aus der Version CH-47D. Zwölf weitere Luftwaffen haben diese Version bestellt, u. a. Australien 10, Großbritannien 22 + 14, Indien 15, Italien 16, Kanada 15, Niederlande 20, Saudi-Arabien 48, Spanien 17, Türkei 11 und UAE 22. Die neueste Ausführung Block II startete am 29. März 2010 zum Erstflug. Jüngste Bestellungen: Ägypten 12, Deutschland 60, Südkorea 18.
Bemerkungen: Die CH-47F ist eine wesentlich weiterentwickelte Ausführung und weist folgende wichtigsten Neuerungen auf: Stark verbesserte Avioniksysteme mit einem MIL-STD-1553-Databus und ein voll integriertes Glascockpit, welches für NVG-Einsätze geeignet ist. Die Triebwerke erzeugen eine um rund 22 % höhere Leistung. Zudem werden größere Treibstofftanks eingebaut. Zur Erhöhung der Lebensdauer und zur Senkung des Vibrationspegels ist die Zelle verstärkt und versteift. Schließlich gelangen neue Elastomerlager an den Rotorköpfen zur Anwendung. Damit steigt die Zuverlässigkeit und sinkt der Wartungsaufwand. Eine Weiterentwicklung Block II lässt dank weiteren Verstärkungen am Rumpf, neuen Rotorblättern aus Verbundwerkstoff sowie eines verbesserten Getriebes ein auf 24000 kg erhöhtes Abfluggewicht zu. Eine neue Tankkonfiguration soll zudem die Leermasse senken. Derzeit testet Boeing an einem Prototyp das Triebwerk GE Aviation T408 mit einer Leistung von 7500 WPS (5600 kW).
Hersteller: The Boeing Company, Helicopters Division, Philadelphia, Pennsylvania, USA

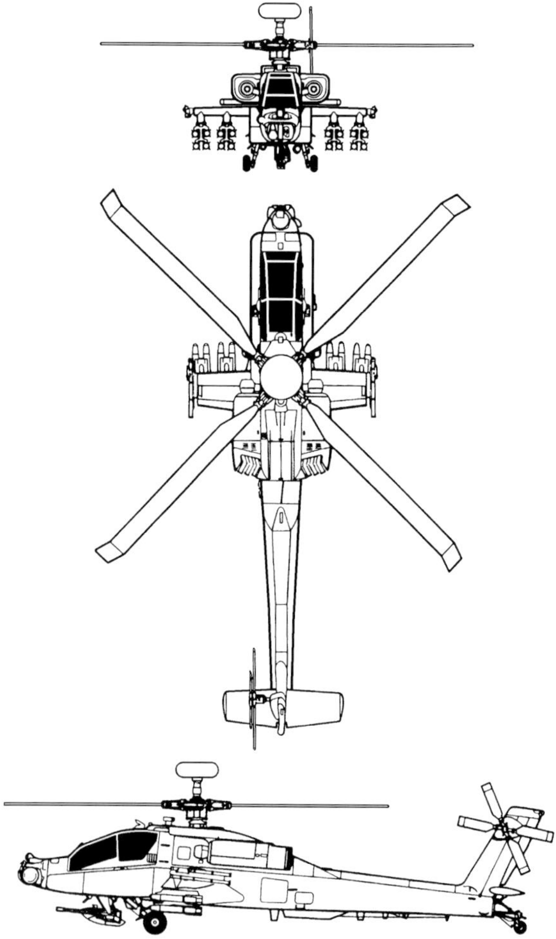

Abmessungen:
Rotordurchmesser 14,63 m,
Rumpflänge 14,70 m,
Höhe inkl. Mastvisier 4,90 m.

BOEING AH-64E APACHE GUARDIAN

Ursprungsland: USA.
Kategorie: Zweisitziger Kampf- und Aufklärungshubschrauber.
Triebwerke: Zwei Gasturbinen General Electric T700-701D von je 1994 WPS (1500 kW) Leistung.
Leistungen: Höchstgeschwindigkeit 300 km/h; typische Einsatzgeschwindigkeit bei 7158 kg 275 km/h; max. Schrägsteiggeschwindigkeit 12,7 m/Sek; Dienstgipfelhöhe 6400 m; Schwebehöhe mit Bodeneffekt 5246 m, ohne Bodeneffekt 4124 m; Aktionsradius mit max. interner Treibstoffzuladung 476 km, Überführungsreichweite 1701 km.
Gewichte: Leergewicht 5165 kg; max. Startgewicht 10433 kg.
Bewaffnung: Eine einläufige 30-mm-Kanone unter dem Vorderrumpf sowie bis zu 16 lasergelenkte Hellfire-Panzerabwehrraketen oder 76 ungelenkte 70-mm-Raketen. Als Defensivbewaffnung können Luft-Luft-Lenkwaffen wie Stinger, Sidewinder oder Mistral mitgeführt werden.
Entwicklungsstand: Die neueste Ausführung AH-64E fliegt seit 4. Dezember 2009. 791 bestehende AH-64D (siehe Ausgabe 2013) werden umgebaut sowie 56 für die US Army neu produziert. Seit Februar 2014 befindet sich die erste Staffel im Einsatz. Weitere Besteller dieser Version: Australien 29, Großbritannien 50, Indien 28, Indonesien 8, Marokko 24, Qatar 48, Saudi-Arabien 48, Süd-Korea 36, Taiwan 30, UAE 9. Neueste Besteller: Polen voraussichtlich 96. Von allen AH-64-Varianten sind derzeit über 2000 von 20 Luftwaffen erworben worden. Jährlich werden rund 70 Hubschrauber umgebaut bzw. neu produziert.
Bemerkungen: Bei praktisch unverändertem Äußeren weist die AH-64E erhebliche Verbesserungen auf, u. a. leistungsfähigere Triebwerke, verstärktes Getriebe, längere Rotorblätter aus Verbundwerkstoff und ein reduziertes Strukturgewicht. Eine Folge davon sind verbesserte Flugleistungen und eine größere Überlebensfähigkeit. Völlig neu ist die Avionik. Sie besitzt eine sog. offene Systemarchitektur. Die AH-64E ist zudem in der Lage, unbemannte Drohnen zu steuern und deren Bilder zu empfangen. Aktuell wurde ein Update 6 von Hard- und Software entwickelt, welches die Erkennungsleistungen über Meer und jene von Drohnen verbessert. Update 6.5 folgt 2026 mit einem Open Interface System. Ein Prototyp wird mit dem neuen Triebwerk T901 erprobt. Dieses liefert 50 % mehr Leistung bei 25 % geringerem Treibstoffkonsum.
Hersteller: The Boeing Company, Helicopters Division, Philadelphia, Pennsylvania, Werk Mesa, Arizona, USA.

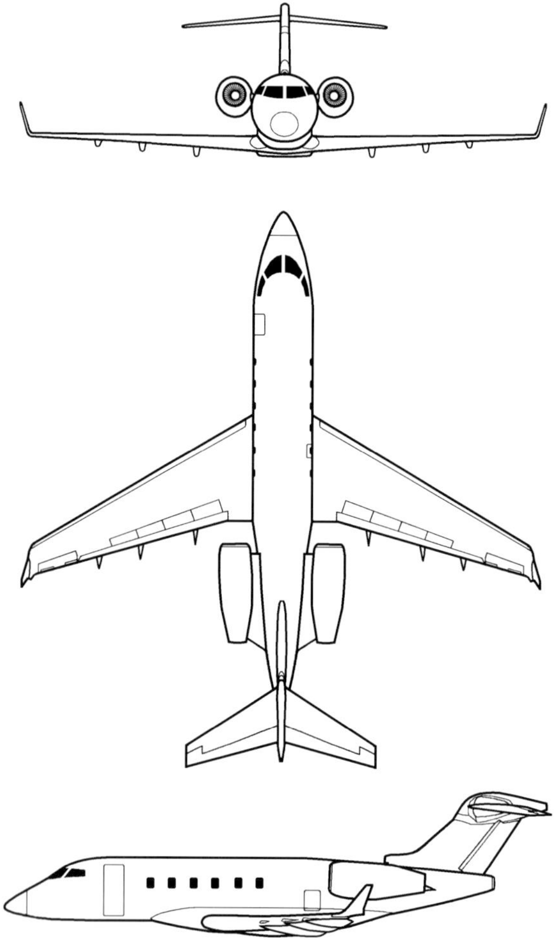

Abmessungen:
Spannweite 21,00 m,
Länge 20,93 m,
Höhe 6,10 m,
Flügelfläche 48,60 m².

BOMBARDIER CHALLENGER 350/3500

Ursprungsland: Kanada.
Kategorie: Firmenflugzeug.
Triebwerke (350/3500): Zwei Mantelstromtriebwerke Honeywell HTF7350 von je 3321 kp (32,57 kN) Standschub.
Leistungen: Max. Reisegeschwindigkeit 870 km/h (Mach 0,82); normale Reisegeschwindigkeit 850 km/h (Mach 0,80); Dienstgipfelhöhe 13716 m; Reichweite mit acht Passagieren und IFR-Reserven 5926 km.
Gewichte: Rüstgewicht 11249 kg; max. Startgewicht 18416 kg.
Zuladung: Zwei Piloten und je nach Innenausstattung 8 bis 16 Passagiere; max. Nutzlast 1588 kg, mit vollen Treibstofftanks 612 kg.
Entwicklungsstand: Der erste noch als BD-100, Continental bezeichnete Prototyp der Challenger 300 nahm die Flugerprobung am 14. August 2001 auf. Die Zulassung erfolgte Mitte 2003. Bis Ende 2023 sind von allen Challenger-Versionen über 900 gebaut worden, die jährliche Produktionsrate beträgt derzeit rund 50 Maschinen. Die Challenger 350 wurde Mitte 2014 erstmals ausgeliefert. Das Fractional-Ownership-Unternehmen NetJets beschafft bis zu 75 Einheiten. Die neueste Ausführung Challenger 3500 ist seit 2022 erhältlich, rund 100 sind bisher bestellt worden.
Bemerkungen: Das Mittelstrecken-Firmenflugzeug Challenger schließt bei Bombardier die Lücke zwischen der mittlerweile nicht mehr produzierten Learjet- und der Challengerfamilie von Businessjets. Sie weist für ihre Klasse einen sehr großen Rumpfquerschnitt auf (Innenmasse 7,68 m lang, 2,19 m breit, 1,85 m hoch), so dass durchgehend Stehhöhe ermöglicht wird. Normalerweise umfasst die Innenausstattung acht Einzelsitze, eine kleine Küche vorne und hinten eine Toilette sowie direkten Zugang zum Gepäckraum. Dieses erfolgreiche Muster wurde mit der Version 350 erstmals aufdatiert. Dank stärkerer Triebwerke sind wesentliche Leistungsparameter besser, der Treibstoffverbrauch liegt aber unter dem der Vorgängerin. Eingebaut ist die neue Avionik Rockwell Collins ProLine 21. Zudem wurde die Inneneinrichtung überarbeitet. Äußerlich sichtbar ist der Flügel größerer Spannweite mit Winglets. Die neueste Ausführung Challenger 3500 zeichnet sich durch eine modernisierte Kabineneinrichtung, reduzierten Kabinendruck und Anpassungen im Cockpit aus. Die Leistungsdaten sind dagegen unverändert. Bombardier gibt als Basispreis US $ 26,5 Mio. an.
Hersteller: Bombardier Aerospace, Montreal, Quebec, Werk Montreal-Dorval, Quebec, Kanada.

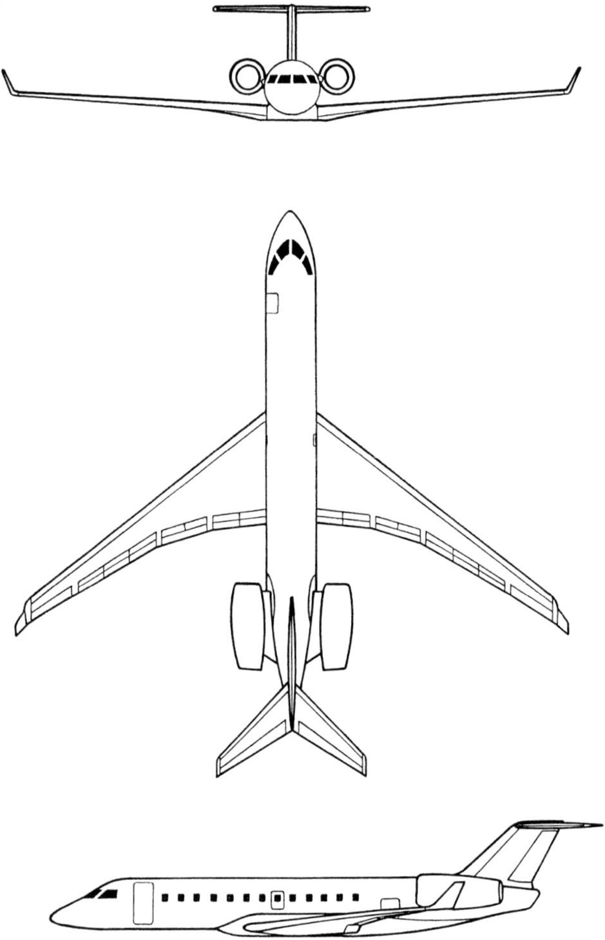

Abmessungen (5500/6500):
Spannweite inkl. Winglets 28,65 m,
Länge 29,51/30,30 m,
Höhe 7,77 m,
Flügelfläche 94,85 m^2.

BOMBARDIER GLOBAL 5500/6500

Ursprungsland: Kanada.
Kategorie: Langstrecken-Firmenflugzeug.
Triebwerke: Zwei Mantelstromtriebwerke Rolls-Royce Pearl 15 von je 6860 kp (67,30 kN) Standschub.
Leistungen (5500/6500): Höchstgeschwindigkeit 950 km/h (Mach 0,9); max. Reisegeschwindigkeit 935 km/h (Mach 0,88); normale Reisegeschwindigkeit 904 km/h (Mach 0,85); Dienstgipfelhöhe 15440 m; Reichweite 10556/12223 km.
Gewichte (5500/6500): Leergewichte 23070/23691 kg; max. Startgewichte 41957/45132 kg.
Zuladung (5500/6500): Zwei Piloten im Cockpit und je nach Innenausstattung 10 bis 16 bzw. 17 Passagiere; max. Nutzlast 3238/2617 kg.
Entwicklungsstand: Unter der Bezeichnung 5500/6500 lancierte Bombardier 2018 die Weiterentwicklungen der Global 5000/6000 (siehe Ausgabe 2016). Die Zulassung erfolgte im September 2019. Über den Auftragsbestand dieser Versionen ist im Moment nichts bekannt. Am 24. Juni 2020 erhielt der erste Kunde eine Global 5500.
Bemerkungen: Bei den neuesten Ausführungen Global 5500 und 6500 handelt es sich primär um Weiterentwicklungen der Ursprungsmuster Global Express 5000 und 6000. Den Hauptunterschied macht das völlig neue Triebwerk von Rolls-Royce aus. Gemäß Hersteller soll es sich um das aktuell fortschrittlichste aller Businessjet-Triebwerke handeln, welches viele technologische Innovationen umfasst. Leistungsparameter, Wirtschaftlichkeit und Wartungsintervalle sind deutlich besser. Auch eine Avionik der nächsten Generation Bombardier Vision ist eingebaut, umfassend u. a. vier große Displays, Head-Up-Displays, MultiScan-Wetterradar und eine High-Speed-SATCOM-Verbindung. Um eine bessere Aerodynamik zu erreichen, hat man den Hauptflügel überarbeitet. Er soll für ein komfortableres Flugverhalten verantwortlich sein. Auch die Inneneinrichtung wurde modernisiert. Die Basisausführungen kosten US$ 46 bzw. 56 Mio. Derzeit wird geprüft, eine militärische Mehrzweckversion auf Basis der Global 6500 zu entwickeln.
Hersteller: Bombardier Aerospace, Montreal, Werk Montreal-Mirabel, Quebec, Kanada.

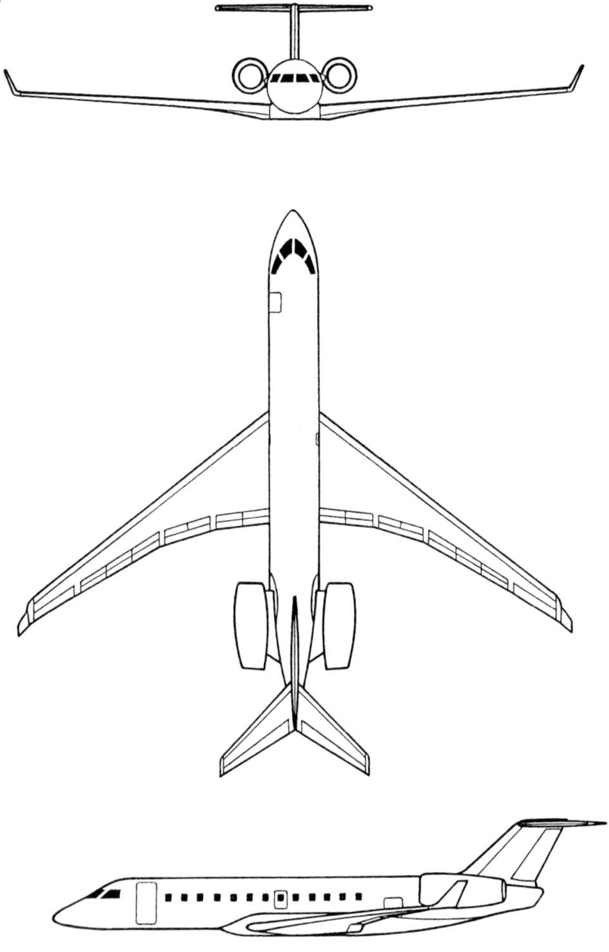

Abmessungen (7500/8000):
Spannweite inkl. Winglets 31,79 m,
Länge 33,83/30,97 m,
Höhe 8,14 m.

BOMBARDIER GLOBAL 7500/8000

Ursprungsland: Kanada.
Kategorie: Langstrecken-Firmenflugzeug.
Triebwerke: Zwei Mantelstromtriebwerke General Electric Passport 20 von je 8580 kp (84,16 kN) Standschub.
Leistungen: Höchstgeschwindigkeit 982 km/h (Mach 0,925); normale Reisegeschwindigkeit 955 km/h (Mach 0,90); Langstrecken-Reisegeschwindigkeit 902 km/h (Mach 0,85), Dienstgipfelhöhe 15545 m; Reichweite bei Mach 0,85 mit zwölf Passagieren (7500) 13700, (8000) 14631 km.
Gewichte: Rüstgewicht 30617 kg; max. Startgewicht 52095 kg.
Zuladung: Zwei Piloten im Cockpit und je nach Innenausstattung (7500/8000) 10 bis 19 bzw. 8 bis 19 Passagiere.
Entwicklungsstand: Ein erster von vier noch als Version 7000 bezeichneter, später in 7500 umbenannter Prototyp, nahm am 4. November 2016 die Flugerprobung auf. Die Indienststellung erfolgte Ende 2018. Ein Prototyp hat im Mai 2022 als erster Businessjet der Welt während der Erprobung die Schallmauer durchbrochen. Im Oktober 2023 wurde die 150. Einheit abgeliefert. Größte Betreiber sind die NetJets und die VistaJet. Die Version 8000 ist ab 2025 erhältlich.
Bemerkungen: Ausgehend von der Global Express 5500/6500 werden zwei neue Versionen angeboten, die 7500 und die 8000. Beide nutzen das General Electric-Triebwerk Passport 20 neuester Technologie, welches bezüglich Treibstoffverbrauch, Lärmemissionen und Abgaswerte neue Bestwerte verspricht. Im vergrößerten Flügel wird die Treibstoffkapazität erhöht, so dass sehr große Distanzen überwunden werden können. Völlig neu wurde das Raumkonzept gestaltet. So sind im Grundangebot vier voneinander trennbare Abteile vorgesehen. Dank größerer Fenster ist die Sicht nach außen verbessert. Die Avionik umfasst u.a. das neue Bombardier Vision Fight Deck mit vier großen LCD-Screens, Sidesticks sowie ein Head-Up-Display. Gesteuert wird die Global 7500 mittels Fly-By-Wire-Technologie. Der Preis für die Basisversion 7500 beläuft sich auf rund US$ 73 Mio. Mittlerweise hat der Hersteller entschieden, auch die Version 8000 anzubieten; Basispreis US$ 78 Mio. Sie ist der Businessjet mit der momentan größten Reichweite. Der Hersteller plant, die Version 7500 vollständig durch die 8000 in der Produktion zu ersetzen.
Hersteller: Bombardier Aerospace, Montreal, Quebec, Werk Toronto Pearson Airport, Ontario, Kanada.

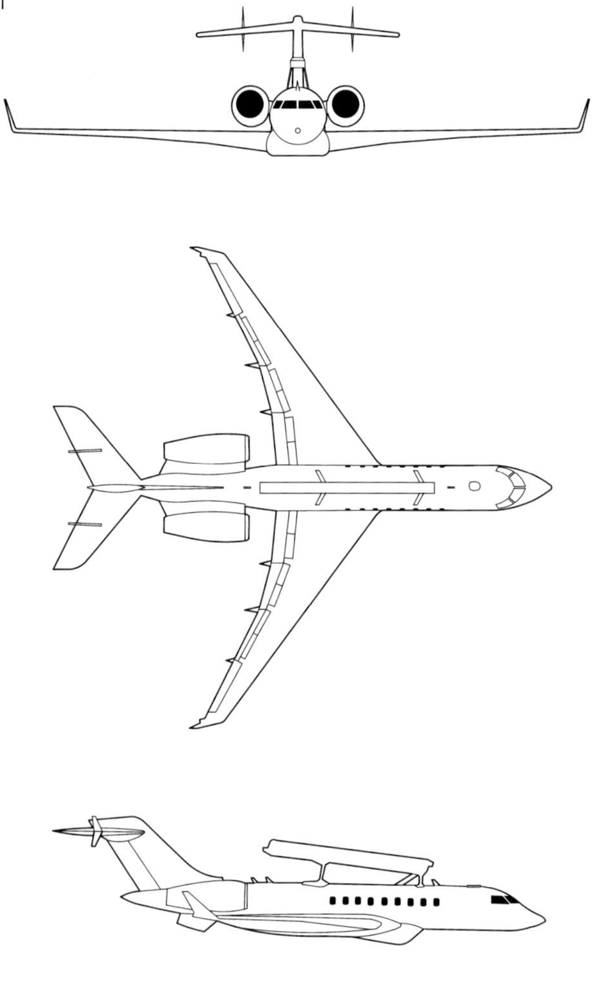

Abmessungen:
Spannweite inkl. Winglets 28,65 m,
Länge 30,30 m,
Höhe 7,77 m,
Flügelfläche 94,85 m².

BOMBARDIER GLOBAL 6000/6500AEW&C GLOBALEYE

Ursprungsland: Kanada/Schweden/USA.
Kategorie: Fliegende Radar- und Kommandostation für Langstrecken sowie für Spezialeinsätze.
Triebwerke: (6000): Zwei Mantelstromtriebwerke BMW/Rolls-Royce BR710-48A2-20 von je 6690 kp (65,6 kN) Standschub, (6500) Rolls-Royce Pearl 15 von je 6860 kp (67,30 kN).
Leistungen (6000/6500 GlobalEye): Max. Reisegeschwindigkeit 944/956 km/h (Mach 0,89/0,90); Langstrecken-Reisegeschwindigkeit 880 km/h; max. Anfangssteiggeschwindigkeit 18,3 m/Sek; Dienstgipfelhöhe 15545 m; Reichweite 11120/12223 km; norm. Einsatzdauer 11 Std., max. (6500) 17 Std.
Gewichte (Sentinel R.1): Leergewicht 24500 kg; max. Startgewicht 42524 kg.
Zuladung (GlobalEye): Zwei Piloten im Cockpit und drei bis sechs Systemoperateure in der Kabine.
Entwicklungsstand: Die erste der diversen Spezialversionen GlobalEye nahm die Flugerprobung am 14. März 2018 auf. Fünf Einheiten bestellte die Luftwaffe der Vereinigten Arabischen Emirate (UAE). Die erste Global Express »Project Dolphin« startete erstmals voll ausgerüstet am 8. August 2018. Sieben als E-11A bezeichnete Global Express betreibt die USAF, vier weitere sind bestellt. Drei GlobalEyes erhält die Bundesluftwaffe für sog. SIGINT-Aufgaben, zwei beschafft Schweden. Seit 27. August 2021 fliegt eine Aufklärungs- und ECM-Version ARES, bestimmt für die US Army.
Bemerkungen: Abgeleitet von der Global Express 6000 bzw. 6500 sind in den letzten Jahren und aktuell diverse Versionen für militärische Zwecke entwickelt worden. Begonnen hat es mit der »Fliegenden Radarstation« Sentinel R.1 der RAF (siehe Ausgabe 2009). Unter der Bezeichnung »Project Dolphin« betreibt die Luftwaffe der UAE eine Weiterentwicklung für nicht näher bezeichnete Spezialaufgaben. Äußerlich sichtbar ist unter dem Rumpf ein langes SAR-Radar sowie eine Vielzahl von Antennen und Sensoren auf dem Dach. Für die gleiche Luftwaffe wurde eine AEW&C-Version GlobalEye entwickelt mit einem Saab-Überwachungsradar Erieye ER auf zwei Tripods über dem Rumpf, einem Seaspray 7500E Radar von Leonardo unter dem Vorderrumpf sowie diversen hochentwickelten Sensoren. Sie ist gleichermaßen für Luft-, Boden- wie Seeüberwachung geeignet. Das Radar soll bei einer Flughöhe von 10000 m eine Reichweite bis zu 450 km haben. Schließlich gibt es noch die E-11 als Fliegende Kommando- und Kommunikationszentrale über einem Konfliktherd. Die ARES-Version basiert auf der Global 6500 und soll in der US Army die Beech RC-12 ersetzen. Ganz neu offeriert der Hersteller eine Seepatrouillenversion unter dem Namen P 6 Swordfish.
Hersteller: Bombardier Aerospace, Montreal, Werk Montreal-Mirabel, Quebec, Kanada.

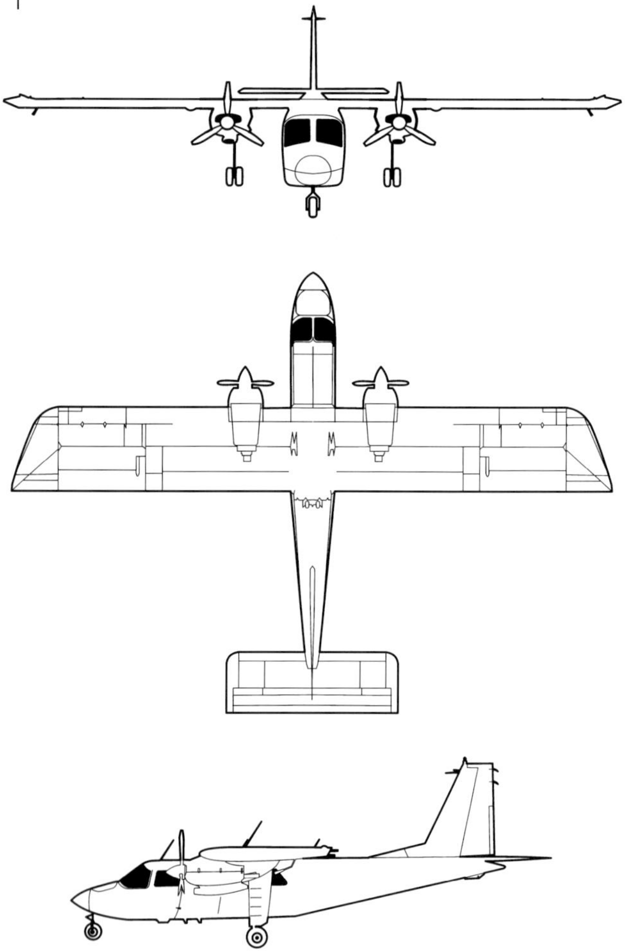

Abmessungen (BN2B-26 bzw. BN2T):
Spannweite 14,90 m,
Länge 10,90 m,
Höhe 4,40 m,
Flügelfläche 30,20 m².

BRITTEN-NORMAN BN2T-4S ISLANDER

Ursprungsland: Großbritannien.
Kategorie: Zweimotoriges Mehrzweckflugzeug.
Triebwerke: (BN2B-26/20) Zwei luftgekühlte Sechszylinder-Boxermotoren Lycoming IO-540 von je 300 PS (223 kW) oder (BN2T bzw. BNT2-4S) zwei Propellerturbinen Rolls Royce Model 250 von je 320 bzw. 400 WPS (238 bzw. 298 kW) Leistung.
Leistungen (BN2B-26/BN2T-4S): Max. Reisegeschwindigkeit 263/326 km/h; normale Reisegeschwindigkeit 233/278 km/h; Anfangssteiggeschwindigkeit 4,4/6,35 m/Sek; Dienstgipfelhöhe 4145/7620 m; Reichweite unter VFR-Bedingungen 1250/1863 km.
Gewichte (BN2B-26/BNT2-4S)**:** Leergewicht 1866/2223 kg; maximales Startgewicht 2994/3855 kg.
Zuladung: Pilot und bis zu neun Passagiere, als Frachter bis zu (BN2T-4S) 1600 kg Nutzlast.
Entwicklungsstand: Das Ausgangsmuster flog erstmals am 12. Juni 1965 und wurde seitdem in rund 1300 Exemplaren gebaut und laufend weiterentwickelt. Im kleinen Rahmen läuft die Produktion weiter.
Bemerkungen: Diesem bewährten und seit vielen Jahren ununterbrochen gebauten robusten und sehr einfach gehaltenen Muster soll neues Leben »eingehaucht« werden. Dabei holte man die nach Rumänien ausgelagerte Produktion wieder zurück nach England. Struktur, Konzept und Grundauslegung bleiben weitgehend unverändert. Es wird jedoch eine neue Avionik von Garmin mit Flachbildschirmen eingebaut. Zudem ist der Gepäckraum vergrößert. Weiterhin sind eine Version mit Kolbenmotoren und mit Propellerturbinen erhältlich. Ganz neu wird B-N eine Version mit Hydrogen-Antrieb testen. Ausgerüstet mit zwei Evolito D1500-Elektromotoren von je 240 kW Leistung soll eine Flugdauer von rund 45 Minuten möglich sein, bei späterer Weiterentwicklung entsprechend länger. Eine mit Batterie-Antrieb versehene Version erwies sich als zu schwer. Der Wasserstoff soll primär in zwei unter den Flügeln angehängten Behältern mitgeführt werden.
Hersteller: B-N Britten-Norman International, Werk Bembridge, Isle of Wight, Großbritannien.

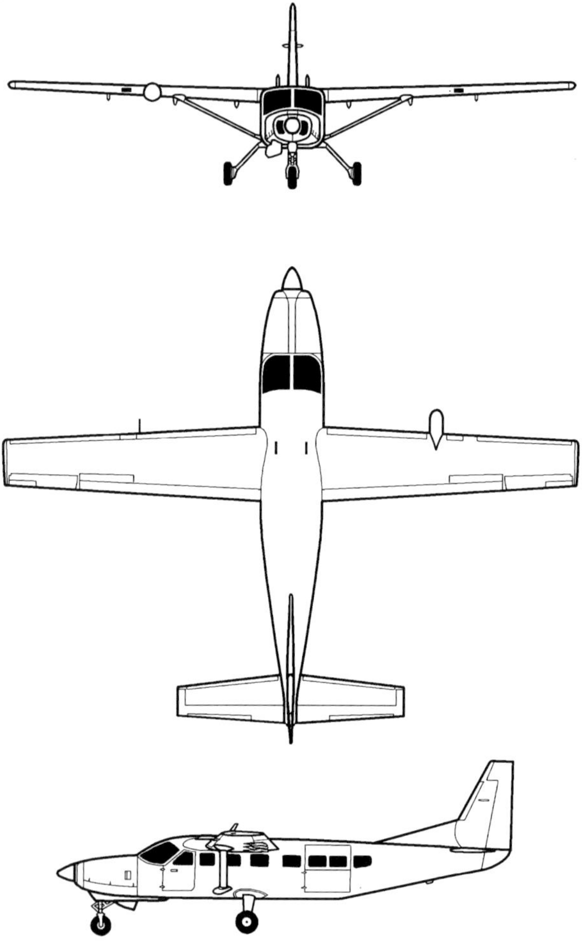

Abmessungen:
Spannweite 15,87 m,
Länge 12,67 m,
Höhe 4,71 m,
Flügelfläche 25,96 m².

CESSNA 208B GRAND CARAVAN EX

Ursprungsland: USA.
Kategorie: Mehrzweckflugzeug.
Triebwerke: Eine Propellerturbine Pratt & Whitney Canada PT6A-140 von 867 WPS (646 kW) Leistung.
Leistungen: Max. Reisegeschwindigkeit mit Pod unter dem Rumpf 343 km/h auf 3050 m, 328 km/h auf 6095 m; ohne Pod erhöht sich die Reisegeschwindigkeit um ca. 20 km/h; Anfangssteiggeschwindigkeit 6,5 m/Sek; Dienstgipfelhöhe 7620 m; max. Reichweite mit 45 Min. Reserven 1467 km auf 3050 m.
Gewichte: Leergewicht 2336 kg; max. Startgewicht 3995 kg.
Zuladung: Ein bis zwei Piloten und in der Standardausführung neun Passagiere, maximal jedoch 14 Passagiere oder 1602 kg Fracht.
Entwicklungsstand: Die ersten Auslieferungen der Grand Caravan EX begannen Anfang 2013. Nebst dieser Ausführung als Land- oder Amphibienflugzeug bietet Cessna gegenwärtig auch noch die Super Cargomaster EX an. In über 30 Jahren Produktionszeit wurden bisher über 3000 Einheiten hergestellt. Neueste größere Bestellung: Surf Air 100 + 50 Optionen.
Bemerkungen: Als eigentliches »Arbeitspferd« wird die Caravan für die verschiedensten Aufgaben eingesetzt, sei es als Frachter über militärische Aufgaben bis hin zum Passagierflugzeug mit VIP-Einrichtung. Die neueste Ausführung Grand Caravan EX bleibt in den Außenabmessungen gleich, wird jedoch mit dem um fast 25 % stärkeren Triebwerk PT6A-140 angetrieben. Damit verbessern sich alle Leistungsmerkmale wesentlich, besonders in hoch gelegenen und heißen Gebieten. Die Reisegeschwindigkeit ist um rund 20 km/h höher, die Steigleistungen nehmen um 20 % zu. Zum 30jährigen Produktionsjubiläum 2015 wurde die Inneneinrichtung, insbesondere die Sitze, überarbeitet. Die Cessna Caravan wird auch bewaffnet für sog. ISR-Aufgaben (**I**ntelligence, **S**urveillance, **R**econnaissance) eingesetzt. Afghanistan, Irak, Kenya, Mali, Mauretanien, Ruanda, Niger und Tunesien erhielten entsprechend ausgerüstete Maschinen. Diese Version ist auch mit sog. Hardpoints für Waffen unter den Flügeln erhältlich. Seit Mai 2020 fliegt ein Prototyp, umgebaut von Ampaire, mit einem MagniX Magni 500-Elektromotor, welcher eine Leistung von 750 PS abgibt. Die Batterie wiegt 1000 kg. Am 18. November 2022 flog sie erstmals unter voll integriertem hybrid-elektrischen Antrieb, bisher rund 75 Umbauten bestellt. Seit Juli 2023 fliegt zudem ein Prototyp, ausgerüstet für autonomes Fliegen ohne Piloten.
Hersteller: Cessna Aircraft Company, ab 2017: Werke Independence, Kansas, USA und Shijiazhuang, Volksrepublik China.

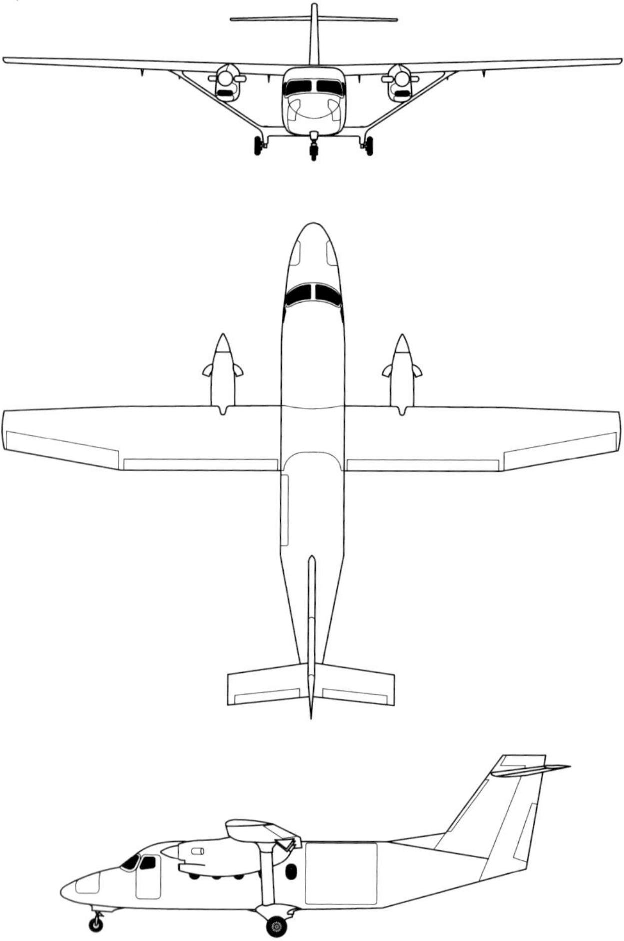

Abmessungen:
Spannweite 22,02 m,
Länge 16,80 m,
Höhe 6,30 m,
Flügelfläche 40,97 m².

CESSNA 408 SKYCOURIER

Ursprungsland: USA.
Kategorie: Leichter Frachter und Pakettransporter, Commuterflugzeug.
Triebwerke: Zwei Propellerturbinen Pratt & Whitney Canada PT6A-65SC von je 1110 WPS (827 kW) Leistung.
Leistungen: Max. Reisegeschwindigkeit 389 km/h; Dienstgipfelhöhe 7620 m; Reichweite mit einer Nutzlast von 2250 kg 740 km, max. Reichweite 1741 km.
Gewichte: Leergewicht Frachter/Passagierversion 5080/5775 kg; max. Startgewicht 8618 kg.
Zuladung: Ein oder zwei Mann Cockpitbesatzung und eine Frachtzuladung von 2720 kg. Als Commuter bis zu 19 Passagiere in Dreierreihen mit Mittelgang.
Entwicklungsstand: Der erste von drei Prototypen nahm die Flugerprobung am 17. Mai 2020 auf. Das erste Serienflugzeug fliegt seit Februar 2022, Zulassung im März 2022. Im Mai 2022 fand die erste Ablieferung an FedEx statt. Primär wurde die 408 SkyCourier für den bisher einzigen Auftraggeber, den Paketverteiler FedEx, entwickelt. Dieser beschafft vorerst 50 Einheiten und hat eine Option für weitere 50 SkyCourier unterzeichnet. Es ist aber davon auszugehen, dass auch andere Luftfahrtunternehmen an diesem Typ Interesse zeigen werden. Die erste Passagierversion wurde Mitte 2023 an Western Aircraft abgeliefert.
Bemerkungen: FedEx betreibt aktuell eine Flotte von rund 290 Flugzeugen im Feinverteiler der Pakete. Diese gilt es mit der Zeit zu ersetzen. Gefordert war dabei ein möglichst einfach konstruiertes, sehr wirtschaftliches Flugzeug, welches auch von kurzen und nur halbvorbereiteten Pisten starten und landen kann. Entscheidend dabei ist u. a., dass sehr kurze Bodenzeiten für Ein- und Auslad und für die Betankung erzielt werden. Deshalb wird der SkyCourier mit Einpunkt-Druckbetankung ausgerüstet. Als Frachter mit kastenförmigem Rumpf mit einer Länge von 7,11 m, Breite von 1,96 m und Höhe von 1,80 m kann er dank einer großen Frachttüre und vollständig ebenem Boden bis zu drei LD3 Container mitführen. Von der Konstruktion her ist der Schulterdecker sehr einfach und konventionell aus Aluminium ausgelegt und mit bewährten Triebwerken ausgestattet. Das Fahrwerk ist nicht einziehbar. Im Cockpit wird die Avionik Garmin G1000 eingebaut. Neu sind auch eine Passagier- und eine Militärversion im Angebot. Letztere beispielsweise für Spezial- und Ambulanzeinsätze. Cessna gibt für die Frachtversion einen Listenpreis von US$ 6,85 Mio. an.
Hersteller: Cessna Aircraft Company, Tochtergesellschaft der Textron Aviation, Werk Independence, Kansas, USA.

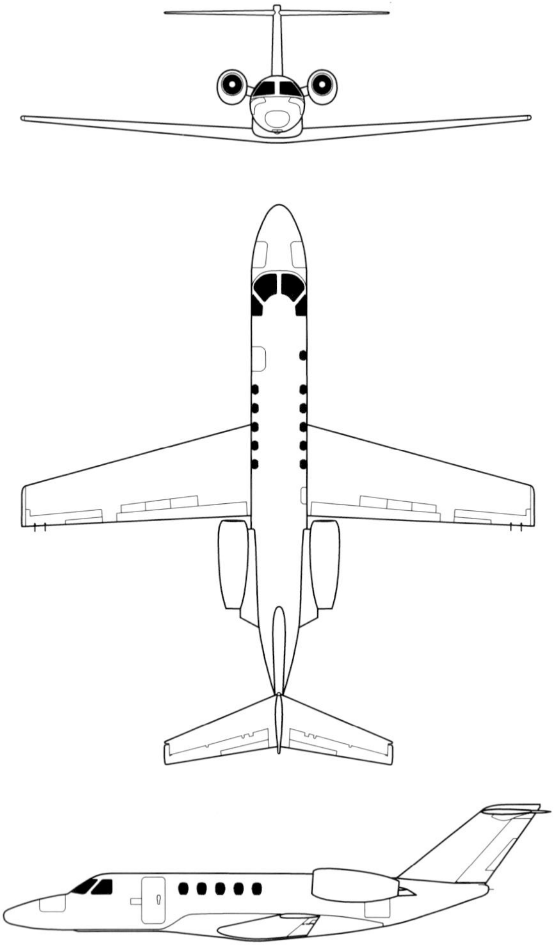

Abmessungen (CJ3+/CJ4 Gen2):
Spannweite 16,26/15,49 m,
Länge 15,59/16,26 m,
Höhe 4,62/4,67 m,
Flügelfläche 27,32/30,66 m^2.

CESSNA 525B CITATION CJ3/4 GEN2

Ursprungsland: USA.
Kategorie: Firmenflugzeug.
Triebwerke (CJ3+/CJ4 Gen2): Zwei Mantelstromtriebwerke Williams Rolls-Royce FJ44-3/4A von je 1279/1642 kp (12,54/16,12 kN) Standschub.
Leistungen (CJ3+/CJ4 Gen2): Max. Reisegeschwindigkeit 772/838 km/h; (CJ4 Gen2) Steigzeit auf 13106 m 28 Min; Dienstgipfelhöhe 13716 m; max. Reichweite mit sechs Personen an Bord 3778/4010 km.
Gewichte (CJ3+/CJ4 Gen2): Rüstgewicht 3874/4654 kg; max. Startgewicht 6291/7761 kg.
Zuladung (CJ3+/CJ4 Gen2): Pilot und Copilot/Passagier im Cockpit und sechs bis acht Passagiere; Nutzlast bei voller Treibstoffzuladung 372/454 kg, max. 894/961 kg.
Entwicklungsstand: Am 5. Mai 2008 startete der Prototyp CJ4 zum Erstflug, gefolgt vom ersten Serienmuster am 19. August 2008. Mit den Auslieferungen begann Cessna im März 2010. Die 300. CJ4 wurde im Juni 2019 abgeliefert, rund 320 befinden sich aktuell im Einsatz. Die neueste Ausführung CJ3 Gen2 ist ab 2025 erhältlich. Bis heute sind von allen Citations zusammen rund 5900 gebaut worden.
Bemerkungen: Die Familie der CitationJet wird kontinuierlich erweitert und modernisiert. Nach dem Ausgangsmuster CJ1 (siehe Ausgabe 2002), der verlängerten CJ2 (siehe Ausgabe 2003), der abermals gestreckten CJ3 (siehe Ausgabe 2007) lancierte Cessna 2008 die CJ4. Der Rumpf der CJ4 wurde um weitere 0,93 m verlängert. Völlig neu ist der Flügel mit leichter Pfeilung. Die Triebwerke sind gegenüber der CJ3 wesentlich leistungsfähiger. Obwohl es sich um ein kleines Firmenflugzeug handelt, ist die Passagierkabine mit einer Länge ohne Cockpit von 5,29 m, einer Breite von 1,47 m und einer Höhe von 1,45 m recht geräumig. Analog zur Citation M2 Gen2 (siehe Ausgabe 2022) wurde 2021 die Citation CJ4 Gen 2 lanciert, welche ebenfalls über eine verbesserte Innenausstattung verfügt. Die letzte in der Reihe CJ3 Gen2 beinhaltet Verbesserungen im Cockpit mit Autothrottle sowie in der Kabine und ist mit einem Wireless Media Server ausgestattet. Damit wird im Flug auch highspeed Internet möglich. Dieses Muster ist für den Einpilotenbetrieb zugelassen. Der Preis für eine Cessna CJ3 Gen2 wird mit US$ 11 Mio. angegeben.
Hersteller: Cessna Aircraft Company, Wichita, Kansas, USA.

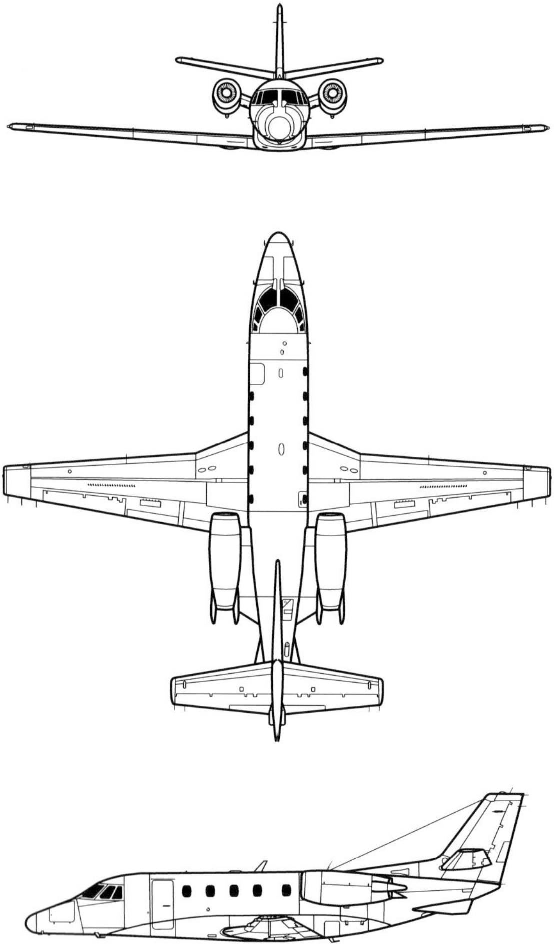

Abmessungen:
Spannweite 17,17 m,
Länge 15,78 m,
Höhe 5,24 m,
Flügelfläche 34,35 m².

CESSNA 561 CITATION XLS GEN 2/ASCEND

Ursprungsland: USA.
Kategorie: Firmenflugzeug.
Triebwerke (XLS Gen2/Ascend): Zwei Mantelstromtriebwerke Pratt & Whitney Canada PW545C/PW545D von je 1868/1910 kp (18,32/18,74 kN) Standschub.
Leistungen: Max. Reisegeschwindigkeit 815 km/h auf 9550 m; Steigzeit auf 13715 m 25 Min; Dienstgipfelhöhe 13715 m; (XLS Gen2) Reichweite mit fünf Passagieren 3889 km.
Gewichte (XLS Gen2/Ascend): Leergewicht 5625/5947 kg; max. Startgewicht 9162/9299 kg.
Zuladung: Zwei Mann Cockpitbesatzung und normalerweise sechs Passagiere in Einzelsitzen, bei enger Bestuhlung bis zu zwölf Personen. Nutzlast bei voller Tankfüllung 390 kg.
Entwicklungsstand: Der Erstflug der Variante Citation XLS+ fand Anfang August 2007 statt. Die neu lancierte Citation XLS Gen 2 wurde 2021 lanciert. Von allen XLS Varianten sind mittlerweile über 1000 Einheiten produziert worden. Wann der Erstflug der neuen Ascend stattfindet, ist noch offen, ebenso der Stand der Bestellungen. Voraussichtlich dürfte der Hersteller mit den Auslieferungen 2025 beginnen.
Bemerkungen: Seit 2021 bietet der Hersteller die XLS Gen 2 mit folgenden Anpassungen: Verbesserungen an der Kabine, Zugang vom Passagierraum zum Gepäckraum; sog. »intuitives« Kabinen Management-System; beleuchtete Passagiertreppe. Der Basis-Kaufpreis beträgt US$ 15,5 Mio. Mit der Mitte 2023 lancierten Cessna Ascend löst der Hersteller die erfolgreiche Citation XLS/XLS+ ab. Von den Dimensionen und der Struktur baut sie auf der XLS auf. Sie erhält aber neue Triebwerke PW545D, die leistungsmäßig nur wenig stärker sind, jedoch treibstoffeffizienter betrieben werden können sowie längere Wartungsintervalle ermöglichen. Zudem erlauben sie eine 50%ige Beimischung von sog. »Sustainable Aviation Fuel (SAF) zum herkömmlichen Jet-A-Kerosin. Die neue Avionik baut auf dem System Garmin G5000 auf. Größere Veränderungen finden in der Kabine statt. Der Boden ist im Gegensatz zur XLS eben, dafür wurden in der Raumhöhe 20 cm geopfert. Die Sitze sind drehbar und erlauben eine größere Beinfreiheit. Schließlich sind die Fensterflächen um 25 % größer.
Hersteller: Cessna Aircraft Company, Wichita, Kansas, USA.

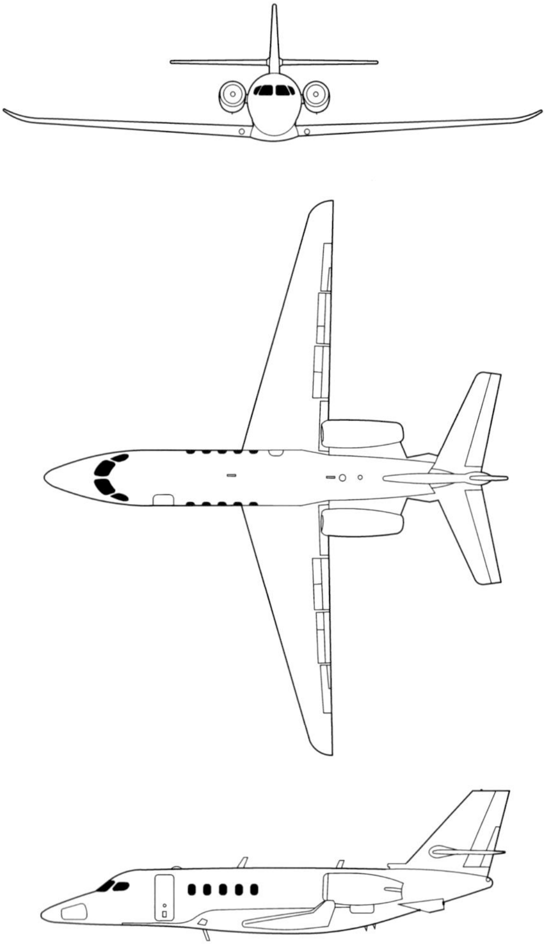

Abmessungen:
Spannweite 22,05 m,
Länge 18,97 m,
Höhe 6,38 m,
Flügelfläche 50,40 m².

CESSNA 680A LATITUDE

Ursprungsland: USA.
Kategorie: Firmenflugzeug.
Triebwerke: Zwei Mantelstromtriebwerke Pratt & Whitney PW306D1 von je 2679 kp (26,27 kN) Standschub.
Leistungen: Maximale Reisegeschwindigkeit 826 km/h (Mach 0,80); Dienstgipfelhöhe 13700 m; max. Reichweite 5278 km.
Gewichte: Leergewicht 8462 kg; max. Startgewicht 13971 kg.
Zuladung: Zwei Piloten und je nach Inneneinrichtung bis zu neun Passagiere; max. Nutzlast 1258 kg, bei vollen Treibstofftanks 454 kg.
Entwicklungsstand: Ein erster von insgesamt vier Prototypen nahm die Flugerprobung am 18. Februar 2014 auf. Mit den Auslieferungen hat man im dritten Quartal 2015 begonnen. Vorderhand größter Einzelbesteller ist NetJets mit 175 Einheiten. Jährlich werden etwa 40 Latitudes gebaut, bisher rund 350. NetJets wird in den nächsten Jahren zwischen Ascend, Latitude und Longitude rund weitere 1500 Einheiten beschaffen.
Bemerkungen: Mit der Latitude füllt Cessna die Lücke im Angebot zwischen der Cessna Citation-Reihe und der Sovereign (siehe Ausgabe 2016) aus, d. h. konkret das mittlere Segment von Geschäftsreiseflugzeugen. Dieses ist bereits durch Konkurrenzmuster, wie beispielsweise der EMBRAER Praetor 500/600 (siehe Seiten 158/159) prominent besetzt. Flügel, Heckstruktur und Triebwerkaufhängung stammen von der Sovereign, der Rumpf ist dagegen eine völlige Neukonstruktion. Wesentliche Teile der Struktur von Rumpf und Flügel sind aus Aluminium. Auf eine möglichst komfortable Kabine mit den Innenmaßen von Länge 6,63 m, Breite 1,96 m und Höhe 1,83 m wurde besonders geachtet. Sie weist einen ebenen Boden auf und ermöglicht Stehhöhe. Erstmals in einem Businessjet sind Airbags in der Kabine integriert. Eingebaut ist die neueste Cockpit Generation Garmin G5000. Der Hersteller gibt den Basispreis für die Latitude mit US$ 19,10 Mio. an.
Hersteller: Cessna Aircraft Company, Werk Wichita, Kansas, USA.

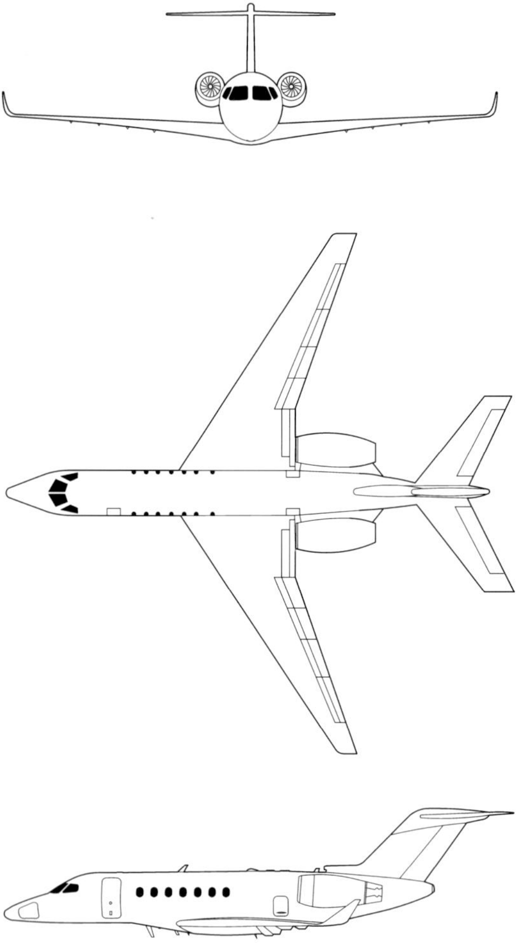

Abmessungen:
Spannweite 21,01 m,
Länge 22,30 m,
Höhe 5,91 m,
Flügelfläche 49,91 m².

CESSNA 700 LONGITUDE

Ursprungsland: USA.
Kategorie: Mittelstrecken-Firmenflugzeug.
Triebwerke: Zwei Mantelstromtriebwerke Honeywell HTF7700L von je 3477 kp (34,10 kN) Standschub.
Leistungen: Max. Reisegeschwindigkeit 895 km/h (Mach 0,84); Steigzeit auf 13715 m 22 Min; Dienstgipfelhöhe 13715 m; Reichweite mit vier Passagieren 6480 km, voll beladen 6150 km.
Gewichte: Rüstgewicht 10630 kg; max. Startgewicht 17917 kg.
Zuladung: Zwei Piloten im Cockpit und je nach Innenausstattung normalerweise acht, aber bis zu 12 Passagiere; Nutzlast bei max. Tankfüllung 725 kg.
Entwicklungsstand: Ein erster Prototyp nahm die Flugerprobung am 8. Oktober 2016 auf, gefolgt vom zweiten bereits dem Serienstandard entsprechenden am 19. November 2016. Die Zulassung erfolgte im September 2019. Anschließend begannen die ersten Auslieferungen an Kunden. Eine Großbestellung über 175 Einheiten gab NetJets Ende 2018 bekannt. Weitere Longitudes werden beschafft. Im Mai 2023 wurde die 100. Einheit fertiggestellt.
Bemerkungen: Bei der Longitude handelt es sich um Cessna's erste vollständige Neuentwicklung seit langem und keine Verbesserung bestehender Typen. Zusammen mit der Latitude (siehe Seiten 110/111) weist die Longitude von allen Cessna-Modellen den größten Rumpfquerschnitt mit Innenbreite von 1,96 m und Innenhöhe von 1,83 m auf. Die Kabinenlänge beläuft sich auf 7,67 m. Auch bezüglich des Komforts sollen Bestwerte erzielt werden. Jeder Passagiersitz verfügt über einen Touchscreen, mit welchem man u. a. die Beleuchtung, die Fensterverdunkelung, das Unterhaltungssystem und die dynamische Realtime-Karte bedienen kann. Hinten in der Kabine ist eine kleine Küche eingebaut. Das Cockpit verfügt über die Avionik Garmin G5000 mit Synthetic Vision Technology. Eingebaut ist eine Fly-By-Wire-Steuerung. Der Kaufpreis bewegt sich in der Größenordnung von US$ 30 Mio. Ursprünglich hätte die Longitude mit dem Safran Silvercrest-Triebwerk ausgerüstet werden sollen. Da sich dessen Entwicklung erheblich verspätet, wurde es durch das schwächere HTF7700L ersetzt. 2022 kündigte Cessna an, eine Seeaufklärerversion der Longitude zu entwickeln. Womit sie ausgerüstet sein wird, ist noch nicht bekannt. Sie soll aber in der Lage sein, Einsätze bis zu 8 Std. zu absolvieren.
Hersteller: Cessna Aircraft Company, Wichita, Kansas, USA.

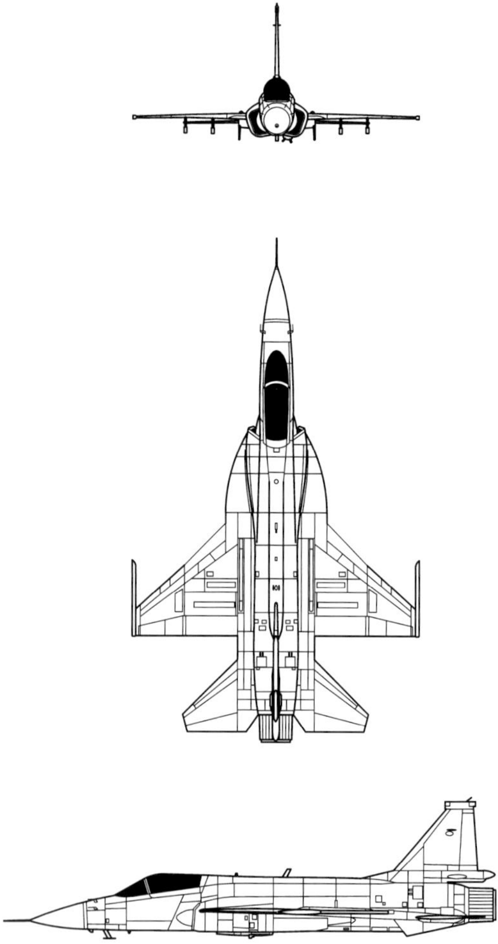

Abmessungen:
Spannweite 9,46 m,
Länge 14,26 m,
Höhe 4,77 m,
Flügelfläche 24,40 m².

CHENGDU FC-1/JF-17 SUPER 7

Ursprungsland: Volksrepublik China.
Kategorie: Einsitziger Luftüberlegenheitsjäger und Erdkämpfer.
Triebwerke: Ein Mantelstromtriebwerk Klimow RD-93 von 5040 kp (49,4 kN) ohne und 8300 kp (81,4 kN) mit Nachverbrennung.
Leistungen: Höchstgeschwindigkeit ohne Außenlasten 1600 km/h (Mach 1,6); Dienstgipfelhöhe 16700 m; Aktionsradius als Jäger 1200 km, als Erdkämpfer 700 km; Reichweite mit internem Kraftstoff 1800 km; Überführungsreichweite 3000 km.
Gewichte: Leergewicht 6585 kg; maximales Startgewicht 12400 kg.
Bewaffnung: Eine doppelläufige 23-mm-Kanone GSh-223-2 links unter dem Rumpf und Luft-Luft- bzw. Luft-Boden-Lenkwaffen sowie Bomben an vier Stationen unter den Flügeln, zwei an den Flügelspitzen und einer unter dem Rumpf. Max. Waffenladung 3600 kg, (Block 2) 4300 kg.
Entwicklungsstand: Das erste Erprobungsmuster nahm die Flugerprobung am 25. August 2003 auf. Im März 2007 wurde die erste Serienmaschine der Pakistanischen Luftwaffe übergeben. Pakistan will bis zu 200 Einheiten (je 50 Block I und II, 26 JF-17B, vorläufig 30 Block III) beschaffen (Lizenzbau), Vermutlich sind etwa 130 davon bisher abgeliefert worden. Derzeit wird nur die Version Block III gebaut, Ablieferung ab 2022. Myanmar hat 16 und Nigeria vorläufig 6 FC-1 bestellt. Die Doppelsitzerausführung JF-17B flog erstmals am 27. April 2017.
Bemerkungen: Das chinesisch-pakistanische Gemeinschaftsprojekt FC-1 wurde in enger Zusammenarbeit mit der russischen MAPO mit dem Ziel entwickelt, ein preisgünstiges Mehrzweck-Kampfflugzeug anzubieten. In der Auslegung ist die FC-1 recht konventionell. Rumpf wie Flügel bestehen aus Aluminium. Die Steuerung ist noch vollständig Servo-betrieben. Eingebaut wurde eine chinesische Avionik mit dem Mehrzweckradar KLJ-7. Damit ist die JF 17 eines der wenigen Kampfflugzeuge, welches keinerlei US-Systeme verwendet. Nach Ablieferung der letzten Block I-Version, wurde die Block II Ausführung gebaut mit folgenden Verbesserungen: Größere Waffenlast, aktualisierte Avionik und Elektronik sowie Möglichkeit der Luft-Luft-Betankung. Neu entwickelt Chengdu die Version Block III (Erstflug 15. Dezember 2019), u.a. ausgerüstet mit einem AESA-Radar, Infrarot-Zielverfolgungssystem, neuem leistungsfähigerem Triebwerk und Teile der Struktur aus Verbundwerkstoffen. Sie soll modernste Abstandswaffen mitführen können, neuerdings aber auch chinesische Antischiffs-Lenkwaffen CM 400 AKG.
Hersteller: CAC Chengdu Aircraft Industrial Corp., Chengdu, Sichuan, Volksrepublik China bzw. Pakistan Aeronautical Complex, Kamra, Pakistan

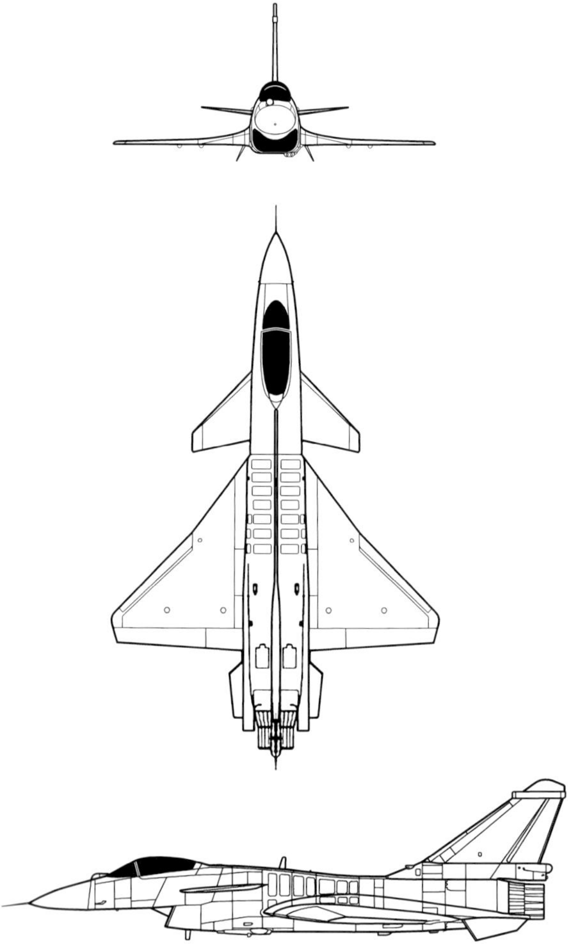

Abmessungen:
Spannweite Hauptflügel 9,75 m, Vorflügel 5,30 m,
Länge 16,43 m,
Höhe 5,43 m,
Fläche Hauptflügel 39,00 m², Vorflügel 4,70 m².

CHENGDU J-10

Ursprungsland: Volksrepublik China.
Kategorie: Einsitziger Mehrzweckjäger und zweisitziger Einsatztrainer.
Triebwerke (J-10A): Ein Mantelstromtriebwerk Saturn/Lyulka AL-31FN von 8100 kp (79,4 kN) Standschub ohne und 12800 kp (125,50 kN) mit Nachverbrennung.
Leistungen (J-10A): Höchstgeschwindigkeit Mach 1,8 in großen Höhen, auf Meereshöhe Mach 1,2; Dienstgipfelhöhe 17000 m; Aktionsradius 660 km; Reichweite ohne Zusatzbehälter 1650 km.
Gewichte (J-10A): Leergewicht 9730 kg; normales Startgewicht 12400 kg, max. 18600 kg.
Bewaffnung: Eine Kombination von Kurzstrecken-Luft-Luft-Lenkwaffen PL-8, Mittelstrecken-Luft-Luft-Lenkwaffen PL-11 und Zusatztanks/Luft-Boden-Raketen/Bomben an bis zu elf Waffenstationen; max. Waffenlast rund 6600 kg. Zudem ist eine 23-mm-Kanone eingebaut.
Entwicklungsstand: Der erste Prototyp führte am 24. März 1998 seinen Erstflug aus, der doppelsitzige Prototyp J-10S folgte am 26. Dezember 2003. Seit 2004 ist die J-10 bei der Luftwaffe der VR China im Einsatz. Je nach Quelle sind bisher über 400 Exemplare gebaut worden. Derzeit produziert der Hersteller nur noch die Varianten J-10B (Erstflug 23. Dezember 2008) und J-10C (Erstflug Dezember 2013); Einsatzreife ab 2015 bzw. 2018. Laos plant die J-10B ebenfalls zu beschaffen. Pakistan hat bei einem Gesamtbedarf von 50 J-10CP deren 25 bestellt. Einige sind schon abgeliefert worden.
Bemerkungen: Beim Mehrzweckjäger J-10 sind außer dem russischen Triebwerk alle Systeme chinesischer Provenienz. Die J-10 verfügt über eine digitale Fly-By-Wire-Steuerung. Seit 2011 ist auch die Marineversion J-10AH in Einsatz gelangt. Sie unterscheidet sich primär durch eine fix montierte Betankungssonde. Die J-10B weist folgende Verbesserungen auf: Überarbeiteter Triebwerkseinlauf, umkonstruierte Rumpfnase zur Aufnahme eines neuen AESA-X-Band-Radars, verstärke Zelle, vergrößertes Seitenleitwerk, Infrarot-Zielsuchsystem. Zudem befinden sich zwei weitere Waffenaufhängepunkte unter den Flügeln. Die J-10C besitzt ein nochmals verbessertes AESA-Radar und ist mit dem stärkeren Triebwerk Shenyang WS-10B ausgerüstet. Erstmals wurde diese Version 2021 gesichtet. Ganz neu hört man von einer J-10D, vermutlich ausgerüstet mit einem nochmals verstärkten Triebwerk eventuell mit Vektor-Steuerung, elektro-optischem Zielsystem sowie Stealth-Eigenschaften.
Hersteller: CAC Chongdu Aircraft Industrial Corporation, Chengdu, Sichuan, Volksrepublik China.

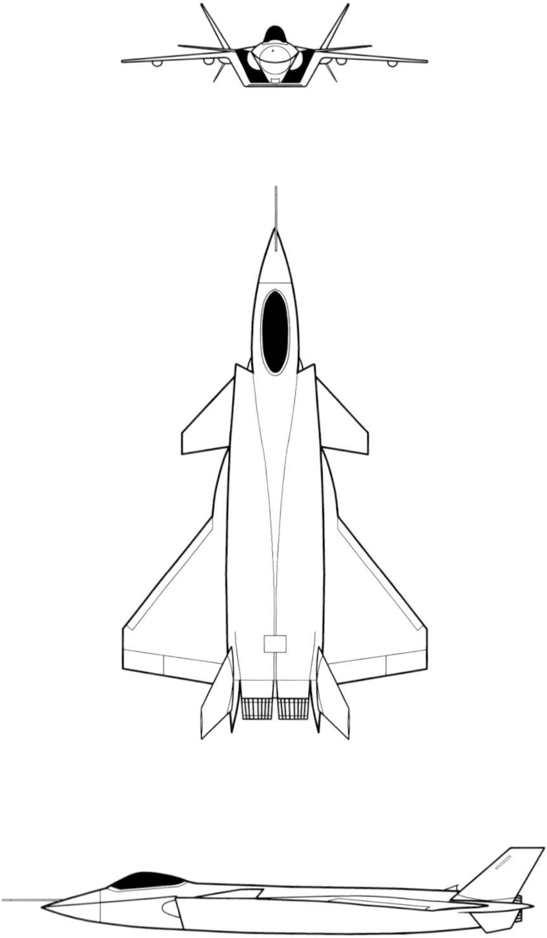

Abmessungen (nach unbestätigten Angaben):
Spannweite 13,50 m,
Länge etwa 20,40 m,
Höhe 4,45 m,
Flügelfläche vermutlich 78 m².

CHENGDU J-20A WEILONG

Ursprungsland: Volksrepublik China.
Kategorie: Einsitziger Luftüberlegenheitsjäger und Mehrzweck-Kampfflugzeug.
Triebwerke: Alle bisher geflogenen J-20 verfügen über zwei Mantelstromtriebwerke Saturn AL-31FN Series 3 von je 13500 kp (132,40 kN) mit Nachverbrennung, offenbar ist ein Prototyp mit zwei WS-10B bzw. WS-10C-Triebwerken mit einer Leistung von etwa 145 kN mit Nachverbrennung ausgerüstet.
Leistungen (nach unbestätigten Angaben): Höchstgeschwindigkeit Mach 1,7; Dienstgipfelhöhe 20000 m; Einsatzradius 1750 km; Überführungsreichweite 5500 km.
Gewichte (nach unbestätigten Angaben): Leergewicht 19400 kg; Startgewicht normal 32500 kg, maximal 37000 kg.
Bewaffnung: Die J-20 kann im Waffenschacht unter dem Rumpf und den zwei seitlich angeordneten Schächten vor allem moderne Abfang- und Angriffslenkwaffen mitführen, darunter die neue Luft-Luft-Kurzstreckenlenkwaffe PL-10 und die Langstreckenlenkwaffe PL-15. Aber auch an Aufhängepunkten unterhalb des Rumpfes und der Flügel können Waffen oder Zusatztanks montiert werden.
Entwicklungsstand: Am 11. Januar 2011 nahm der erste von sechs Prototypen die Flugerprobung auf. Aktuell sollen jährlich rund 20 Weilongs gebaut werden. Je nach Quelle sollen mittlerweile zwischen 150 und rund 200 J-20 im Einsatz sein, eine erste Staffel wurde anfangs 2017 aufgestellt. Die erste J-20B soll am 29. Juni 2023 den Erstflug absolviert haben.
Bemerkungen: Die Chengdu J-20 ist das erste Flugzeug chinesischer Produktion, das über sog. Stealth-Eigenschaften verfügt. Es handelt sich um einen Deltaflügler mit Canards. Die doppelt vorhandenen Seitenleitwerke sind nach außen abgewinkelt und voll beweglich, die rautenförmigen Lufteinlässe liegen am Bug an und sind als **Divorterless Supersonic Inlets** (DSI) ausgeführt. Vermutlich wird das Flugzeug durch ein Fly-By-Wire-System gesteuert. Eingebaut dürfte ein AESA-Radar des Typen 1475/KLJ5 sein. Die neueste Ausführung J-20B verfügt über das deutlich leistungsstärkere chinesische WS-15-Triebwerk (ca. 190 – 200 kN Maximalschub) und dürfte ohne Nachbrenner Überschallgeschwindigkeit erreichen. Es existiert offenbar auch eine Version der J-20B mit WS-10C-Triebwerken als Interimslösung. Weiterhin sind aber dazu keinerlei verlässliche Angaben vorhanden. Erstmals wurde 2021 eine Doppelsitzer-Version gesichtet. Chengdu offeriert neu eine Exportversion PL-15E.
Hersteller: CAC Chengdu Aircraft Industrial Corporation, Chengdu, Sichuan, Volksrepublik China.

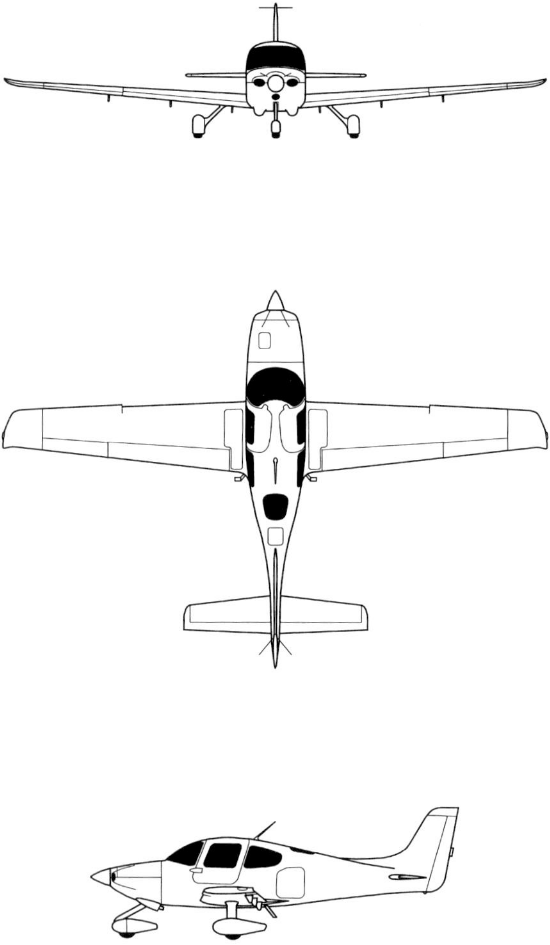

Abmessungen:
Spannweite 11,68 m,
Länge 7,92 m,
Höhe 2,71 m,
Flügelfläche 13,46 m².

CIRRUS SR20/SR22/SR22T

Ursprungsland: USA.
Kategorie: Sport- und Reiseflugzeug.
Triebwerke (SR20): Ein luftgekühlter Vierzylinder-Boxermotor Continental IO-390-C3B6 von 215 PS (162 kW), (SR22T): Ein luftgekühlter turbogeladener Sechszylinder-Boxermotor Continental TSIO-550-K von 315 PS (235 kW).
Leistungen (SR20/22T): Max. Reisegeschwindigkeit 285/394 km/h; Anfangssteiggeschwindigkeit 3,97/6,10 m/Sek; Dienstgipfelhöhe 5334/7620 m, max. Reichweite mit IFR-Reserven 1150/1500 km.
Gewichte (SR20/22T): Leergewicht 958/1064 kg; max. Startgewicht 1383/1632 kg.
Zuladung (SR20/SR22T): Pilot und drei Passagiere bzw. Generation 5 vier Passagiere, max. Nutzlast rund 390/569 kg.
Entwicklungsstand: Im Januar 2017 wurde die aktuellste Ausführung der SR20/22-Familie, die G6 bzw. Generation 6 vorgestellt. Derzeit sind die Versionen SR20, SR22 und SR22T erhältlich. Die mittlerweile zahlreiche Familie der Cirrus-Propellerflugzeuge wurde in früheren Ausgaben von »Flugzeuge der Welt« vorgestellt. Von allen Varianten werden derzeit jährlich rund 400 Maschinen gebaut, die Produktion soll allerdings wegen der großen Nachfrage verdreifacht werden. Im April 2023 wurde die 9000. Einheit gebaut. Die Lufthansa-Flugschule hat für die Anfängerschulung 25 Cirrus SR20 beschafft.
Bemerkungen: Die Modellvielfalt der Cirrus nimmt weiter zu und das Ausgangsprodukt wird konsequent weiterentwickelt. Die wesentlichste Neuerung der G6-Reihe besteht darin, dass eine völlig neue Avionik Perspective+TM von Garmin eingebaut ist. Diese zeichnet sich durch höhere Leistungen, schnellere Reaktionen und eine verbesserte Konnektivität aus. An den Flügelenden sind neue LED-Positionslichter Cirrus SpectraTM eingebaut. Die SR20 G6 weist eine um ca. 60 kg höhere Nutzlast auf. Von allen drei Modellen sind unter der Bezeichnung Xi auch Ausführungen erhältlich, welche spezifisch nach Kundenwünschen ausgestattet werden. Für die jeweilige Basisausführung der SR20 bzw. SR22T verlangt Cirrus aktuell einen Preis von US$ 455 000.– bzw. US$ 780 000.–. Eine Besonderheit ist das Cirrus Aircraft Parachute System. In einem Notfall wird ein Fallschirm ausgelöst, welcher das Flugzeug sicher auf den Boden zurückbringt.
Hersteller: Cirrus Design Corp. (seit 2011 Tochtergesellschaft der CAIGA, China Aviation Industry General Aircraft Co. Ltd., VR China), Duluth, Minnesota, USA.

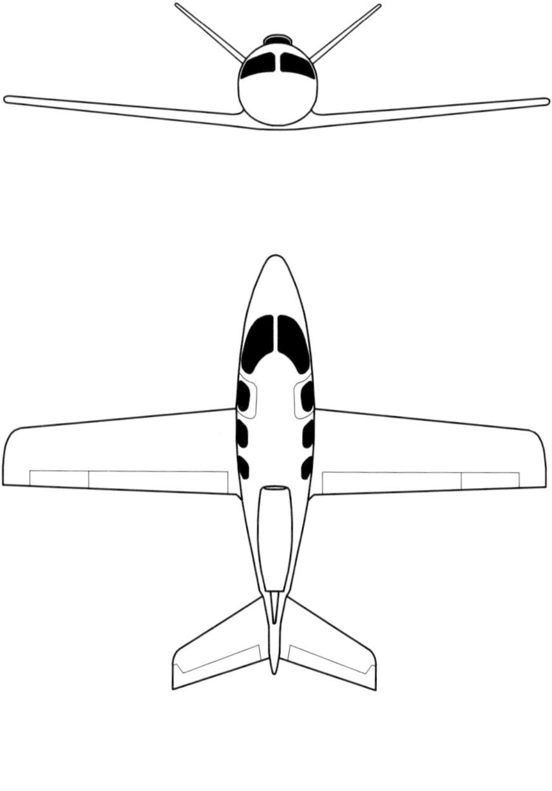

Abmessungen:
Spannweite 11,79 m,
Länge 9,42 m,
Höhe 3,32 m,
Flügelfläche ca. 18,18 m².

CIRRUS VISION SF50 G2+

Ursprungsland: USA.
Kategorie: Leichtes düsengetriebenes Sport- und Reiseflugzeug.
Triebwerke: Ein Mantelstromtriebwerk Williams International FJ33-5A von 840 kp (8,24 kN) Standschub.
Leistungen: Maximale Reisegeschwindigkeit 575 km/h (Mach 0,53); normale Reisegeschwindigkeit 555 km/h; max. Steiggeschwindigkeit 8,20 m/Sek; Dienstgipfelhöhe 9450 m; normale Reichweite 1850 km, maximal 2360 km.
Gewichte: Rüstgewicht 1678 kg; max. Startgewicht 2722 kg.
Zuladung (G2+): Ein Pilot und normal vier, maximal bis zu sechs Passagiere; Nutzlast bei vollen Treibstofftanks 205 kg, max. Nutzlast 545 kg.
Entwicklungsstand: Ein Erprobungsträger flog erstmals am 3. Juli 2008. Der Produktionsprototyp C-Zero startete am 24. März 2014 zum Erstflug, gefolgt vom zweiten C-One am 26. November 2014. Nach längeren Verzögerungen erhielt die Vision im Oktober 2016 die Zulassung. Bisher sind bei einer jährlichen Produktion von rund 90 SF50 über 500 Einheiten abgeliefert worden.
Bemerkungen: In mehreren Belangen ist das erste Flugzeug mit Strahlantrieb von Cirrus eine echte Innovation. Im Gegensatz zu den meisten ähnlichen Konstruktionen fokussiert dieses Muster nicht auf den Taxiflugmarkt, sondern auf jenen der Privatpiloten, welche ihr einmotoriges Sportflugzeug durch ein höherwertiges Düsenflugzeug ersetzen möchten. Die Vision soll besonders einfach zu fliegen sein. Die Cockpitausrüstung sieht sehr futuristisch aus. Dem Passagierkomfort wird größte Beachtung geschenkt. So bietet die Kabine mehr Raum pro Person als einige Konkurrenzmuster an. Die Konstruktion besteht vollständig aus Verbundwerkstoffen, wobei das V-förmige Höhenruder besonders auffällt. Einmalig für Jets ist das Rettungssystem mit Fallschirm. Markant ist auch das oben am Rumpf angebrachte Triebwerk, welches für dieses Muster diverse Vorteile bringen soll. Der Wirtschaftlichkeit wird große Beachtung geschenkt. So sind die Betriebskosten für ein Strahlflugzeug sehr tief. 2021 wurde eine aufdatierte Version G2+ vorgestellt, u. a. mit Verbesserungen in der Avionik, und im Komfort, verstärkter Struktur, einem Autothrottle-System und leistungsfähigerem Triebwerk für verbesserte Höhenleistungen. Kosten US$ 2,98 Mio.
Hersteller: Cirrus Design Corp. (seit 2011 Tochtergesellschaft der CAIGA, China Aviation Industry General Aircraft Co. Ltd., VR China), Duluth, Minnesota, USA.

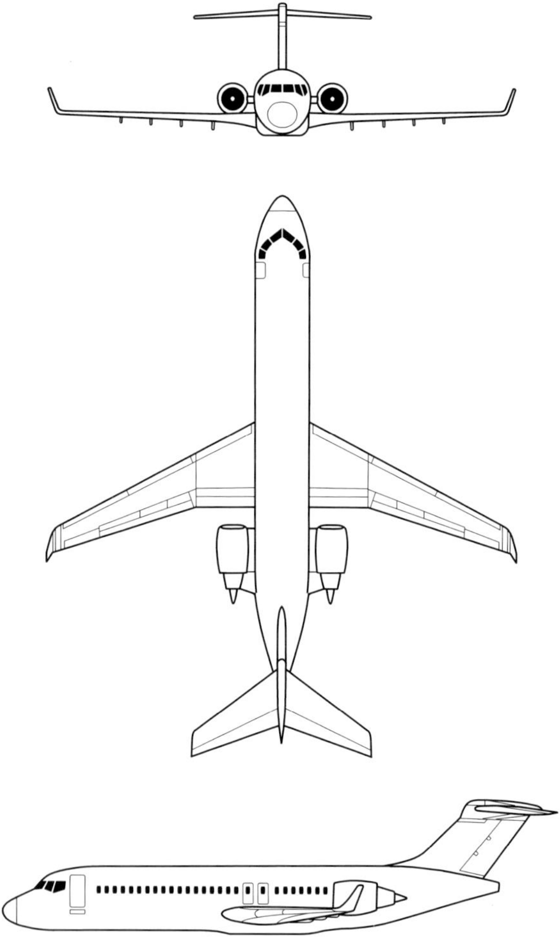

Abmessungen:
Spannweite 27,28 m,
Länge (ARJ21-700 bzw. 900) 33,46 bzw. 36,36 m,
Höhe 8,44 m,
Flügelfläche 79,86 m².

COMAC ARJ 21

Ursprungsland: Volksrepublik China.
Kategorie: Kurz- und Mittelstrecken-Verkehrsflugzeug.
Triebwerke: Zwei Mantelstromtriebwerke General Electric CF34-10A von je (ARJ21-700/900) 6954 kp (68,20 kN) bzw. 7737 kp (75,88 kN) Standschub.
Leistungen: Max. Reisegeschwindigkeit Mach 0,82; normale Reisegeschwindigkeit Mach 0,78; Dienstgipfelhöhe 11900 m; Reichweite (ARJ21-700STD/900STD) 2225 km, (ARJ-21-700ER/900ER) 3750/3334 km.
Gewichte: Leergewichte (ARJ21-700STD/ER, 900STD/ER) 24955 kg, 26270/26770 kg; max. Startgewichte (ARJ21-700STD/ER, 900STD/ER) 40500/43500 kg, 43616/47182 kg.
Zuladung: Zwei Mann Cockpitbesatzung und (ARJ21-700) zwischen 70 und 80 bzw. (ARJ21-900) zwischen 90 und 100 Passagiere in einer klassischen Kabinenaufteilung mit vier bzw. fünf Sitzen pro Reihe. Max. Nutzlast 11246 kg.
Entwicklungsstand: Der erste Prototyp startete am 28. November 2008 zum Erstflug, gefolgt vom zweiten am 1. Juli 2009. Insgesamt wurden vier Erprobungsmuster gebaut. Nach erheblichen technisch bedingten Verzögerungen wurde die erste Serienmaschine im Dezember 2015 an die Chengdu Airlines ausgeliefert. Primär von chinesischen Luftfahrt- und Leasinggesellschaften lagen Ende 2023 Bestellungen für rund 350 Maschinen vor, alle der Version ARJ21-700. Davon abgeliefert waren etwa 120. Vier VIP-Ausführungen bestellte die Regierung von Kongo. Seit 2020 werden jährlich etwa 30 Exemplare gebaut.
Bemerkungen: Beim 2002 gestarteten Entwicklungsprogramm ARJ21 (**A**dvanced **R**egional **J**et) handelt es sich um das erste düsengetriebene Regionalflugzeug, welches vollständig in der Volksrepublik China entwickelt und dort gebaut wird. Von der Kategorie her ist dieses Muster mit der EMBRAER-Reihe 170 bis 195 (siehe Ausgabe 2021) und der Suchoj Superjet 100 (siehe Seiten 288/289) vergleichbar. Zwei Passagiervarianten bietet der Hersteller an. Die Basisausführung ARJ21-700 sowie die verlängerte ARJ21-900. Beide gibt es als Normalvariante STD und für längere Strecken als ER. 2023 ist die erste auf der ARJ21-700 basierende Frachtversion ARJ21F abgeliefert worden, die fünf sog. LD7-Container aufnehmen kann. Eine Businessjet-Version mit 20 Sitzplätzen wird ebenfalls gebaut. Soweit bekannt sind fünf Exemplare bestellt.
Hersteller: COMAC Commercial Aircraft Corporation of China Ltd., Endmontage bei Shanghai Aircraft Manufacturing Co. Ltd., Shanghai, Volksrepublik China.

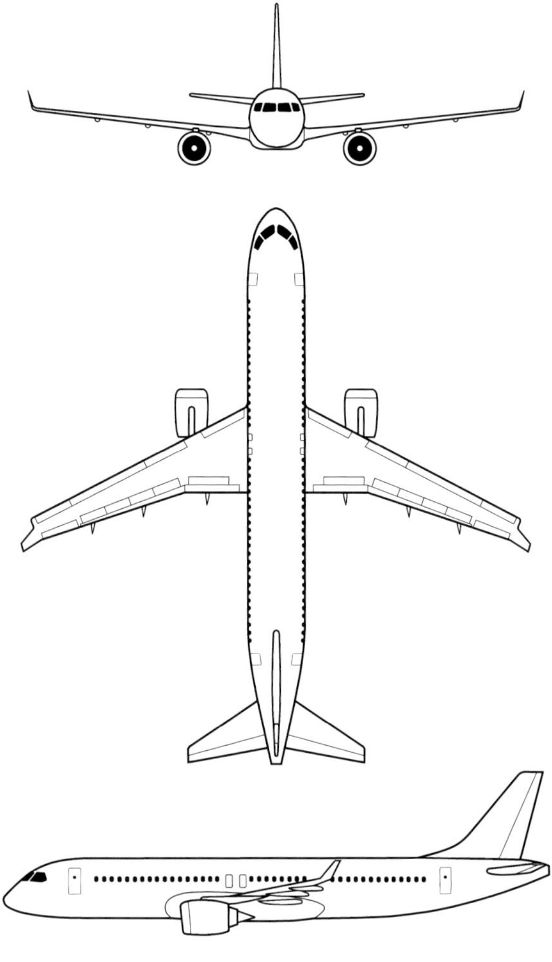

Abmessungen:
Spannweite 33,60 m,
Länge 38,90 m,
Höhe 11,95 m,
Flügelfläche 129,15 m².

COMAC C919

Ursprungsland: Volksrepublik China.
Kategorie: Kurz- und Mittelstrecken-Verkehrsflugzeug.
Triebwerke: Zwei Mantelstromtriebwerke CFM International Leap-1C von je 13000 kp (133,00 kN) Leistung.
Leistungen: Max. Reisegeschwindigkeit Mach 0,785; normale Reisegeschwindigkeit 834 km/h; Dienstgipfelhöhe 12100 m; Reichweite je nach Ausführung zwischen 4139 und (-ER) 5576 km.
Gewichte: Leergewicht 42100 kg; max. Abfluggewicht (-ER) 78900 kg.
Zuladung: Zwei Mann Cockpitbesatzung und in Einklassenausstattung bis zu 174 Passagiere in Sechserreihen, normalerweise aber 156 Passagiere in zwei Klassen. Max. Nutzlast 18900 kg.
Entwicklungsstand: Ein erster von sechs Prototypen startete am 5. Mai 2017 zum Erstflug. Der sechste und letzte folgte Ende 2019. Die chinesische Zulassung konnte nach langen Verzögerungen im September 2022 erzielt werden. Der Liniendienst wurde Mitte 2023 aufgenommen. Was den effektiven Bestellungsstand angeht, gibt es unterschiedlichste Aussagen. Sicher ist, dass China Eastern bisher rund 200 Festbestellungen erteilte. Darüber hinaus sind rund 800 Kaufabsichten ausschließlich von chinesischen Airlines bzw. Leasinggesellschaften eingegangen.
Bemerkungen: Mit diesem Flugzeugprogramm wagte die Volksrepublik China den Eintritt in den schwierigen, von Airbus und Boeing weitgehend kontrollierten Markt der 100- bis 170-Sitzer. Vorerst sollen zwei Varianten angeboten werden, die sich primär durch die Reichweitenleistungen unterscheiden. Die ersten Muster werden einstweilen nur mit dem Leap-1C-Triebwerk angeboten, später sollen alternative Antriebe, z.B. das chinesische CJ-1000A, hinzukommen. Die ganze Struktur ist weitgehend aus Aluminium-Lithium, an einzelnen Stellen gelangen Composite-Werkstoffe zum Einbau. Der Rumpfdurchmesser wurde gegenüber den westlichen Konkurrenzmustern etwas breiter konzipiert und lässt somit den Passagieren besseren Komfort zukommen. Fast alle chinesischen Flugzeugproduzenten beteiligen sich an diesem Projekt. Nachdem die C919 voraussichtlich weniger durch technologische Spitzenwerte punkten wird, dürfte vermutlich der günstige Preis das Muster durchaus auch für Kunden außerhalb Chinas attraktiv erscheinen lassen. Comac prüft derzeit die Entwicklung einer verkürzten wie auch verlängerten Variante der C919, sowie einer für Einsätze auf hoch gelegenen Flugplätze beispielsweise in Nepal.
Hersteller: COMAC Commercial Aircraft Corporation of China Ltd., Endmontage bei Shanghai Aircraft Manufacturing Co. Ltd., Shanghai, Volksrepublik China.

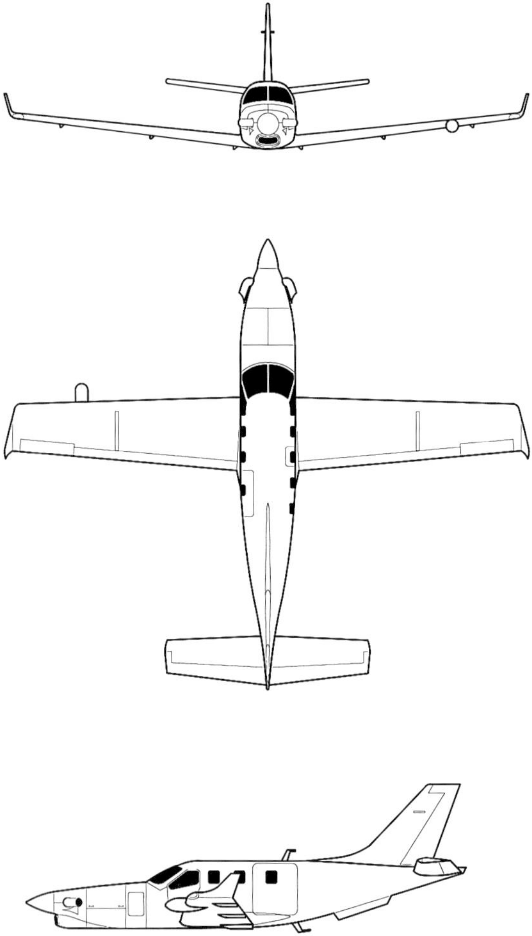

Abmessungen:
Spannweite 12,83 m,
Länge 10,73 m,
Höhe 4,35 m,
Flügelfläche 18,00 m².

DAHER TBM 910/960

Ursprungsland: Frankreich.
Kategorie: Leichtes Mehrzweckflugzeug.
Triebwerke: Eine Propellerturbine Pratt & Whitney Canada (910) PT6A-66D von 1825 auf 850 WPS (633 kW) reduzierter Leistung, (960) PT6E-66XT von 1844 WPS auf ebenfalls 850 WPS (633 kW).
Leistungen: Maximale Reisegeschwindigkeit 611 km/h auf 8530 m; normale Reisegeschwindigkeit 537 – 570 km/h; Anfangssteiggeschwindigkeit 11,7 m/Sek; Dienstgipfelhöhe 9449 m; Reichweite mit max. Treibstoffzuladung bei 467 km/h 3304 km, (960) 3204 km.
Gewichte (910/960): Leer 2097/2179 kg; max. Startgewicht 3354/3454 kg.
Zuladung: Ein bis zwei Piloten und bis zu sechs Passagiere. »Club«-Version mit vier Passagiersitzen und Mittelgang. Nutzlast bei max. Reichweite 404 kg, max. Nutzlast 636 kg, (960) 656 kg.
Entwicklungsstand: Die bereits lange Reihe der TBM-Familie wurde 2017 durch die TBM 910, 2019 durch die TBM 940 und 2022 durch die TBM 960 ergänzt. Ab 2022 bietet der Hersteller nur noch die Versionen TBM 910 und 960 an. Das Ausgangsmuster TBM 850 flog erstmals im Februar 2005, gefolgt vom ersten Serienflugzeug im Januar 2006. Bisher sind über 1200 Muster von allen Versionen der TBM-Reihe (700, 850, 900, 910, 930 und 940) hergestellt worden, dies bei einer jährlichen Produktion von rund 60 Einheiten.
Bemerkungen: Die günstigere Variante TBM 910 verfügt über eine Garmin-Avionik der nächsten Generation G1000NXi, verbesserte Netzwerkkonnektivität und Anpassungen an der Inneneinrichtung. Mit der TBM 960 wurde ein neues voll-digitalisiertes Triebwerk mit Fünfblattpropeller eingeführt. Sie kann wirtschaftlicher betrieben werden. Dank einer neuen Avionik G3000 einschließlich Wetterradar GWM8000 ist die Bedienung vereinfacht worden, was die Arbeitsbelastung für den Piloten weiter reduziert. Kosten für die Basisversionen US$ (910) 3,9 Mio. bzw. (960) ab 4,6 Mio. Ende 2023 nahm der auf der TBM940 basierende Erprobungsträger Daher EcoPulse die Flugerprobung auf. Nebst der bisherigen Pratt & Whitney-Propellerturbine verfügt er an den Flügeln verteilt über sechs Elektromotoren Safran mit je einer Leistung von 45 kW, vier angetrieben durch 300 kW-Batterien und zwei durch solche mit einer Leistung von 100 kW. Damit will man erproben, ob in Zukunft ein Mischantrieb zwischen konventionellen und neuen Antrieben technisch wie wirtschaftlich machbar wird.
Hersteller: Daher S.A., Werk Tarbes, Suresnes, Frankreich.

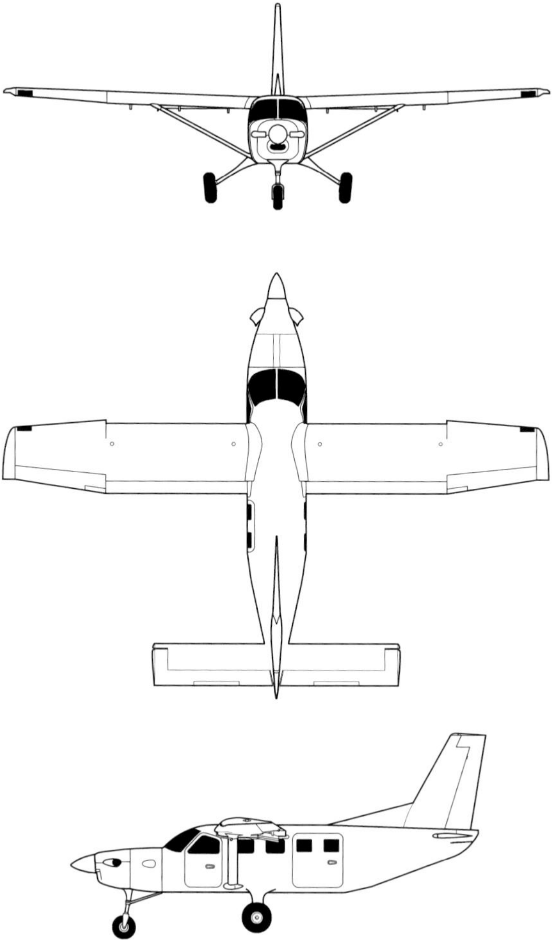

Abmessungen:
Spannweite 13,72 m,
Länge 11,40 m,
Höhe 4,65 m,
Flügelfläche 22,29 m².

DAHER (QUEST AIRCRAFT) KODIAK 900

Ursprungsland: USA/Frankreich.
Kategorie: Einmotoriges STOL-Mehrzweckflugzeug.
Triebwerke: Eine Propellerturbine Pratt & Whitney Canada PT6A-140 von 900 WPS (671 kW) Leistung.
Leistungen: Max. Reisegeschwindigkeit auf 3657 m 389 km/h; Anfangssteiggeschwindigkeit 8,7 m/Sek; Dienstgipfelhöhe 7620 m; max. Reichweite bei 290 km/h 2091 km, max. Flugdauer 9,2 Std.
Gewichte: Leergewicht 2030 kg; max. Startgewicht 3630 kg.
Zuladung: Pilot und zehn Passagiere, max. Nutzlast 1633 kg.
Entwicklungsstand: Der Prototyp der Ursprungsversion Kodiak 100 (siehe Ausgabe 2019) fliegt seit Oktober 2004. Nach Erhalt der Zulassung im Juli 2007 begannen die Auslieferungen an Kunden im Dezember 2007. Bis Ende 2023 waren über 350 Maschinen im Einsatz. Die neueste Version Kodiak 900 wurde im Juli 2022 zugelassen. Ablieferungen ab 2023.
Bemerkungen: Die Kodiak wurde primär als sehr robustes und kostengünstiges Arbeitsflugzeug für Entwicklungsländer konzipiert. Sie ist in der Lage, auf kurzen und unvorbereiteten Flächen zu starten und zu landen. Dies nicht zuletzt dank Fowler-Landeklappen mit davor angeordneten Vortexgeneratoren. Bei der Entwicklung wirkten diverse karitative US-Organisationen mit, welche dieses Muster für Missionseinsätze verwenden wollen und sich an den Entwicklungskosten beteiligten. Anfänglich waren diese Organisationen die Hauptabnehmer der Kodiak. Drei Ausführungen sind erhältlich: Die Tundra mit einer hochdichten Bestuhlung für zehn Passagiere, die Timberline mit größerer Reichweite hauptsächlich für Business- und Freizeiteinsätze und die Summit mit einer achtplätzigen VIP-Inneneinrichtung. Auch eine Variante mit Schwimmern wird angeboten. Unter dem Rumpf kann zusätzlich ein Gepäckbehälter montiert werden. Die neueste Version Kodiak 900 verfügt über ein stärkeres Triebwerk, ist daher etwas schneller und kann eine größere Nutzlast mitführen. Der Rumpf wurde um 110 cm verlängert. Zudem ist das Flightdeck G1000NXI next-generation eingebaut.
Hersteller: Quest Aircraft Company, Tochtergesellschaft der Daher Frankreich, Sandpoint, Idaho, USA.

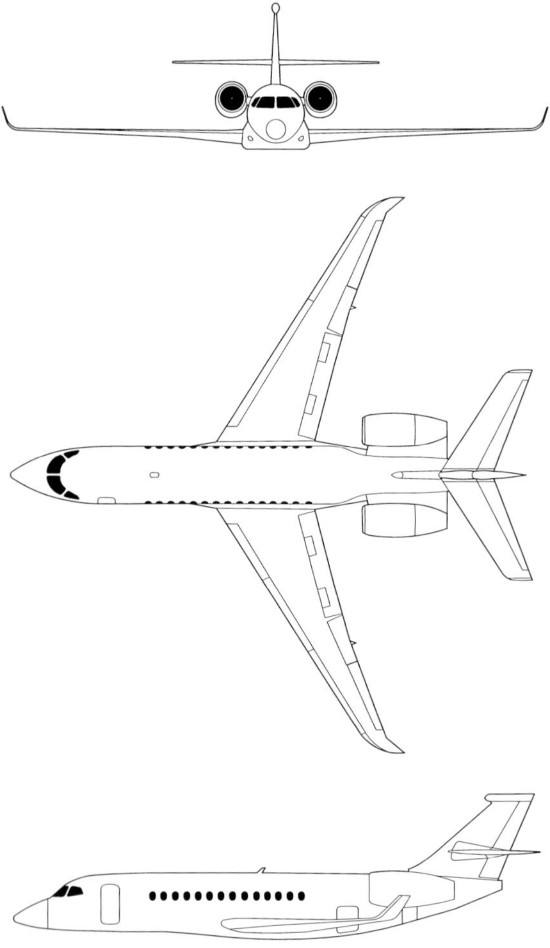

Abmessungen:
Spannweite 25,94 m,
Länge 25,68 m,
Höhe 7,47 m,
Flügelfläche 70,07 m².

DASSAULT FALCON 6X

Ursprungsland: Frankreich.
Kategorie: Firmenflugzeug.
Triebwerke: Zwei Mantelstromtriebwerke Pratt & Whitney PW812D von je 6100 kp (59,90 kN) Standschub.
Leistungen: Max. Reisegeschwindigkeit 956 km/h (Mach 0,90); normale Reisegeschwindigkeit 850 – 904 km/h (Mach 0,80 – 0,85); Dienstgipfelhöhe 15545 m; maximale Reichweite 10200 km.
Gewichte: Rüstgewicht 19170 kg; max. Startgewicht 35135 kg.
Zuladung: Zwei Piloten im Cockpit und je nach Innenausstattung acht bis 16 Passagiere bei dichter Bestuhlung.
Entwicklungsstand: Nachdem das Projekt der Falcon 5X (siehe Ausgabe 2018) aufgegeben werden musste, entwickelte der Hersteller eine neue, vergrößerte Variante, die Falcon 6X. Der erste von drei Prototypen nahm am 10. März 2021 die Flugerprobung auf. Mittlerweile fliegen alle drei. Mit den Auslieferungen an Kunden begann man leicht verzögert erst gegen Ende 2023. Noch ist der Auftragsbestand unbekannt.
Bemerkungen: Im Segment der höherpreisigen mittelgroßen Businessjets will Dassault mit der 6X eine neue Qualität anbieten. Ein wesentlicher Faktor ist der vergrößerte Rumpfquerschnitt. So beträgt die Kabinenhöhe nun 1,98 m, die Breite 2,58 m. Die Länge beläuft sich auf 12,30 m. Besonderes Augenmerk ist der Kabine gewidmet. Sie soll ausgesprochen komfortabel und luxuriös ausfallen. 29 große Fenster ermöglichen einen guten Ausblick. In der Kabine werden die neuesten technischen Entwicklungen eingebaut, besonders was die Kommunikation angeht. Flügel und das Fly-By-Wire Digital Flight Control System sind neu, beides Eigenentwicklungen von Dassault. Honeywell liefert eine neue, voll digitalisierte Generation des EASy-Systems der vierten Generation mit Head Up-Display von Elbit. Alle technologischen Maßnahmen zusammen sollen einen sehr wirtschaftlichen Betrieb ermöglichen. Dassault gibt als Kaufpreis für die Basisversion US$ 47 Mio. an. Später soll eine Variante mit längerer Reichweite angeboten werden.
Hersteller: Dassault Falcon Jet Corporation, Werk Bordeaux-Mérignac, St. Cloud, Frankreich.

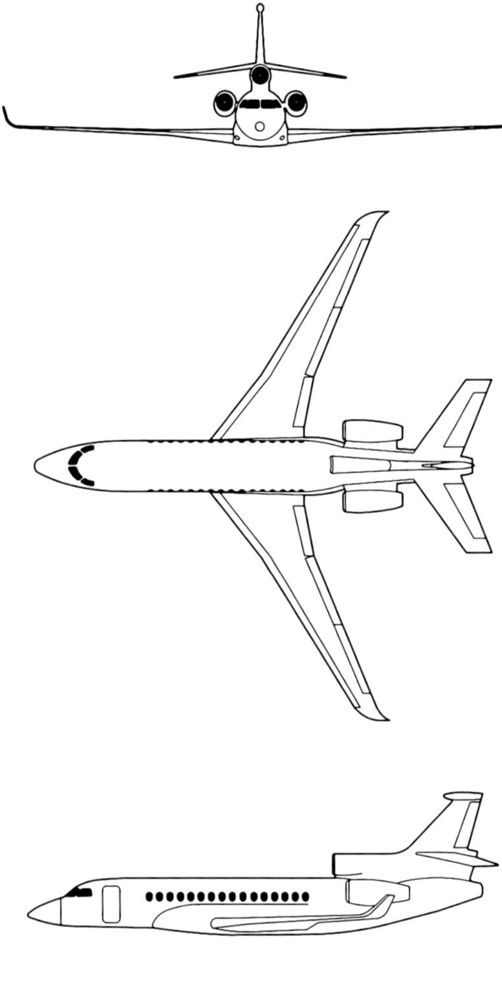

Abmessungen:
Spannweite 26,29 m,
Länge 24,46 m,
Höhe 7,94 m,
Flügelfläche 70,70 m².

DASSAULT FALCON 8X

Ursprungsland: Frankreich.
Kategorie: Langstrecken-Firmenflugzeug.
Triebwerke: Drei Mantelstromtriebwerke Pratt & Whitney Canada PW307D von je 3050 kp (29,90 kN) Standschub.
Leistungen: Max. Reisegeschwindigkeit Mach 0,90; Langstreckenreisegeschwindigkeit Mach 0,80; Dienstgipfelhöhe 15554 m; Reichweite mit acht Passagieren und NBAA-Reserven bei Mach 0,80 11945 km.
Gewichte: Rüstgewicht 16410 kg; max. Startgewicht 33113 kg.
Zuladung: Zwei bis drei Piloten im Cockpit und je nach Innenausstattung acht bis zwölf Passagiere in der Kabine, bei enger Bestuhlung 19 Passagiere.
Entwicklungsstand: Der erste von drei Prototypen startete am 6. Februar 2015 zum Erstflug. Dassault lieferte die erste Falcon 8X im Oktober 2016 aus. Der aktuelle Bestellungsstand ist nicht bekannt. Rund 100 Einheiten waren Ende 2023 ausgeliefert.
Bemerkungen: Die Falcon 8X ist, was Größe und Reichweite angeht, das Flaggschiff der Dassault-Werke. Gegenüber der Falcon 7X (siehe Ausgabe 2023) ist der Rumpf um 1,27 m verlängert. Dies kommt vor allem der Kabine zugute, deren Innenlänge bei gleichem Durchmesser 13,00 m beträgt. Besondere Beachtung wurde der Inneneinrichtung geschenkt und dadurch neue Standards gesetzt. So sollen die neuesten technischen Errungenschaften eingebaut sein. Je nach Kundenwunsch können bis zu 30 verschiedene Einrichtungsvarianten bestellt werden, einschließlich einer mit einer Dusche. Dank insgesamt 34 größeren Fenstern ist der Blick nach außen besser. Eingebaut ist eine verbesserte Version des Triebwerks der Falcon 7X. Zusammen mit den Optimierungen am Flügel soll eine gegenüber Konkurrenzmustern bessere Wirtschaftlichkeit erzielt werden. Auch das Cockpit wurde mit dem Falcon EASy III-System aktualisiert und verfügt nun über ein Head-Up-Display. Die Falcon 8X kommt mit einer Startstrecke von nur rund 1800 m aus und kann somit auf deutlich mehr Flugplätzen starten und landen als andere Muster der gleichen Kategorie. Dank Einbau eines Zusatztanks im Rumpf erzielt die 8X auch leicht bessere Reichweiten als die 7X. Der Kaufpreis soll bei US$ 57 Mio. liegen. Die Armée de l'Air wird drei Falcon 8X für SIGINT-Aufgaben beschaffen.
Hersteller: Dassault Falcon Jet Corporation, Werk Bordeaux-Mérignac, St. Cloud, Frankreich.

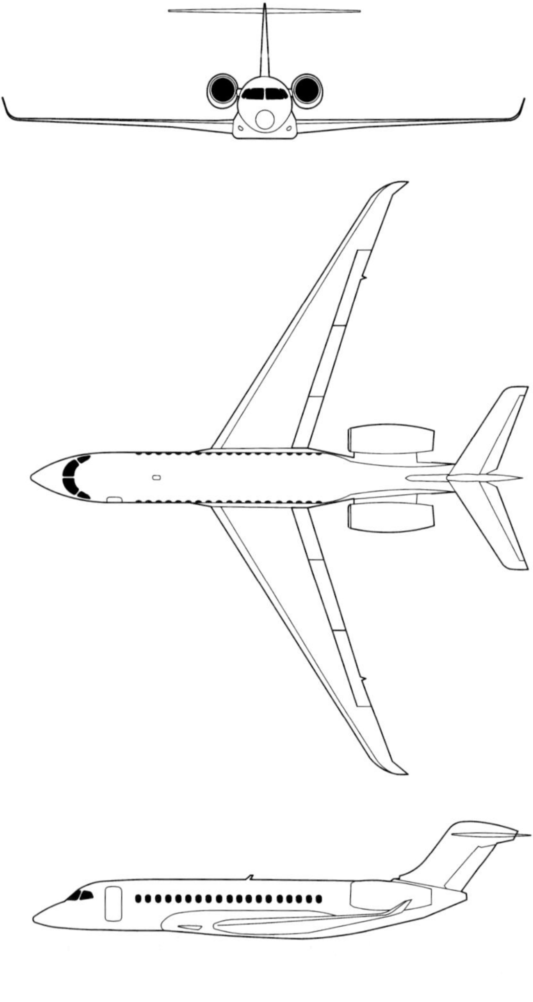

Abmessungen:
Spannweite 33,60 m,
Länge 33,40 m,
Höhe 8,40 m.

DASSAULT FALCON 10X

Ursprungsland: Frankreich.
Kategorie: Langstrecken-Firmenflugzeug.
Triebwerke: Zwei Mantelstromtriebwerke Rolls Royce Pearl 10X von je 8165 kp (80 kN) Leistung.
Leistungen (Angaben des Herstellers): Reisegeschwindigkeit zwischen 903 und 983 km/h (Mach 0,85 und 0,925); Dienstgipfelhöhe 15545 m; Reichweite maximal 13900 km.
Gewichte: Rüstgewicht 27805 kg; max. Startgewicht 52163 kg.
Zuladung: Zwei Piloten im Cockpit und je nach Innenausstattung in Modulbauweise eine unterschiedliche Zahl von Passagieren.
Entwicklungsstand: Der erste Prototyp soll neuesten Angaben zufolge Anfang 2024 zum Erstflug starten. Mit der Indienststellung wird 2025 gerechnet. Bisher ist über die Auftragslage nichts bekannt.
Bemerkungen: Mit der Falcon 10X lanciert der Hersteller das aktuell größte Modell seiner Businessjet-Reihe. Sie steht klar in Konkurrenz zur Bombardier 7500/8000 (siehe Seiten 96/97) und zur Gulfstream 700/800 (siehe Seiten 176/177 bzw. 178/179). Ein Wettbewerbsvorteil ist sicherlich die in vier Zonen unterteilte Kabine mit einer Länge von 16,40 m, 2,77 m Breite bzw. 2,03 m Höhe. Durch 50 % größere Fenster als beispielsweise bei der 8X (siehe Seiten 134/135) kommt mehr Licht hinein. Die Druckkabine ist bei 12500 m auf rekordtiefe 900 m ausgelegt. Erstmals bei Dassault besteht der Flügel vollständig aus Karbonfasern. Die Steuerung mittels Sidesticks erfolgt via Fly-By-Fire. Im Cockpit wird ein neues FalconEye-System eingebaut sein, ausgerüstet mit einem Head-Up-Display, abgeleitet von der Militärtechnologie. Generell soll die Bedienung so weit wie möglich automatisiert erfolgen, so dass zwei Piloten bis zu 15 Std. eingesetzt werden können. Die Triebwerke sind von Anfang zum Betrieb von 100 Prozent nachhaltigen Flugkraftstoffen vorbereitet und werden über nur einen Schubhebel (Smart Throttle) bedient. Der Basispreis dürfte sich in der Region von US $ 75 Mio. bewegen. Später besteht die Möglichkeit, dass von der Falcon 10X eine Seeaufklärungsvariante abgeleitet wird.
Hersteller: Dassault Falcon Jet Corporation, Werk Bordeaux-Mérignac, St. Cloud, Frankreich.

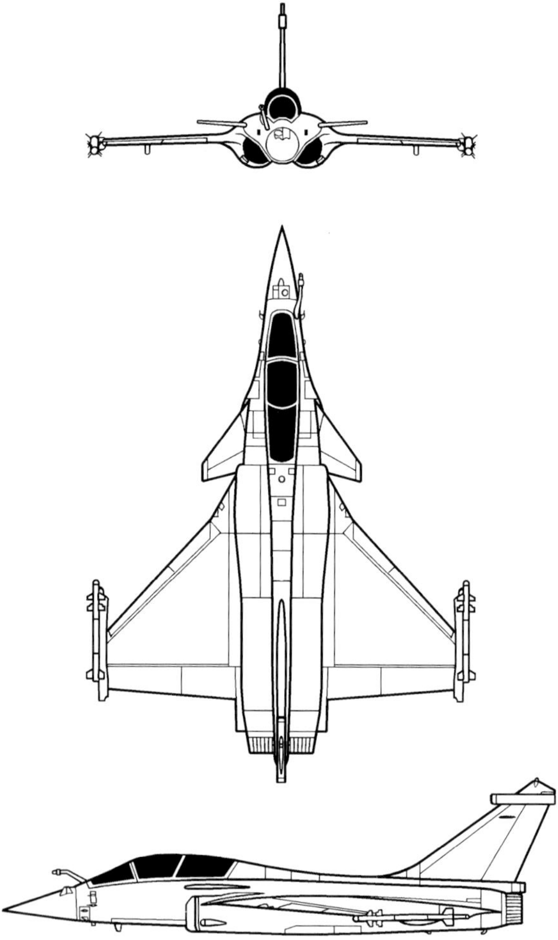

Abmessungen:
Spannweite inkl. Lenkwaffen an den Flügelspitzen 10,90 m,
Länge 15,30 m,
Höhe 5,34 m,
Flügelfläche 45,70 m².

DASSAULT RAFALE F3/F4

Ursprungsland: Frankreich.
Kategorie: Zweisitziges Mehrzweckkampfflugzeug B, einsitziger bordgestützter oder landgestützter Abfangjäger M bzw. C.
Triebwerke: Zwei Mantelstromtriebwerke SNECMA M88-4E von je 5100 kp (50,04 kN) Standschub ohne und 7711 kp (75,61 kN) mit Nachbrenner.
Leistungen: Höchstgeschwindigkeit 2124 km/h über 10975 m (Mach 2,0), 1390 km/h im Tiefflug (Mach 1,15); Anfangssteiggeschwindigkeit 305 m/Sek; Dienstgipfelhöhe 16775 m; taktischer Einsatzradius mit acht Mica Luft-Luft-Lenkwaffen, einem Zusatztank von 1700 l unter dem Rumpf und je einem von 1300 l unter den Flügeln 1853 km, bei einem Einsatzprofil hoch-tief-tief-hoch mit 12 250-kg-Bomben, vier Mica-Lenkwaffen und Zusatztanks von insgesamt 4300 l 1093 km.
Gewichte: Rüstgewicht (C) 9100 kg, (B) 10000 kg, (M) 9700 kg; max. Startgewicht 19500 bis 24500 kg.
Bewaffnung: Eine 30-mm-GIAT-DEFA-Kanone 791B und eine Waffenlast von max. 9500 kg, verteilt auf (Rafale M) 13, (Rafale C/B) 14 Aufhängepunkte unter Rumpf und Flügeln sowie an den Flügelenden.
Entwicklungsstand: Erstflug des ersten Prototyps am 19. Mai 1991. Die Armée de l'Air und die Aéronavale erhalten zusammen 285 Rafales aller Versionen, bisher 222 davon bestellt. Weitere Aufträge: Ägypten 54, Griechenland 24, Qatar und Indien je 36, UAE 80. 2022 konnten weitere Bestellungen verbucht werden: Indonesien 42, Serbien 12, Kroatien 12 ex. Frankreich. Neueste Bestellung: Indische Marine 26 Rafales M. Die Jahresproduktion beläuft sich aktuell auf 25 Einheiten. Derzeit sind rund 250 Rafales im Einsatz.
Bemerkungen: Fast die gesamte Zelle ist aus Verbundwerkstoffen hergestellt, Rumpfspitze und Heck bestehen aus Kevlar. Die Steuerung erfolgt nach dem Fly-By-Wire-Prinzip. Alle seit 2009 produzierten Maschinen entsprechen dem Standard F3, welche primär dank verbesserter Software umfassende Multi-Role-Kapazität aufweisen und neu entwickelte Waffen mitführen können, u. a. seit 2011 auch einen Aufklärungsbehälter AREOS Reco. Im September 2012 wurde die erste Rafale F3 mit dem neuen zweidimensionalen Breitbandradar AESA RBE 2 mit aktiv elektronisch scannender Antenne ausgeliefert. Unter der Bezeichnung Rafale F3R entwickelt Dassault eine neue Version, welche primär Verbesserungen in den Waffensystemen aufweist. Aktuell wird an einer Version F4 gearbeitet, die u. a. um 20 % leistungsfähigere Triebwerke erhalten soll. Eine Zwischenversion F4.1. flog erstmals 2023.
Hersteller: Dassault Défense, Vaucresson, Frankreich.

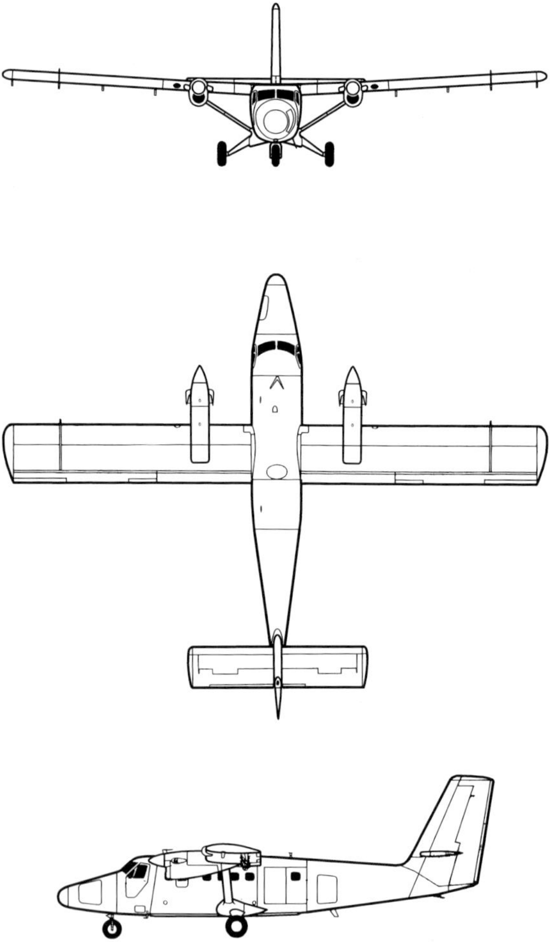

Abmessungen:
Spannweite 19,81 m,
Länge 15,77 m,
Höhe 5,94 m,
Flügelfläche 39,00 m².

DE HAVILLAND CANADA TWIN OTTER 300-G

Ursprungsland: Kanada.
Kategorie: STOL-Mehrzweck- und Zubringerflugzeug.
Triebwerke: Zwei Propellerturbinen Pratt & Whitney Canada PT6A-34 von je 750 WPS (559,30 kW) Leistung.
Leistungen: Max. Reisegeschwindigkeit 315 km/h auf Meereshöhe bzw. 337 km/h auf 3050 m; Anfangssteiggeschwindigkeit 8,13 m/Sek; Dienstgipfelhöhe 8138 m; Reichweite 1613 km.
Gewichte: Leergewicht rund 3000 kg; max. Startgewicht 5670 kg.
Zuladung: Ein bis zwei Mann Cockpitbesatzung und je nach Innenausstattung bis zu 20 Passagiere, als Frachter eine Nutzlast von 1963 kg.
Entwicklungsstand: Von der Ursprungsausführung De Havilland Canada DHC-6 Twin Otter (Erstflug 20. Mai 1965) wurden in den verschiedenen Versionen bis 1988 844 Einheiten gebaut. Nach Übernahme durch Viking Air hat man 2008 die Produktion einer verbesserten Twin Otter 400 wieder aufgenommen. Bisher sind rund 130 neue Maschinen gebaut worden. Der aktuelle Hersteller De Havilland Canada lancierte Mitte 2023 die neueste Version Twin Otter Classic 300-G. Aktuell sollen bereits Aufträge über 45 Einheiten vorliegen. Ab 2024 ist diese neue Version erhältlich.
Bemerkungen: Es hat sich gezeigt, dass die Nachfrage nach dem robusten Transporter DHC-6 Twin Otter weiterhin gegeben ist. Dies veranlasste den Hersteller, mit der 300-G eine aufdatierte Version zu lancieren. Sie basiert auf der noch von Viking Air gebauten Version 400 (siehe Ausgabe 2017). Nur kleinere Verbesserungen sind vorgesehen: Neues Flightdeck mit einer Avionik Garmin G1000 NXi, etwas leichtere Konstruktion, welche eine höhere Nutzlast zulässt bzw. bessere Reichweite ermöglicht, sowie eine überarbeitete Inneneinrichtung. Diese und weitere Maßnahmen sollen die Wirtschaftlichkeit dieses Typs weiter verbessern. Es werden auch Versionen mit stärkerem Fahrwerk, Skies oder mit Schwimmkörpern angeboten. Auf Wunsch können die noch leistungsstärkeren PT6A-35-Triebwerke eingebaut werden, die bei gleicher Startleistung bessere »Hot and High«-Leistungen bieten
Hersteller: (New) De Havilland of Canada Ltd. (ex. Viking, ex. Bombardier bzw. Canadair), Werk Wheatland County, Calgary, Alberta, Kanada.

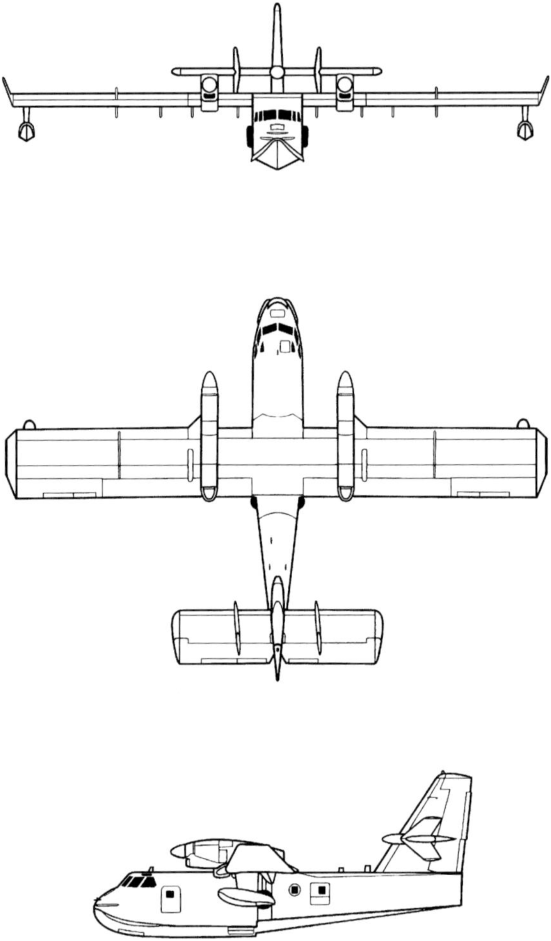

Abmessungen:
Spannweite 28,60 m,
Länge 19,82 m,
Höhe (an Land) 8,98 m,
Flügelfläche 100,33 m².

DE HAVILLAND CANADA (VIKING) DHC-515 FIREFIGHTER

Ursprungsland: Kanada.
Kategorie: Mehrzweck-Amphibium und Löschflugzeug.
Triebwerke: Zwei Propellerturbinen Pratt & Whitney Canada PW123AF von je 2380 WPS (1775 kW) Leistung.
Leistungen (CL-415): Max. Reisegeschwindigkeit bei 14741 kg 375 km/h auf 1525 m; normale Reisegeschwindigkeit 287 km/h; Patrouillengeschwindigkeit bei 15876 kg 204 km/h auf Meereshöhe; Anfangssteiggeschwindigkeit bei 20865 kg 7,0 m/Sek; Überführungsreichweite 2427 km.
Gewichte (CL-415): Rüstgewicht für Mehrzweckaufgaben 11789 kg, als Wasserbomber 12043 kg; max. Startgewicht an Land 19800 kg, im Wasser 17100 kg; max. Fluggewicht nach Wasseraufnahme 21000 kg.
Zuladung: Zwei Mann Besatzung und als Transporter 32 bis 35 Passagiere. Maximale Nutzlast von 4790 kg in Mehrzweckkonfiguration, (DHC-515) 7000 kg als Wasserbomber.
Entwicklungsstand: Die neuste Ausführung DHC-515 soll 2024 erstmals fliegen und ab 2025 verfügbar sein. Einige Länder in Europa haben zusammen eine Absichtserklärung zur Beschaffung von 22 Einheiten unterzeichnet. Sechs weitere wurden von Indonesien bestellt.
Bemerkungen: Die neueste Variante CL-515 basiert auf der CL-415/415 mr (siehe Ausgabe 2012). Der neue Eigentümer De Havilland of Canada hat die Entwicklung dieser verbesserten Version wieder aufgenommen. Gegenüber der CL-415 unterscheidet sie sich u. a. durch Verwendung neuer Materialien und Technologien. Als Avionik wird ein System Collins Pro Line Fusion® eingebaut. Zudem hat man Maßnahmen getroffen, um die Zuverlässigkeit zu erhöhen, einige bisherige Nachteile zu beseitigen und eine bessere Wirtschaftlichkeit zu erzielen. Die CL-515 ist als Mehrzweck-Plattform ausgelegt. Sie kann mit wenig Aufwand für die verschiedensten Aufgaben umgebaut werden, beispielsweise Evakuierungseinsätze, Ölwehr, Pestizidbekämpfung, allgemeine Transporte usw. Die primäre Aufgabe ist aber jene als Löschflugzeug. Dazu wurde die Tankkapazität gegenüber der CL-415 erhöht. Sie kann aber auch für Überwachungs-, Rettungs-, Insekten- und Ölbekämpfungseinsätze verwendet werden. Dank eines vergrößerten Frachttores können umfangreichere Transportgüter mitgeführt werden.
Hersteller: (New) De Havilland of Canada Ltd. (ex. Viking, ex. Bombardier bzw. Canadair), Werk Wheatland County, Calgary, Alberta, Kanada.

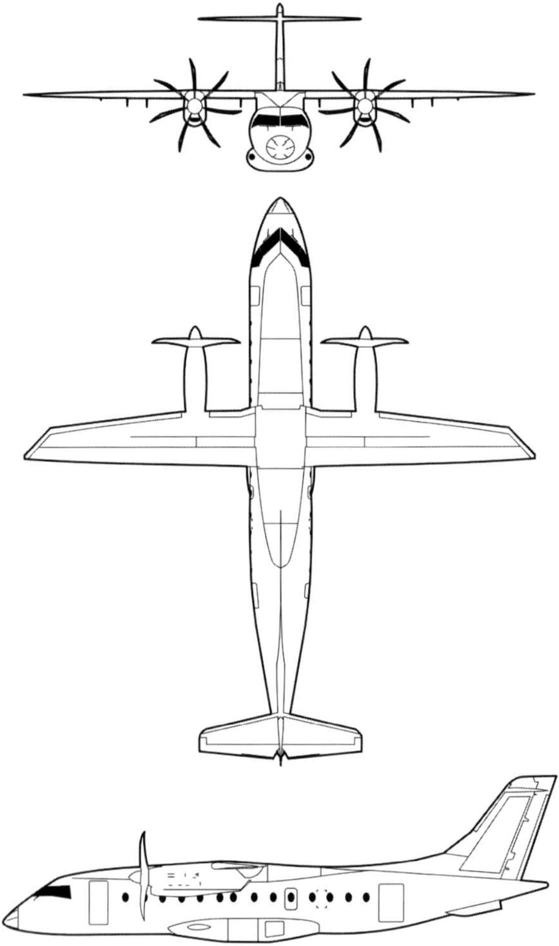

Abmessungen:
Spannweite 20,98 m,
Länge 23,31 m,
Höhe 7,24 m,
Flügelfläche 40,00 m².

DEUTSCHE AIRCRAFT D328ECO

Ursprungsland: Deutschland.
Kategorie: Regionalverkehrsflugzeug.
Triebwerke: Zwei Gasturbinen Pratt & Whitney Canada PW127XT-S von je 2475 WPS (1845 kW) Startleistung.
Leistungen (nach Angaben des Herstellers): Reisegeschwindigkeit 600 km/h; Dienstgipfelhöhe 9145 m; normale Reichweite 1500 km, maximal 3400 km.
Gewichte (nach Angaben des Herstellers): Leergewicht 10150 kg; max. Startgewicht 15660 kg.
Zuladung: Zwei Piloten und 40, max. 43 Passagiere; Nutzlast 4200 kg.
Entwicklungsstand: Ein erster Prototyp D328eco ist im Bau und soll Ende 2024 oder Anfang 2025 fliegen. Erste Kaufabsichten sind bereits eingegangen. Das Ursprungsmuster 328-100 flog erstmals am 6. Dezember 1991 und wurde in 217 Exemplaren gebaut.
Bemerkungen: Der neue Hersteller will die vor Jahren produzierte und mittlerweile nur noch wenig im Einsatz stehende ehemalige Dornier 328-100 reaktivieren und den heutigen Anforderungen anpassen. Nebst der hier beschriebenen D328eco soll auch eine neue Version der D328Jet (siehe für die Do328JET Ausgabe 2002) angeboten werden. Die D328eco ist als günstiges, energieeffizientes und umweltfreundliches Flugzeug konzipiert. Basis ist die erwähnte 328-100, der Rumpf ist um 2,10 m verlängert. Ein neues energieeffizientes Triebwerk mit speziell entwickelten Propellern ist vorgesehen. Das Muster kann auch mit Sustainable Aviation Fuel (SAF) betrieben werden. Eingebaut wird ein neues Glascockpit mit der Avionik G5000 von Garmin. Der Hersteller verspricht gegenüber dem Ausgangsmuster einen um 40 % geringeren Treibstoffverbrauch. Zudem ist unter der Bezeichnung 328ALPHA ein viermotoriger Erprobungsträger für alternative Antriebe in Entwicklung. Es soll dabei untersucht werden, welche unterschiedlichen Energieträger am besten die Elektromotoren antreiben sollen.
Hersteller: Deutsche Aircraft GmbH, Werk Flughafen Leipzig/Halle, Hauptsitz Flughafen Oberpfaffenhofen/Wessling, Bayern, Deutschland.

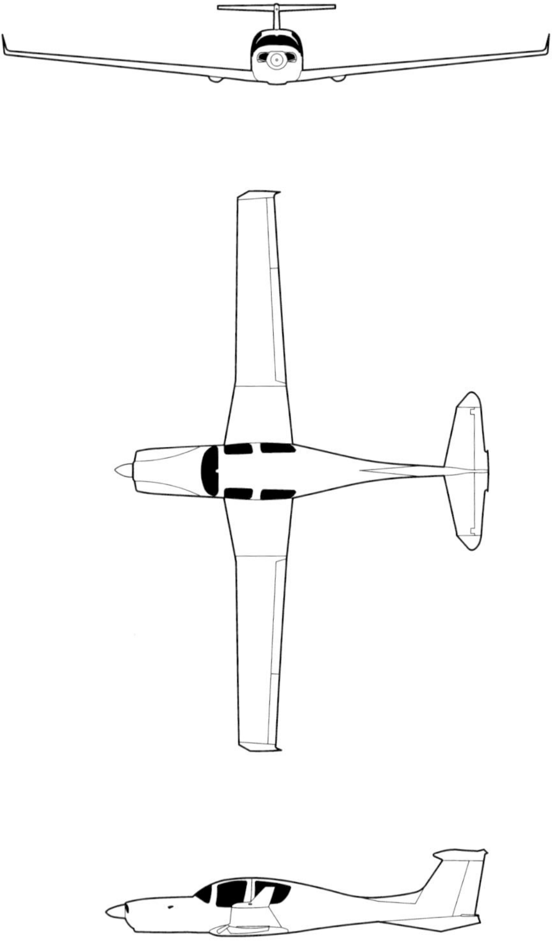

Abmessungen:
Spannweite 13,41 m,
Länge 9,23 m,
Höhe 2,88 m,
Flügelfläche 13,75 m².

DIAMOND DA50 RG

Ursprungsland: Österreich.
Kategorie: Sport- und Reiseflugzeug.
Triebwerke: Ein wassergekühlter Sechszylinder-V-Motor mit Turbo-Lader und Common Rail Direct Injection Continental CD-300 von 300 PS (224 kW) Leistung.
Leistungen: Höchstgeschwindigkeit 335 km/h; Anfangssteiggeschwindigkeit 4,0 m/Sek; Dienstgipfelhöhe 6096 m; max. Reichweite mit 30 Min. Reserven 1389 – 1520 km.
Gewichte: Leergewicht 1440 kg; max. Startgewicht ca. 2000 kg.
Zuladung: Pilot und vier Passagiere; max. Nutzlast inkl. Kraftstoff 559 kg.
Entwicklungsstand: Am 4. April 2007 hob der Prototyp erstmals ab. Eine wesentlich überarbeitete Version startete am 22. März 2019. 2020 wurde die Zulassung erteilt. Erste Auslieferungen begannen im ersten Quartal 2021. Bestellungseingang und Anzahl bisher produzierter Einheiten sind nicht bekannt.
Bemerkungen: Mit der DA50 Super Star hat Diamond ein Produkt am oberen Ende der Leistungsklasse von einmotorigen Sport- und Reiseflugzeugen entwickelt. Sie zeichnet sich vor allem durch eine geräumige und luxuriöse Kabine aus und verfügt serienmäßig über eine Klimaanlage. Für die Hintersitze gibt es ein Entertainment-System. Die Breite von 1,32 m ist bisher unübertroffen, die großen Panoramascheiben geben einen ausgezeichneten Rundblick. Dank des leistungsstarken Turbodiesel-Motors verbunden mit der aerodynamisch optimierten Form werden sehr gute Flugleistungen erzielt. Das Cockpit ist mit dem Avionik-System Garmin G1000 mit drei Großbildschirmen ausgerüstet. Wie bei allen Diamond-Modellen ist auch die gesamte Struktur der DA50 aus Kunststoff. Das Fahrwerk ist einziehbar.
Hersteller: Diamond Aircraft Industries GmbH (Tochtergesellschaft der Wanfeng Aviation Industry Co., Hangzhou, VR China), Flugplatz Wiener-Neustadt Ost, Österreich.

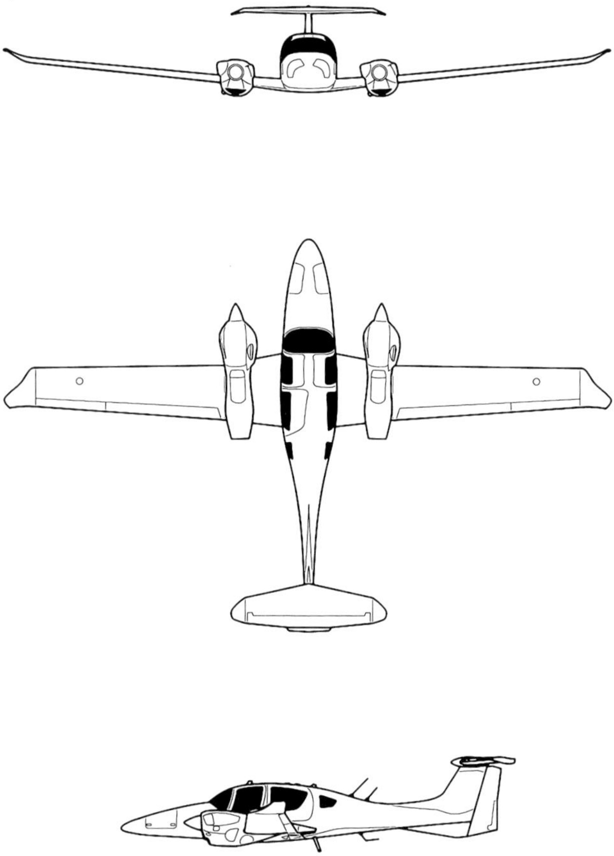

Abmessungen:
Spannweite 14,55 m,
Länge 9,19 m,
Höhe 2,82 m,
Flügelfläche 17,10 m².

DIAMOND DA62

Ursprungsland: Österreich.
Kategorie: Sport- und Reiseflugzeug.
Triebwerke: Zwei flüssigkeitsgekühlte Turbodieselmotoren mit Common-Rail Einspritzung Austro Engines AE330 Jet A1 von je 180 PS (134 kW) Leistung.
Leistungen: Maximale Reisegeschwindigkeit 356 km/h auf 4872 m; normale Reisegeschwindigkeit bei 75 % Leistung 340 km/h; Anfangssteiggeschwindigkeit 5,2 m/Sek; Dienstgipfelhöhe 6097 m; maximale Reichweite mit Zusatztank 2376 km.
Gewichte: Leergewicht 1598 kg; max. Startgewicht 2000 bzw. 2300 kg.
Zuladung: Vier bis sieben Personen einschließlich des Piloten; max. Zuladung 700 kg.
Entwicklungsstand: Ein erstes noch als DA52 bezeichnetes Erprobungsmuster flog erstmals am 3. April 2014. Zwei Prototypen hat der Hersteller gebaut. Die Zulassung wurde Ende 2015 erteilt. Bisher sind über 120 Einheiten gebaut worden. Neuerdings soll die DA62 in Brasilien bei Aeromot in Lizenz gebaut werden. Nigeria hat von der Version DA62 MPP vier Einheiten bestellt.
Bemerkungen: Die DA62 verbindet die Flügel der DA42 mit dem Rumpf der einmotorigen DA50 (siehe Seiten 146/147). Ein Vorteil der DA62 sind die besseren Platzverhältnisse. Das großzügig gestaltete Interieur ermöglicht ein angenehmes Raumgefühl und mehr Beinfreiheit. Auf beiden Seiten des Rumpfes ist gegenüber der DA42 ein weiteres Fenster eingebaut. Die DA62 erzielt zudem deutlich bessere Flugleistungen. Der gesamte Rumpf besteht aus Fiber-Verbundwerkstoffen und zeichnet sich durch eine hohe Dauerhaftigkeit und Sicherheit aus. Im Cockpit ist die neueste Garmin G1000-Avionik eingebaut. Zwei Varianten mit unterschiedlichem Abfluggewicht werden angeboten, jene mit dem höheren Wert primär für den US-Markt. Als Kaufpreis für die Basisversion werden US$ 1,07 Mio. genannt, für die schwere Ausführung US$ 1,2 Mio. Vier Exemplare wurden an die britische Flight Calibration Services als Kalibrierungsflugzeug für Flughafen geliefert. Von der DA62 ist auch eine MPP-Version (**M**ulti **P**urpose **P**latform) erhältlich, ausgerüstet mit neuesten Tracking- und Sensorsystemen. Erstablieferung an GeoFly im Februar 2021. Neu wird auch eine mit Leonardo gemeinsam entwickelte Version DA62-MSA als Seeüberwachungsflugzeug mit der entsprechenden Ausrüstung angeboten. Bestellungen für diese Version sind aber noch nicht erfolgt.
Hersteller: Diamond Aircraft Industries GmbH (Tochtergesellschaft der Wanfeng Aviation Industry Co., Hangzhou, VR China), Flugplatz Wiener-Neustadt Ost, Österreich.

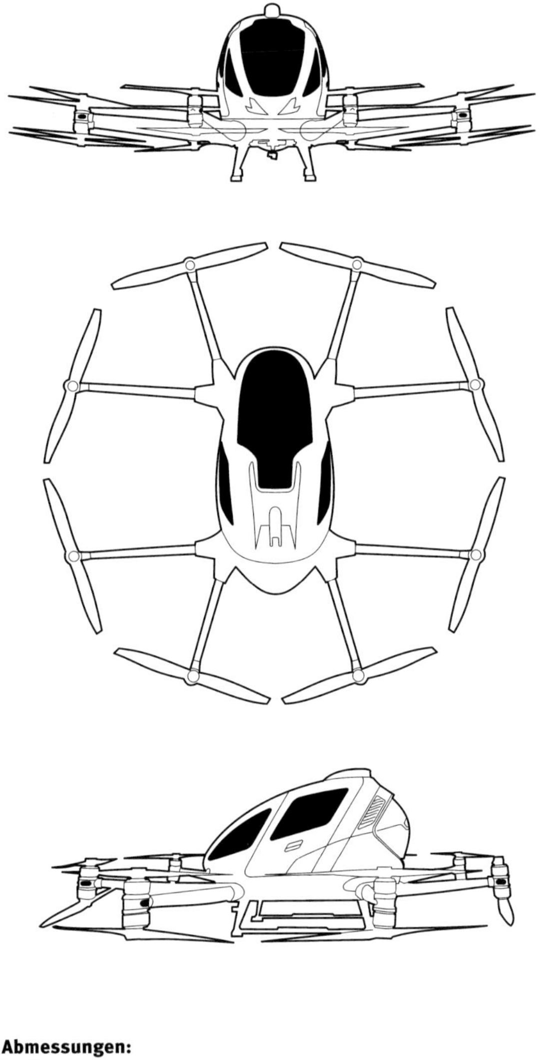

Abmessungen:
Breite inkl. Rotoren 5,73 m,
Rumpflänge 5,61 m,
Höhe 1,93 m.

EHANG 216-S

Ursprungsland: Volksrepublik China.
Kategorie: Kleinsthubschrauber mit Elektroantrieb für ultrakurze Strecken.
Triebwerke: 16 Elektromotoren unbekannter Leistung, welche 16 Propeller, je zwei koaxial gegenläufig, antreiben.
Leistungen: Höchstgeschwindigkeit 130 km/h; normale Reisegeschwindigkeit 100 km/h; Dienstgipfelhöhe ca. 500 m; Reichweite 30 km, max. Flugdauer 21 Min.
Gewichte: Leergewicht 360 kg; max. Startgewicht 620 kg.
Zuladung: Zwei Passagiere, kein Pilot; Nutzlast ca. 250 kg.
Entwicklungsstand: Der erste bemannte Flug fand im Juli 2018 statt, wobei eine Strecke von 8,8 km zurückgelegt wurde. In der Zwischenzeit hat die 216 über tausend Flüge absolviert. Die chinesische Zulassung wurde im Oktober 2023 erteilt. Gemäß Angaben des Herstellers sollen bereits für 1200 Einheiten Bestellung oder Optionen eingegangen sein. Ende Dezember 2023 wurde mit den Kundenauslieferungen begonnen.
Bemerkungen: Der Ehang EH216-S ist ein Zweisitzer und reiht sich in die zunehmende Anzahl von Fluggeräten ein, welche besonders in innerstädtischen Gebieten eine Alternative zum Bodenverkehr anbieten wollen. Solche Entwicklungen laufen unter dem Begriff »UAM – **U**rban **A**ir **M**obility«. Die Schwierigkeit ist allerdings, wie weit viele Städte bereit sein werden, für solche Transporte eine Bewilligung zu erteilen und wo geeignete Landeflächen geschaffen werden können. Die EH216-S fliegt unbemannt, d. h. es gibt keinen Piloten. Interessant ist die kreisförmige Anordnung der 16 Elektromotoren um den Rumpf herum, welche jeweils einen Rotor antreiben. Bisher sind weitere Details über diese Konstruktion nicht bekannt.
Hersteller: Guangzhou Ehang Technology Co. Ltd., Guangzhou, Volksrepublik China.

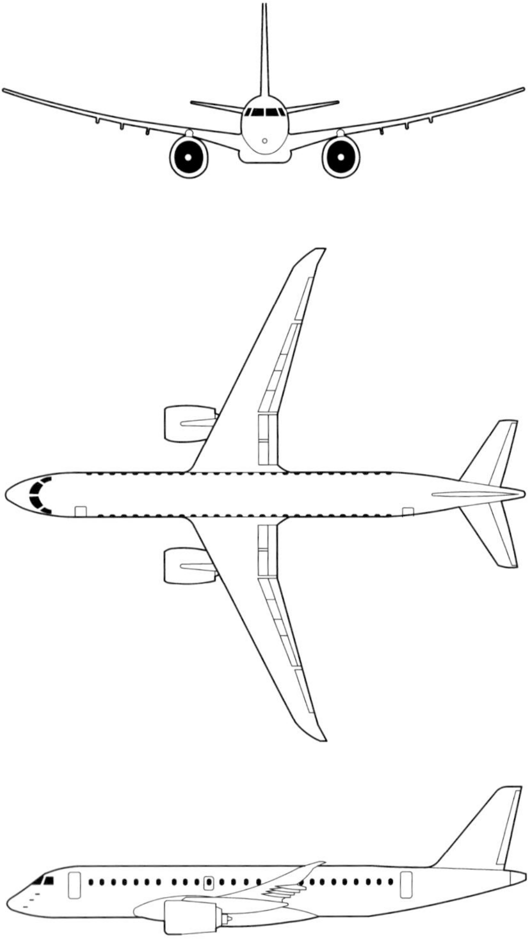

Abmessungen:
Spannweite (175-E2) 31,00 m, (190-E2) 33,70 m, (195-E2) 35,10 m, Länge (175-E2) 32,40 m, (190-E2) 36,24 m, (195-E2) 41,50 m, Höhe (175-E2) 9,98 m, (190-E2) 10,69 m, (195-E2) 10,90 m, (190-E2) Fügelfläche 103,0 m².

EMBRAER 175-E2/190-E2/195-E2

Ursprungsland: Brasilien.
Kategorie: Regionalverkehrsflugzeug.
Triebwerke: Zwei Mantelstromtriebwerke Pratt & Whitney PW1000G (175-E2) von je 6800 kp (67,00 kN), (190-E2) von je 8618 kp (84,50 kN) bzw. (195-E2) 10432 kp (102,30 kN) Standschub.
Leistungen (175-E2/190-E2/195-E2): Max. Reisegeschwindigkeit 870 km/h (Mach 0,82); Dienstgipfelhöhe 12500 m; Reichweite bei voller Passagierzahl 3815/5330/4815 km.
Gewichte (175-E2/190-E2/195-E2): Max. Startgewichte 44800/56400/61500 kg.
Zuladung (175-E2/190-E2/195-E2): Zwei Piloten und bei Zweiklassenbestuhlung 80/97/120 bzw. mit Einheitsklasse maximal 90/114/146 Passagiere in Viererreihen mit Mittelgang. Max. Nutzlast 10600/13080/16150 kg.
Entwicklungsstand: Der erste Prototyp 190-E2 nahm die Flugerprobung am 23. Mai 2016 auf, die Version 195-E2 folgte am 29. März 2017 und die E175-E2 am 12. Dezember 2019. Erste Auslieferungen der Variante 190-E2 fanden im April 2018 statt. Von den verschiedenen E2-Versionen waren bis Ende 2023 etwa 350 (+ Optionen) bestellt. Die Business-Jet Variante Lineage 1000 wird nicht mehr angeboten, dagegen erfreut sich die Ursprungsausführung E175 weiterhin einer regen Nachfrage (über 100 offene Bestellungen). Für deren Nachfolgeversion 175-E2 sind bisher aber keine Aufträge eingegangen.
Bemerkungen: Mitte 2013 lancierte EMBRAER die Weiterentwicklungen der E-Jet-Reihe, E2 genannt. Angeboten werden basierend auf ihren jeweiligen Ursprungsvarianten drei Modelle: E175-E2, E190-E2, E195-E2. Neu bei allen sind die Triebwerke neuester Technologie sowie ein völlig überarbeiteter Flügel aus Aluminium mit angepassten Flügelenden. Hauptsächlich diese Maßnahmen sind für eine Reduktion des Treibstoffverbrauchs von zwischen 16 und 23% verantwortlich. Die bisherige Avionik wird im Cockpit durch Honeywell's Primus Epic 2 ersetzt. Für ältere E190/195 bietet der Hersteller neu ein Umbauprogramm zu Frachtern an.
Hersteller: EMBRAER (Emprêsa Brasileira de Aeronautica SA), Sao José dos Campos, Brasilien.

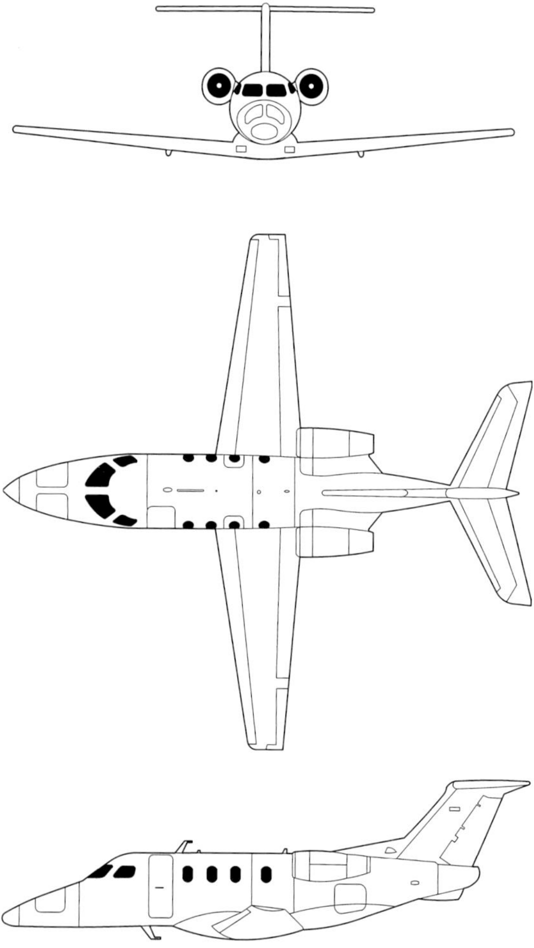

Abmessungen:
Spannweite 12,30 m,
Länge 12,82 m,
Höhe 4,35 m,
Flügelfläche 18,80 m².

EMBRAER PHENOM 100 E/EV

Ursprungsland: Brasilien.
Kategorie: Leichtes Firmenflugzeug.
Triebwerke (100 EV): Zwei Mantelstromtriebwerke Pratt & Whitney Canada PW617F1-E von je 783 kp (7,70 kN) Standschub.
Leistungen (100 EV): Max. Reisegeschwindigkeit 750 km/h (Mach 0,70); max. Steiggeschwindigkeit 14,9 m/Sek; Dienstgipfelhöhe 12500 m; Reichweite mit vier Passagieren unter IFR-Bedingungen 2180 km, unter VFR-Bedingungen 2450 km.
Gewichte (100 EV): Rüstgewicht 3320 kg; max. Startgewicht 4855 kg.
Zuladung (100 EV): Ein bis zwei Piloten im Cockpit und vier bzw. (100 E) fünf Passagiere in der Kabine; max. Nutzlast 805 kg, bei vollen Tanks 293 kg.
Entwicklungsstand: Die Phenom 100 erhob sich erstmals am 26. Juli 2007 in die Lüfte. Die Erstauslieferungen begannen nach Erhalt der Zulassung im November 2008. Ende 2023 waren rund 500 Maschinen fertig gestellt. In Melbourne, Florida, USA, besteht ein zweites Montagewerk.
Bemerkungen: Mit den leichten und kostengünstigen Modellen Phenom 100 und 300 hat sich EMBRAER im unteren Segment der Firmen- und Taxiflugzeuge mit neuen Lösungen eingebracht. Die Konstruktion entspricht dem heute üblichen Standard, wobei man dem Komfortaspekt große Beachtung schenkt. So verfügt die Phenom 100 über die größte Kabine in ihrer Klasse. Der Querschnitt beläuft sich auf 1,55 m Breite und 1,50 m Höhe. Dank vergleichsweisen großen Fenstern ist der Innenraum besonders hell. Im Cockpit gelangt die Avionik Garmin G1000 zum Einbau. 2016 lancierte der Hersteller eine weiter verbesserte Version Phenom 100 EV (Evolution) mit der Garmin G3000-Avionik. Dank reduziertem Leergewicht und um rund 15 kp stärkeren Triebwerken verbessern sich insbesondere die Steigleistungen auf hoch gelegenen Flugplätzen. Sie ist voll ausgerüstet für US $ 5,2 Mio. erhältlich. Ganz neu wird seit 2023 die Version EX angeboten mit leichten Anpassungen im Cockpit und in der Inneneinrichtung.
Hersteller: EMBRAER (Emprêsa Brasileira de Aeronautica SA), Sao José dos Campos, Brasilien und 2. Montagewerk in Melbourne, Florida, USA.

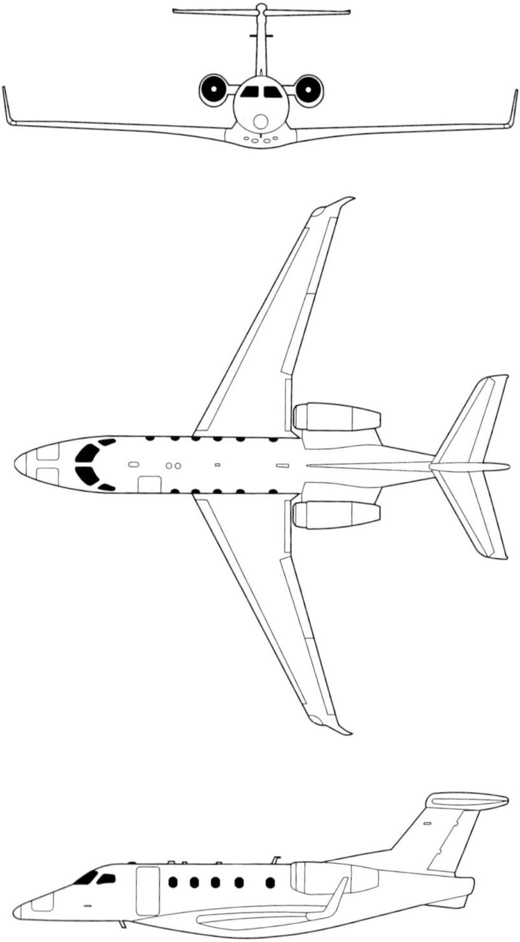

Abmessungen:
Spannweite 15,91 m,
Länge 15,64 m,
Höhe 5,10 m,
Flügelfläche 28,50 m².

EMBRAER PHENOM 300/300E

Ursprungsland: Brasilien.
Kategorie: Leichtes Firmenflugzeug.
Triebwerke (300/300E): Zwei Mantelstromtriebwerke Pratt & Whitney Canada PW535-E/E1 von je 1525 kp (15,00 kN)/ 1575 kp (15,50 kN) Standschub.
Leistungen: Max. Reisegeschwindigkeit 838 km/h (Mach 0,78); Zeit um 10668 m zu erreichen 12 Min., Dienstgipfelhöhe 13716 m; Reichweite mit sechs Personen unter IFR-Bedingungen 3645 km.
Gewichte: Rüstgewicht 5265 kg, max. Startgewicht (300/300E) 8340/8415 kg.
Zuladung: Ein bis zwei Piloten im Cockpit und sechs Passagiere in der Kabine, einschließlich einer Galley und einer Toilette. Maximal ist Platz für neun Personen vorhanden. Nutzlast bei vollen Tanks 708 kg.
Entwicklungsstand: Die Phenom 300 nahm die Flugerprobung am 29. April 2008 auf. Mit der Erstauslieferung begann der Hersteller Anfang 2010. Als größter Besteller hat die NetJets neu insgesamt 225 Maschinen (Bestellungen + Optionen) in Auftrag gegeben. Wie die Phenom 100 wird auch die Phenom 300 zusätzlich in Melbourne, Florida, gebaut. Mittlerweile sind über 700 Phenom 300 abgeliefert. Die Jahresproduktion beläuft sich auf etwa 50 Einheiten.
Bemerkungen: Die Konstruktion der Phenom 300 entspricht dem heute üblichen Standard, wobei man dem Komfortaspekt große Beachtung schenkt. So verfügt sie mit einer Länge von 5,23 m über die größte Kabine in ihrer Klasse. Der Querschnitt beläuft sich analog zur Phenom 100 auf 1,55 m Breite und 1,50 m Höhe. Dank vergleichsweise großen Fenstern ist der Innenraum besonders hell. Die Inneneinrichtung entstand in Zusammenarbeit mit BMW Group Design Work. Im Cockpit gelangt die Avionik Garmin G1000 zum Einbau. Seit Oktober 2017 ist die verbesserte Phenom 300E (Enhanced) erhältlich, versehen mit einer komfortableren Kabine und einem überarbeiteten Inflight-Entertainment-System. Der Verkaufspreis wurde von EMBRAER auf US$ 9,5 Mio. angesetzt. Unter der Bezeichnung 300MED offeriert der Hersteller neu eine Ambulanzversion.
Hersteller: EMBRAER (Emprêsa Brasileira de Aeronautica SA), Sao José dos Campos, Brasilien und 2. Montagewerk in Melbourne, Florida, USA.

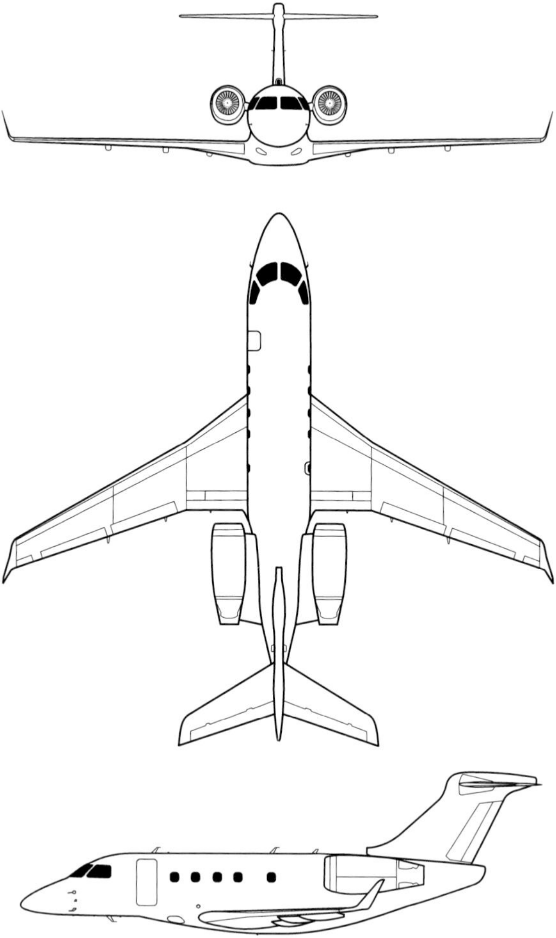

Abmessungen:
Spannweite 21.50 m,
Länge (500) 19,68 m, (600) 20,74 m,
Höhe 6,44 m,
Flügelfläche 44,85 m².

EMBRAER PRAETOR 500/600

Ursprungsland: Brasilien.
Kategorie: Mittelstrecken-Firmenflugzeuge.
Triebwerke: Zwei Mantelstromtriebwerke Honeywell HFT7500E von je (500) 2970 kp (29,14 kN), (600) 3414 kp (33,47 kN) Standschub.
Leistungen (500/600): Max. Reisegeschwindigkeit 863 km/h (Mach 0,83); Zeit um 13100 m zu erreichen 22 Min., Dienstgipfelhöhe 13716 m; Reichweite mit vier Personen unter IFR-Bedingungen (500/600) 6185/7441 km.
Gewichte: Rüstgewichte (500/600) 10750/11503 kg; max. Startgewichte (500/600) 17040/19440 kg.
Zuladung: Ein bis zwei Piloten im Cockpit und (500) sechs, (600) acht Passagiere in der Kabine, einschließlich einer Galley und einer Toilette. Maximal ist Platz für zwölf Personen vorhanden; Nutzlast (500/600) 1270/1497 kg, bei max. Treibstoffzuladung 726/1149 kg.
Entwicklungsstand: Die erste Praetor 500 nahm die Flugerprobung am 13. September 2018 auf, die Zulassung folgte im August 2019. Die Versionen Legacy 450/500 (siehe Ausgabe 2020) werden nicht mehr angeboten. Größter Einzelbesteller ist FlexJet. Neu will der Konkurrent zur FlexJet, die NetJets, bis zu 250 Praetor 500 beschaffen. Der aktuelle Auftragsbestand ist nicht bekannt.
Bemerkungen: Die Praetor 500 (siehe Dreiseitenriss) und 600 (siehe Foto) schließen die Lücke im mittleren Segment des Angebots an Business Jets von EMBRAER. Beide Versionen sind von neuester Konstruktion und mit modernster Avionik Pro Line Fusion von Collins, Fly-By-Wire-Steuerung, vier Flachbildschirmen im Cockpit mit besonders hoher Auflösung, Synthetic Vison System, Head-Up-Display, Sidesticks zum Steuern usw. ausgerüstet. Die komfortable Kabine weist gegenüber Mitbewerbern in der gleichen Klasse den größten Querschnitt mit einer Breite von 2,08 m und einer Höhe von 1,83 m auf. Die 500 und 600 unterscheiden sich sonst nur durch die verschiedenen Rumpflängen und die Leistungswerte der Triebwerke. Laut EMBRAER sollen die Praetor 500/600 ab US$ 17 bzw. 21 Mio. kosten. Der Hersteller plant von der Praetor eine AEW&C-Version zu entwickeln.
Hersteller: EMBRAER (Emprêsa Brasileira de Aeronautica SA), Sao José dos Campos, Brasilien und zweites Montagewerk in Melbourne, Florida, USA.

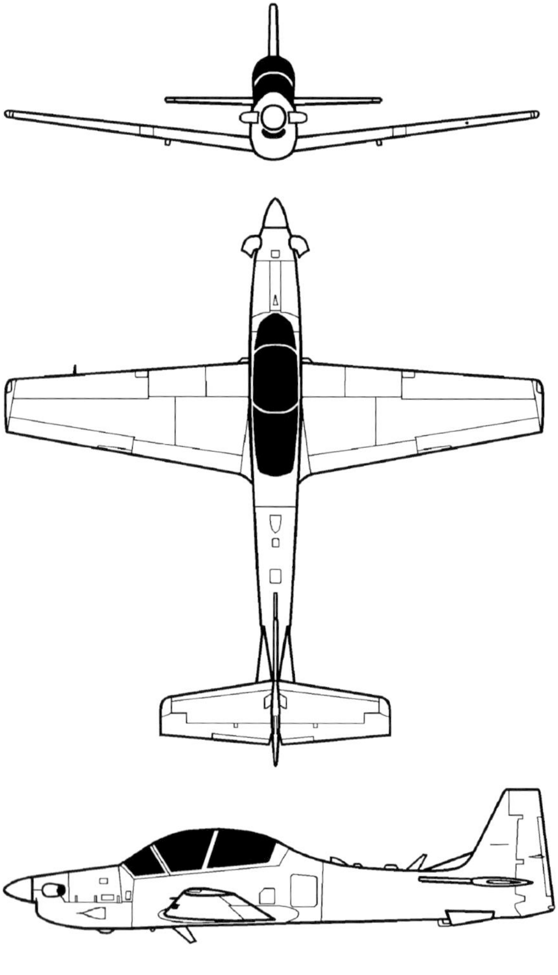

Abmessungen:
Spannweite 11,14 m,
Länge 11,38 m,
Höhe 3,97 m,
Flügelfläche 19,40 m².

EMBRAER EMB-314/A-29 SUPER TUCANO

Ursprungsland: Brasilien.
Kategorie (EMB-314): Zweisitziger Basis- und Fortgeschrittenentrainer bzw. leichtes einsitziges (A-29) bzw. zweisitziges (AT-29) Erdkampf- und Überwachungsflugzeug.
Triebwerke: Eine Propellerturbine Pratt & Whitney Canada PT6A-68/3 von 1600 WPS (1190 kW) Leistung, reduziert auf 1250 WPS (932 kW).
Leistungen: Höchstgeschwindigkeit 590 km/h; max. Reisegeschwindigkeit 520 km/h; Anfangssteiggeschwindigkeit 16,50 m/Sek; Dienstgipfelhöhe 10600 m; Aktionsradius auf 3300 m ohne Bewaffnung 750 km, bei voller Bewaffnung 540 km.
Gewichte: Leergewicht 3200 kg; normales Startgewicht 3600 kg, mit Waffenlast 5400 kg.
Bewaffnung (AT-29): Zwei in den Flügeln fest eingebaute 12,7-mm-Maschinengewehre sowie an fünf Aufhängestationen unter dem Rumpf und unter den Flügeln eine Vielzahl von Waffenlasten bis zu 1550 kg.
Entwicklungsstand: Der erste, bereits dem Serienstandard entsprechende Prototyp YA-29 nahm die Flugerprobung am 2. Juni 1999 auf. Die Brasilianische Luftwaffe hat alle 99 AT-/A-29 erhalten. Weitere 16 Nationen beschafften über 170 Einheiten dieses Typs. Darunter befinden sich Afghanistan 26, Chile 18, Ecuador 18, Indonesien 16, Kolumbien 25, Nigeria 12, Philippinen 6, Turkmenistan 5.
Bemerkungen: Die A-29/AT-29 sind die Erdkampf- bzw. COIN-Ausführungen des Trainers EMB-314 Super Tucano. Sie unterscheiden sich von ihm hauptsächlich durch eine missionsbezogene Ausrüstung: Elbit-Angriffs- und Navigationselektronik, GPS, Head-Up-Display, Multifunktionsbildschirme, punktuell verstärkte Zellen- und Flügelstruktur. Das Cockpit ist gepanzert und druckbelüftet. Die Besatzung kann für Nachteinsätze mit **N**ight-**V**ision-**G**oggles (NVG) ausgestattet werden. Der Zweisitzer AT-29 verfügt zusätzlich über ein nach vorne gerichtetes FLIR Gerät. So ausgerüstet, soll die A-29 primär zur Bekämpfung von Drogenschmugglern und Guerillas in der Amazonasregion eingesetzt werden. Dabei arbeitet sie mit der AEW-Version der EMB-145SA (siehe Ausgabe 2009) zusammen. Unter der Bezeichnung A-29N Super Tucano hat der Hersteller 2023 eine auf die Bedürfnisse von europäischen Ländern angepasste Weiterentwicklung vorgestellt.
Hersteller: EMBRAER (Emprêsa Brasileira de Aeronautica SA), Sao José dos Campos, Brasilien.

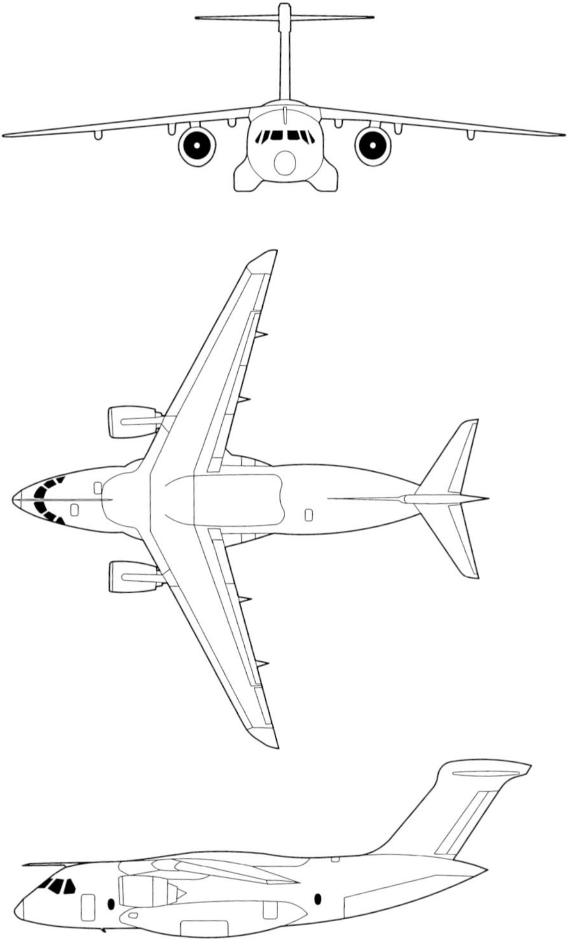

Abmessungen:
Spannweite 35,05 m,
Länge 35,20 m,
Höhe 12,15 m,
Flügelfläche 140 m².

EMBRAER C-390

Ursprungsland: Brasilien.
Kategorie: Mittelschwerer Militärfrachter und Tanker.
Triebwerke: Zwei Mantelstromtriebwerke IAE V2500-E5 von je rund 14200 kp (139,25 kN) Standschub.
Leistungen: Höchstgeschwindigkeit 870 km/h bzw. Mach 0,80; Dienstgipfelhöhe 11000 m; Reichweite mit maximaler Nutzlast 2000 km, mit 14700 kg 4800 km; Überführungsreichweite 6240 km.
Gewichte: Normales Startgewicht 74000 kg, maximal 87000 kg.
Zuladung: Zwei Piloten und bis zu 80 voll ausgerüstete Soldaten, 66 Fallschirmspringer, 74 Verletzte auf Tragen oder sieben Standardpaletten. Die maximale Nutzlast beläuft sich auf 26000 kg.
Entwicklungsstand: Am 21. Oktober 2014 verließ der erste Prototyp die Endmontagehalle und startete am 3. Februar 2015 zum Erstflug. Ein zweiter folgte am 28. April 2016, gefolgt vom ersten Serienflugzeug am 9. Oktober 2018. 2020 erfolgte die Einsatzbereitschaft bei der Luftwaffe Brasiliens. Folgende Festbestellungen sind bisher erfolgt: Portugal 5, Ungarn 2 und Niederlande 5. Neueste Aufträge: Österreich 4, Südkorea 2. Kaufabsichten gibt es von mehreren Luftwaffen: Argentinien 6, Chile 6, Kolumbien 12, Tschechien 2. Der Hauptbesteller Brasilien hat die Anzahl bestellter C-390 aus finanziellen Gründen von 28 auf 22 reduziert.
Bemerkungen: EMBRAER wagte sich mit der KC-390, aktuell nur noch als C-390 bezeichnet, in ein völlig anderes Luftfahrt-Segment. Als Alternative zur C-130J (siehe Seiten 232/233) lancierte sie vor einigen Jahren dieses Muster. Im Laufe der Entwicklung wurden die Spezifikationen laufend angepasst und die Leistungsparameter nach oben korrigiert. Die Avionik Pro Line Fusion entspricht jener der Legacy 450/500 (siehe Ausgabe 2020). Die C-390 soll für nur rund US$ 50 Mio. angeboten werden. Typisch für ein solches Muster ist die robuste und relativ einfache Bauweise sowie die Möglichkeit, auf kurzen Naturpisten starten und landen zu können. Die Innenmaße des Frachtraums betragen: Länge 12,68 m ohne bzw. 18,54 m einschließlich der Laderampe, Breite 3,45 m, Höhe zwischen 2,74 und 2,94 m. Damit ist das Innenvolumen etwas größer als beispielsweise jenes der C-130. An der Herstellung beteiligen sich auch Unternehmen aus Argentinien, Kolumbien, Portugal und Tschechien. Die C-390 wurde auch für Löscheinsätze erprobt. Zusammen mit L3Harris soll auch eine Tankerversion mit einem Flying Boom entwickelt werden.
Hersteller: EMBRAER (Emprêsa Brasileira de Aeronautica SA), Sao José dos Campos, Brasilien.

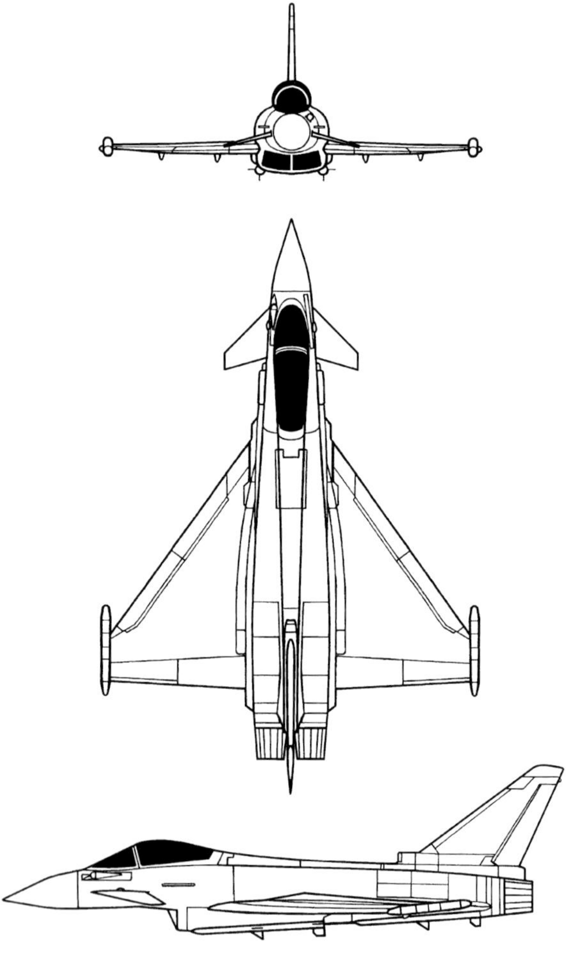

Abmessungen:
Spannweite 10,95 m,
Länge 15,96 m,
Höhe 5,28 m,
Flügelfläche 50,00 m².

EUROFIGHTER TYPHOON

Ursprungsland: Großbritannien, Deutschland, Italien und Spanien.
Kategorie: Luftüberlegenheitsjäger und Mehrzweckkampfflugzeug.
Triebwerke: Zwei Mantelstromtriebwerke Eurojet EJ200 von je rund 6100 kp (60 kN) Standschub ohne und 9185 kp (90 kN) mit Nachbrenner.
Leistungen: Höchstgeschwindigkeit in großer Höhe Mach 2,0+, in Bodennähe 1390 km/h; Anfangssteiggeschwindigkeit 315 m/Sek; Dienstgipfelhöhe 16765 m; Aktionsradius mit je zwei Luft-Luft-Lenkwaffen AIM-120 und AIM-132 inkl. Außentanks 1390+ km; Überführungsreichweite mit zwei Außentanks 3700 km.
Gewichte: Leer 11150 kg; max. Startgewicht 23500 kg.
Bewaffnung: Eine 27-mm-Mauser-Kanone im Rumpf und beispielsweise eine Zusammensetzung von sechs Kurzstrecken-Luft-Luft-Lenkwaffen AIM-132 und vier Mittelstrecken-Luft-Luft-Lenkwaffen AIM-120 oder MBDA Meteor BVRAAM. Max. Waffenlast 7500 kg an 13 Waffenstationen.
Entwicklungsstand: Der erste Prototyp nahm am 27. März 1994 die Flugerprobung auf, gefolgt vom ersten Serienmuster im Laufe von 2002. 2003 sind die ersten Serienmaschinen abgeliefert worden. Aktuelle Beschaffungszahlen: Großbritannien 160, Deutschland 143 + 38 der Version P4E 2023 neu bestellt, Italien 96, Kuwait 28, Qatar 24, Spanien 73, Oman 12, Österreich 15, Saudi-Arabien 72. Ende 2023 waren 680 Eurofighter bestellt und deren 603 gebaut. 2022 hat Spanien weitere 20 bestellt und plant zusätzliche 25 zu erwerben.
Bemerkungen: Aktuell werden Typhoons der Tranche 4 gebaut, aber auch ältere auf diese Version nachgerüstet Sie erhalten ein neues AESA-Radar und ein überarbeitetes Cockpit mit Voice-Control (= sprachgesteuerte Systemführung). Zwei unterschiedliche Radar-Modelle sind für die einzelnen Länder vorgesehen: Captor-E für Deutschland und Spanien; Eurofighter Common Radar System Mk. 2 für Großbritannien und Italien. Durch laufende Modifikationen wird der Eurofighter stets auf dem neuesten technologischen Stand gehalten. Die neueste, P1E genannt, verbessert besonders die Strike-Fähigkeiten des Jägers. Aerodynamische Anpassungen werden die Agilität des Eurofighters weiter verbessern. Weitere technische Maßnahmen erweitern die Erdkampffähigkeit. Alle Eurofighter können ohne Nachbrenner die sog. Supercruise-Geschwindigkeit von Mach 1,2 bis 1,3 erreichen.
Hersteller: Eurofighter, München, Deutschland.

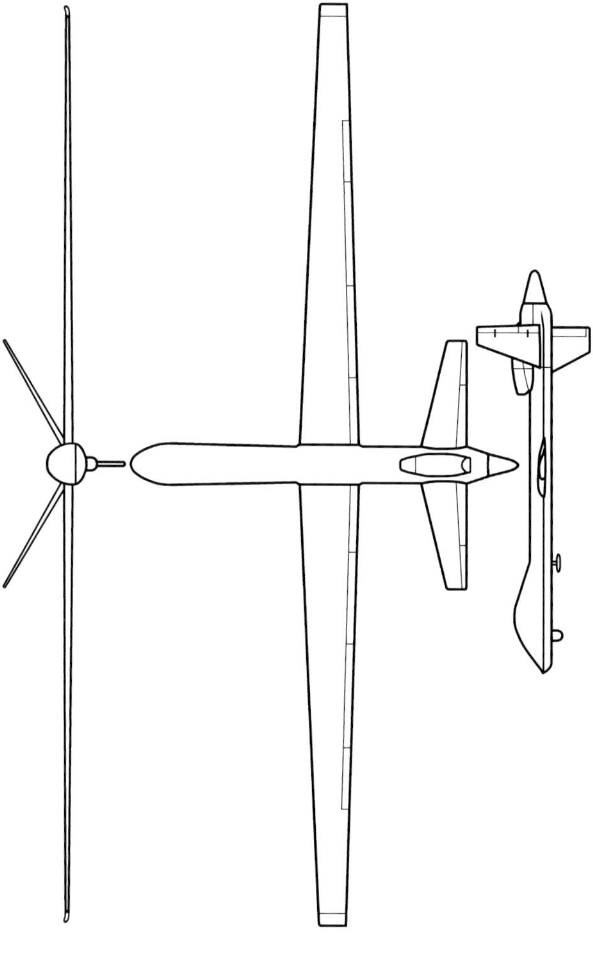

Abmessungen (MQ-9A Reaper bzw. MQ-9B SkyGuardian):
Spannweite 20,12 m/24,08 m,
Länge 10,97 m/11,70 m,
Höhe 3,56 m.

GENERAL ATOMICS MQ-9A REAPER/MQ-9B SKYGUARDIAN

Ursprungsland: USA.
Kategorie: Unbemannte Drohne für Erdkampf, Aufklärungs- und ELINT-Aufgaben in großen Höhen.
Triebwerke: Eine Propellerturbine Honeywell TPE331-10T von 900 WPS (670 kW) Leistung.
Leistungen: Höchstgeschwindigkeit ca. 410 km/h; Dauergeschwindigkeit 370 km/h; Dienstgipfelhöhe über 15240 m; Reichweite 4000 km; max. Flugdauer (MQ-9A) 27 Std., (MQ-9B) 40 Std.
Gewichte: Leergewicht 2223 kg; max. Startgewicht 4763 kg, (Skyguardian) 5670 kg.
Zuladung/Bewaffnung: Aufklärungssysteme im Gesamtgewicht von intern 363 kg, extern 1361 kg. Es können aber auch beispielsweise bis zu zehn Hellfire-Panzerabwehrlenkwaffen oder sechs 225-kg-GPS-Bomben mitgeführt werden.
Entwicklungsstand: Im Februar 2001 startete ein Erprobungsträger zum Erstflug, gefolgt 2005 von zwei operationellen Prototypen für die USAF. Insgesamt werden 337 MQ-9A Reapers beschafft, Ablieferung bis 2024. Neu kauft auch das USMC 8 MQ-9A. Folgende weitere Länder setzen diese Ausführung ebenfalls ein: Belgien 4, Frankreich 12, Großbritannien 10, Italien 8, Niederlande 8, Spanien und Türkei je 4, UAE bis zu 18. Die neueste Version MQ-9B SkyGuardian bzw. bei der RAF Protector genannt (16 bestellt), flog erstmals am 18. Februar 2016 und ist seit 2022 einsatzbereit. Neueste Aufträge für diese Version. USAF Special Operations 3, Indien bis zu 31, Montage in Indien, Kanada 11.
Bemerkungen: Die MQ-9A ist eine Weiterentwicklung der RQ-1A Predator A (siehe Ausgabe 2006) und bietet in allen Bereichen wesentlich bessere Flugleistungen an. Zudem ist die Nutzlast deutlich höher, es können u.a. auch mehr Waffen mitgeführt werden. Der Flügel ist gegenüber dem Ausgangsmuster deutlich größer, der Rumpf dicker. Er kann dadurch mehr Treibstoff aufnehmen. Während die RQ-1 vorwiegend für Aufklärungsaufgaben vorgesehen ist, wird die MQ-9 vorab als Erdkämpfer/Aufklärer in besonderen Situationen eingesetzt. Dazu verfügt sie u.a. über ein synthetisches Breitband-Radar APY-8 Lynx mit hoher Auflösung. Seit Mai 2012 fliegt eine neue Block 5 mit erhöhtem Abfluggewicht, neuem Generator, aufdatierter Elektronik und überarbeitetem Fahrwerk. Die MQ-9B SkyGuardian weist einen um fast 4 m längeren Flügel mit vergrößerter Treibstoffkapazität auf und verfügt über zusätzliche Waffenstationen. Zudem ist sie in der Lage, im normalen Luftverkehrsumfeld autonom zu operieren. Eine neue Variante mit STOL-Eigenschaften und einklappbaren Flügeln wird derzeit untersucht.
Hersteller: General Atomics Aeronautical Systems Inc., San Diego, Werk Poway, Kalifornien, USA.

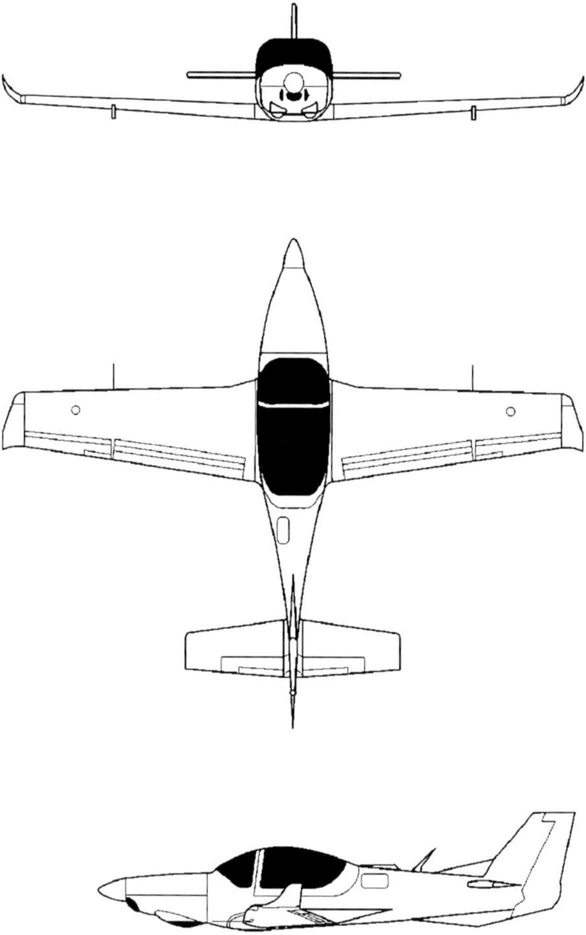

Abmessungen:
Spannweite 10,30 m,
Länge 8,42 m,
Höhe 2,72 m,
Flügelfläche 13,30 m².

GROB G 120TP

Ursprungsland: Deutschland.
Kategorie: Basis-, Fortgeschrittenen- und Akrobatiktrainer.
Triebwerke: Eine Propellerturbine Rolls-Royce M250-B17F von 380 WPS (283 kW) Dauerleistung.
Leistungen: Höchstgeschwindigkeit auf 3290 m 435 km/h; Reisegeschwindigkeit auf 3290 m 418 km/h; Anfangssteiggeschwindigkeit 14,1 m/Sek; Dienstgipfelhöhe 7620 m; Reichweite bei 75 % Leistung 1074 km, bei 45 % Leistung 1361 km; max. Flugdauer 5,4 Std.
Gewichte: Leergewicht 1095 kg; max. Startgewicht für Akrobatik 1440 kg, für Schulung 1515 kg.
Zuladung: Flugschüler und Instruktor; max. Nutzlast zwischen 320 und 410 kg.
Entwicklungsstand: Der Hersteller stellte diese neueste Ausführung der Grob G120-Familie Mitte 2010 vor. Bisher sind Aufträge für rund 190 Einheiten u.a. von Äthiopien 12, Argentinien 10, Bangladesch 24, Ecuador 8, Indonesien 30, Jordanien 16, Kenya 9, Mexico 25, Myanmar 20, Schweden 7, US Army 7 eingegangen. Mit den Auslieferungen an den Erstbesteller Indonesien begann man Ende 2012. Weiterer Besteller: Affinity Flying Training Services für die RAF 25.
Bemerkungen: Mit dieser Weiterentwicklung der Grob G120TP deckt Grob den gesamten Bereich von der Anfängerschulung über das Fortgeschrittenentraining bis hin zur Akrobatik ab. Dank der umfassenden Avionik und einem EFIS-Cockpit Serie Cockpit 400 von Esterline CMC Electronics eignet sich die G120TP auch für die Ausbildung im Instrumentenflug. Wie alle Grob-Leichtflugzeuge ist die Konstruktion weitgehend aus Karbonfiber-Verbundwerkstoff. Dieses Prinzip ermöglicht hohe Festigkeit, lange Lebensdauer der Zelle, minimales Gewicht und günstige Verbrauchswerte. Wie die G120A ist auch die G120TP mit einem Einziehfahrwerk ausgerüstet. Dank der Propellerturbine mit Fünfblattrotor sind alle Leistungsparameter mit Ausnahme der Reichweite deutlich verbessert worden. Optional kann auch ein Schleudersitz Martin Baker Mk.17 eingebaut werden. Die G120TP ist voll kunstflugtauglich und kann Belastungen bis zu +6/-4g aushalten.
Hersteller: Grob Luft- und Raumfahrt GmbH & Co. KG., Tussenhausen-Mattsies, Deutschland.

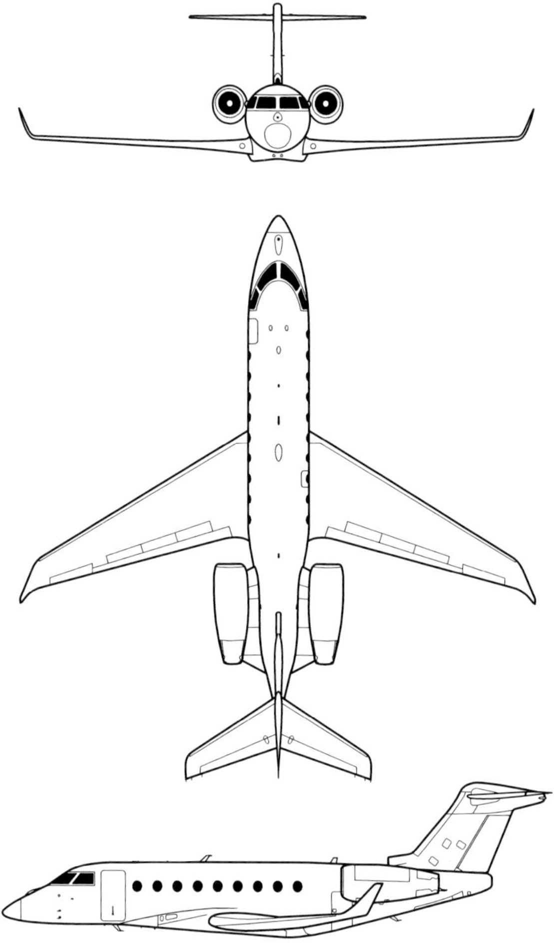

Abmessungen:
Spannweite 19,20 m,
Länge 20,37 m,
Höhe 6,53 m,
Flügelfläche 46,00 m².

GULFSTREAM G280/G400

Ursprungsland: Israel/USA.
Kategorie: Firmenflugzeug.
Triebwerke (280): Zwei Mantelstromtriebwerke Honeywell HTF7250G von je 3735 kp (33,90 kN) Standschub.
Leistungen (G280): Höchstgeschwindigkeit Mach 0,85; max. Reisegeschwindigkeit 893 km/h oder Mach 0,84; Langstrecken-Reisegeschwindigkeit 850 km/h oder Mach 0,80; Dienstgipfelhöhe 13716 m; Reichweite mit vier Passagieren und IFR-Reserven 6667 km.
Gewichte (G280): Rüstgewicht 12791 kg; max. Startgewicht 17960 kg.
Zuladung (G280): Zwei Piloten und normalerweise acht bis zehn Passagiere in Komfortausführung oder bis zu 18 Personen in enger Dreierbestuhlung mit Mittelgang; Nutzlast mit max. Treibstoffzuladung 454 kg; max. Nutzlast 1905 kg.
Entwicklungsstand: Die noch als G250 bezeichnete G280 nahm die Flugerprobung am 11. Dezember 2009 auf. Zwei weitere Prototypen wurden gebaut. Mit der ersten Auslieferung an Kunden begann man im November 2012. Bis Ende 2023 sind über 280 Einheiten im Einsatz. Die G280 erfreut sich weiterhin großer Beliebtheit und wird nach wie vor bestellt. Das Nachfolgemuster G400 dürfte 2024 die Flugerprobung aufnehmen und ab 2025 erhältlich sein.
Bemerkungen: Mit einer Länge von 9,83 m, einer Breite von 2,18 m und einer Höhe von 1,91 m gehört die G280 bezüglich der Innenmaße zu den Klassenbesten. Im Flug soll sie sehr geräuscharm sein. Der Flügel ist mit Winglets ausgerüstet. Eingebaut ist das Cockpit PlaneView 250, die Avionik stammt von Rockwell Collins. Als Option ist auch ein Collins HGS-6250 Head-Up Display erhältlich. Im Betrieb soll die G280 sehr wirtschaftlich sein. Der Hersteller nennt einen Basispreis von US$ 24,5 Mio. Die G280 wird vollständig, aber ohne kundenspezifische Inneneinrichtung bei IAI gebaut. Der Innenausbau erfolgt dann bei Gulfstream. 2021 kündigte der Hersteller das Nachfolgemodell G400 für bis zu zwölf Passagiere an, ausgerüstet mit zwei Pratt & Whitney PW812GA-Triebwerken, einer Maximalgeschwindigkeit von Mach 0,85 und einer Reichweite von bis zu 7800 km. Auslegung, Struktur und Rumpfquerschnitt entsprechen jenen der G500/600 (siehe Seiten 172/173). Jedoch ist der Rumpf kürzer.
Hersteller: Gulfstream Aerospace Corp., Savannah, Georgia, USA, Werk Israel Aircraft Industries Ltd., Ben-Gurion International Airport, Israel.

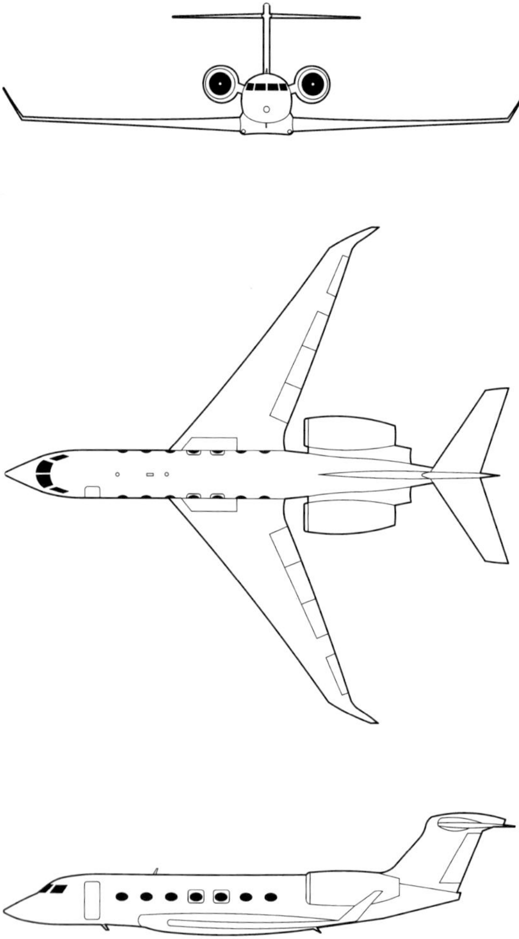

Abmessungen (G500/G600):
Spannweite 26,30/28,95 m,
Länge 27,78/29,26,
Höhe 7,78/7,70 m,
Flügelfläche 88,25/107,77 m².

GULFSTREAM AEROSPACE GULFSTREAM G500/G600

Ursprungsland: USA
Kategorie: Mittel- bis Langstreckenfirmenflugzeuge.
Triebwerke (G500/G600): Zwei Mantelstromtriebwerke Pratt & Whitney Canada PW814GA/PW815GA von je 6869/7112 kp (67,36/69,74 kN) Standschub.
Leistungen (G500/G600): Höchstgeschwindigkeit 956 km/h (Mach 0,925); Langstrecken-Reisegeschwindigkeit 904 km/h (Mach 0,85); max. Steiggeschwindigkeit 20 m/Sek; Dienstgipfelhöhe 15545 m; Reichweite mit acht Passagieren bei Mach 0,85 9816/12223 km, bei Mach 0,90 8334/10371 km.
Gewichte (G500/G600): Rüstgewicht 21137/23072 kg; max. Startgewicht 36106/42910 kg.
Zuladung (G500/G600): Zwei Piloten im Cockpit und je nach Innenausstattung 12/13, 14/15 oder bei dichter Bestuhlung bis zu 19 Passagiere; Nutzlast bei vollen Tanks 1315/1179 kg, max. 2386/2966 kg.
Entwicklungsstand: Der erste von fünf Prototypen der G500 begann die Flugerprobung am 18. Mai 2015, das erste Serientestflugzeug am 5. August 2016. Mit den Auslieferungen begann man im September 2018. Am 17. Dezember 2016 folgte der Erstflug der G600. Erste Auslieferungen an Kunden im August 2019. Im September 2023 wurde die 100. G600 abgeliefert. Wie viele G500/600 aktuell bestellt sind, ist nicht bekannt.
Bemerkungen: Bei der G500 und der G600 handelt es sich um vollständige Neuentwicklungen, selbst wenn äußerlich gewisse Ähnlichkeiten zur G650 (siehe Seiten 174/175) bestehen. Der Flügel ist nach neuesten aerodynamischen Erkenntnissen optimiert. Im Cockpit kommt die Avionik von Honeywell SymmetryTM mit zehn integrierten Touchscreens zum Einbau. Gesteuert werden beide mit Sidesticks. Ein sog. **E**nhanced **V**ision **S**ystem (EVS) neuester Generation erleichtert dem Piloten die Sicht bei ungünstiger Wetterlage. Dieses EVS ist zudem mit einem Head-Up-Display verbunden. Die Kabine wurde vollständig neu konzipiert. Der Kabinendurchmesser ist mit einer Breite von 2,41 m und einer Höhe von 1,93 m nur wenig kleiner als bei der G650. Die Innenlänge beträgt (G500) 12,65 m, (G600) 13,77 m. Eine G500 soll für US $ 45,5 Mio. angeboten werden, die G600 kostet ab US $ 55,5 Mio.
Hersteller: Gulfstream Aerospace Corp. (Tochterfirma von General Dynamics), Savannah, Georgia, USA.

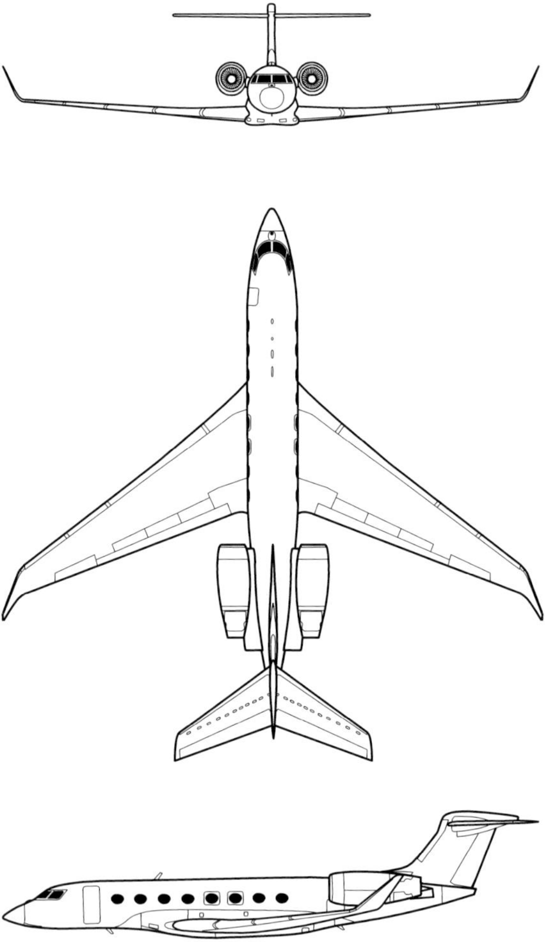

Abmessungen:
Spannweite 30,36 m,
Länge 30,41 m,
Höhe 7,82 m,
Flügelfläche 119,20 m².

GULFSTREAM AEROSPACE GULFSTREAM G650/G650ER

Ursprungsland: USA.
Kategorie: Langstrecken-Firmenflugzeug.
Triebwerke: Zwei Mantelstromtriebwerke BMW/Rolls Royce BR725 A1-12 von je 7700 kp (75,20 kN) Standschub.
Leistungen: Max. Reisegeschwindigkeit Mach 0,925; normale Reisegeschwindigkeit 956 km/h (Mach 0,90), Langstrecken-Reisegeschwindigkeit 904 km/h (Mach 0,85); Dienstgipfelhöhe 15550 m; max. Reichweite mit vier Besatzungsmitgliedern und acht Passagieren 12964 km, (G650ER) 13890 km.
Gewichte: Rüstgewicht 24494 kg; max. Startgewicht 45178 kg, (G650ER) 47000 kg.
Zuladung: Zwei Piloten im Cockpit und normalerweise acht Passagiere. Maximal können 18 Personen mitfliegen. Nutzlast bei vollen Tanks 816 kg, max. Nutzlast 2948 kg.
Entwicklungsstand: Der Erstflug des Prototyps G650 erfolgte am 25. November 2009, jener der ersten Serienmaschine am 6. Juni 2010. Mit den Auslieferungen begann man Ende 2012. Die ersten G650ER sind im Dezember 2014 an die Kunden übergeben worden. Im September 2022 wurde das 500. Exemplar abgeliefert. Jährlich werden rund 50 G650/650ER gebaut.
Bemerkungen: Bei der G650 handelt es sich um eine vollständige Neukonstruktion. Sie zeichnet sich vor allem durch eine sehr großzügige, 16,33 m lange Kabine mit einer Innenhöhe von 1,91 m und einer Breite von 2,59 m aus. Mit einer Höchstgeschwindigkeit von Mach 0,925 ist die G650 eines der schnellsten Firmenflugzeuge der Welt. Die BR725-Turbofan-Ausführung mit digitaler Steuerung (FADEC) und 24 Schaufeln in Sichelform ermöglichen einen geringen Verbrauch bei tiefen Emissionswerten. Die Flugsteuerung erfolgt durch ein Fly-By-Wire-System. Das Cockpit Planeview II umfasst u. a. Synthetic Vision-Displays, Head-Up-Display, 3-D-Wetterradar und das neueste Flight Control-System. 2014 lancierte der Hersteller die G650ER, die dank eines Zusatztanks noch größere Strecken zurücklegen kann. Der Kaufpreis für die Basisausführung liegt bei US$ 64,5 Mio., jener der G650ER bei US$ 66,5 Mio.
Hersteller: Gulfstream Aerospace Corp. (Tochtergesellschaft von General Dynamics), Savannah, Georgia, USA.

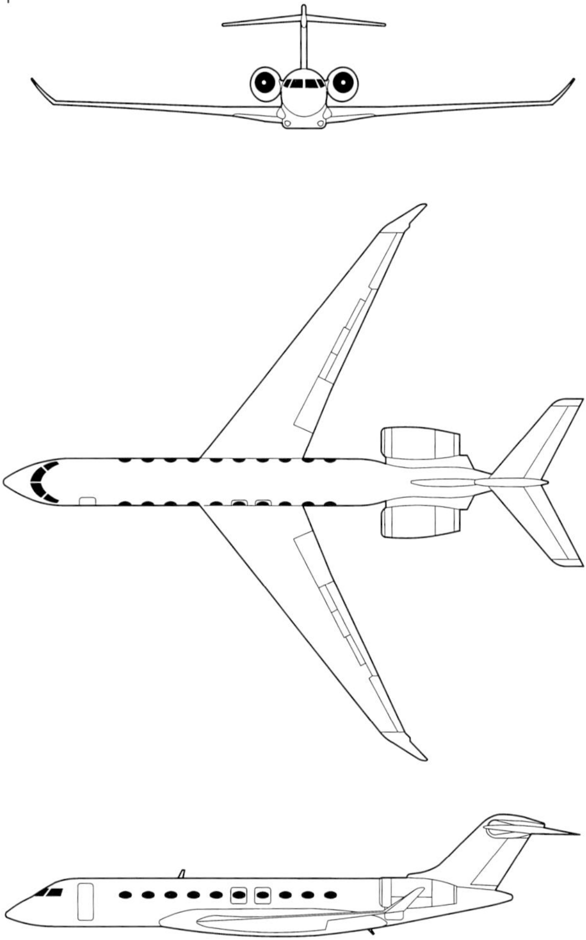

Abmessungen (G700/G800):
Spannweite 31,39 m,
Länge 33,48/30,29 m,
Höhe 7,75 m,
Flügelfläche 119,20 m².

GULFSTREAM AEROSPACE GULFSTREAM G700/G800

Ursprungsland: USA.
Kategorie: Langstrecken-Firmenflugzeug.
Triebwerke: Zwei Mantelstromtriebwerke Rolls-Royce Pearl 700 von je 8278 kp (81,20 kN) Standschub.
Leistungen (G700/G800): Höchstgeschwindigkeit 956 km/h (Mach 0,935); max. Reisegeschwindigkeit Mach 0,90; Langstrecken-Reisegeschwindigkeit 904 km/h (Mach 0,85); Dienstgipfelhöhe 15545 m; max. Reichweite bei Mach 0,85 14353/14816 km, bei Mach 0,90 12316/12964 km.
Gewichte (G700/G800): Rüstgewicht 25566/24630 kg (letztere Angabe mit vier Piloten); max. Startgewicht 48807/47899 kg.
Zuladung: Zwei Piloten im Cockpit und je nach Ausstattungsvariante zwischen 10 und 19 Passagiere. 13 Personen können liegend mitfliegen. Nutzlast bei vollen Tanks 1013 kg, max. Nutzlast 2896 kg.
Entwicklungsstand: Der Erstflug des Prototyps G700 erfolgte am 14. Februar 2020. Bis Ende 2020 flogen fünf Prototypen. Die Zulassung der G700 verzögerte sich auf Ende 2023, jener der G800 auf Anfang 2024. Der Auftragsbestand ist nicht bekannt. Der Erstbesteller ist FlexJet. Die neueste Version G800 nahm die Flugerprobung am 28. Juni 2022 auf, Indienststellung für 2025 geplant.
Bemerkungen: Die gegenüber der G650 nochmals vergrößerte G700 ist mit den neuen Rolls-Royce Pearl 700-Triebwerken ausgerüstet. Die Kabine wurde verlängert, ist 17,35 m lang, 2,49 m breit und 1,91 m hoch. Zudem ist eine extra große Galley eingebaut. Die Kabine kann in bis zu fünf Zonen aufgeteilt werden. Dank zwanzig großen Panoramafenstern genießt der Passagier eine hervorragende Sicht nach außen. Das Jet ConneX Ka-band Wi-Fi sichert jederzeit eine schnelle Internetabdeckung. Im Cockpit ist ein Symmetry Flight Deck mit aktiven Sidesticks und intuitiven Touchscreens eingebaut. Dank der sog. »Phase-of-Flight™ intelligence« und eines Head Up Displays wird die Arbeitslast für die Piloten deutlich reduziert. Die Flugsteuerung erfolgt durch ein Fly-By-Wire-System. Der Kaufpreis für die Basisausführung soll bei rund US$ 78 Mio. liegen. 2021 lancierte der Hersteller die auf der G700 basierende Ultralangstreckenversion G800, welche Reichweiten bis gegen 15000 km erzielen kann. Der Rumpf ist um ca. 3 m kürzer. Bei gleicher Höhe und Breite wie die G700 ist die Kabine auf 14,27 m reduziert. Beide Versionen verfügen über einen optimierten Flügel mit neu entwickelten Winglets.
Hersteller: Gulfstream Aerospace Corp. (Tochtergesellschaft von General Dynamics), Savannah, Georgia, USA.

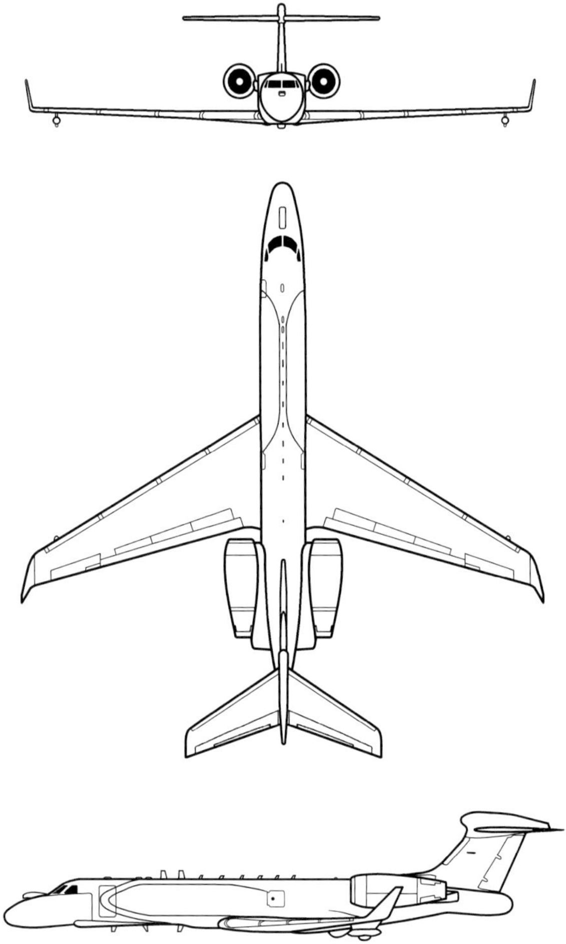

Abmessungen:
Spannweite 28,50 m,
Länge 29,40 m,
Höhe 7,90 m,
Flügelfläche 105,63 m².

GULFSTREAM G550 SPECIAL MISSION

Ursprungsland: USA.
Kategorie: Elektronischer Aufklärer für ELINT- bzw. SIGINT-Aufgaben und Radarfrühwarnflugzeug.
Triebwerke: Zwei Mantelstromtriebwerke BMW/Rolls Royce BR 710-48 von je 6980 kp (68,40 kN) Standschub.
Leistungen (G550): Max. Reisegeschwindigkeit 940 km/h (Mach 0,885); Langstrecken-Reisegeschwindigkeit 851 km/h; Anfangssteiggeschwindigkeit 21,3 m/Sek; Dienstgipfelhöhe (G550 CAEW) 12500 m; Einsatzdauer (G550 CAEW) rund 10 Stunden.
Gewichte (G550): Rüstgewicht 21919 kg; max. Startgewicht 41277 kg.
Zuladung: Zwei Piloten im Cockpit und (G550 SEMA) zwei bis drei Systemoperateure, (G550 CAEW) sechs Missionsspezialisten.
Entwicklungsstand: Das erste Exemplar begann die Flugerprobung am 26. März 2005. Israel hat drei G550 SEMA und eine G550 CAEW beschafft. Die Auslieferung begann im September 2006. Australien beschafft vier als MC-55A Pergrine bezeichnete Einheiten, Italien vier. Singapur erhielt vier G550 CAEW. Ab 2023 erhält die USAF zehn als EA-37B bezeichnete Gulfstreams der Version G550 CAEW als Ersatz der EC-130H-Flotte, die US Navy vorerst eine für Telemetrie-Aufgaben. Für Forschungen in der Atmosphäre hat die National Oceanic and Atmospheric Administration (NOAA) ebenfalls eine Einheit bestellt.
Bemerkungen: Mehrere Versionen sind erhältlich, welche auf der G550-Plattform (siehe Ausgabe 2010) basieren. Der Elektronik- und Funkaufklärer G550 SEMA verfügt für sog. ELINT- und SIGINT-Aufgaben über ein System IAI Elta EL/I-3001, dessen sichtbarer Teil aus einem großen Behälter vorne unter dem Rumpf besteht. Zudem sind an Rumpf und Flügeln Sensoren installiert. Die Übertragung der aufgefangenen Daten erfolgt über ein SATCOM-System (**Sat**ellite **Com**munications). Der Radarfrühwarner G550 CAEW (**C**ompact **A**irborne **E**arly **W**arning, siehe Dreiseitenriss und Foto) erhält ein Radar Elta EL/W-2085 Phalcon im Rumpf. Zudem sind vier fest montierte Antennen vorne, hinten und je seitlich am Rumpf angebracht, um eine 360°-Abdeckung zu ermöglichen. Laufend werden neue Systeme zur Verbesserung der Leistungsfähigkeit eingebaut. Nebst der EC-37B prüft die USAF auch die Beschaffung einer JSTARS-Version als Ersatz der Boeing E-8. Eine ähnliche Ausführung erhält Südkorea. Als weitere Ausführung erhält die USCG eine C-37B LRCCA (**L**ong-**R**ange-**C**ommand and **C**ontrol-**A**ircraft).
Hersteller: Gulfstream Aerospace Corp., (Tochtergesellschaft von General Dynamics), Savannah, Georgia und L3Harris, USA.

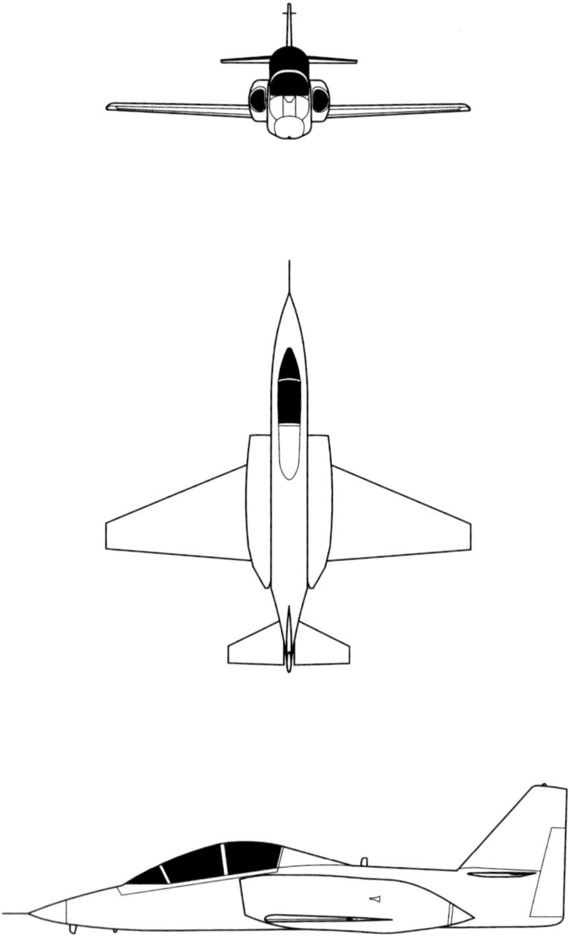

Abmessungen:
Spannweite 13,60 m,
Länge 12,25 m,
Höhe 4,00 m,
Flügelfläche 23,40 m².

HESA YASIN

Ursprungsland: Islamische Republik Iran.
Kategorie: Fortgeschrittenentrainer.
Triebwerke: Zwei Mantelstromtriebwerke Owj von je 1630 kp (16,00 kN) Standschub.
Leistungen (geschätzt): Höchstgeschwindigkeit 1000 km/h; Dienstgipfelhöhe 11000 m; max. Reichweite 1200 km.
Gewichte: Leergewicht 3900 kg; max. Startgewicht 6600 kg.
Bewaffnung: Noch sind keine Informationen erhältlich. Es gibt aber Darstellungen, wo erkennbar ist, dass Waffen mitgeführt werden können.
Entwicklungsstand: Ein erster Prototyp wurde am 17. Oktober 2019 vorgestellt. Offenbar sind bisher zwei Exemplare gebaut worden. 2023 wurde mit dem Serienbau begonnen. Wie viele Exemplare die iranischen Streitkräfte bestellt haben sowie das Datum der Indienststellung sind unbekannt.
Bemerkungen: Bei der Yasin handelt es sich offenbar um eine vollständige Eigenentwicklung der iranischen Luftfahrtindustrie. Besonders fällt auf, dass selbst die Triebwerke in diesem Land entwickelt wurden. Gewisse Quellen behaupten aber, dass es sich dabei um einen Nachbau des Triebwerks General Electric J85 handelt. Avionik, Schleudersitz und Fahrwerk sollen alle in Iran selber entwickelt worden sein. Die Yasin ist so ausgelegt, dass sie als Initialtrainer auch für Kampfflugzeuge der sog. 4,5 Generation dienen kann. Offenbar soll auch eine einsitzige Variante für leichte bewaffnete Einsätze entwickelt werden. Alle hier gemachten Angaben sind als sehr provisorisch zu betrachten.
Hersteller: HESA bzw. Iran Aircraft Manufacturing Industrial Company, Isfahan, Islamische Republik Iran.

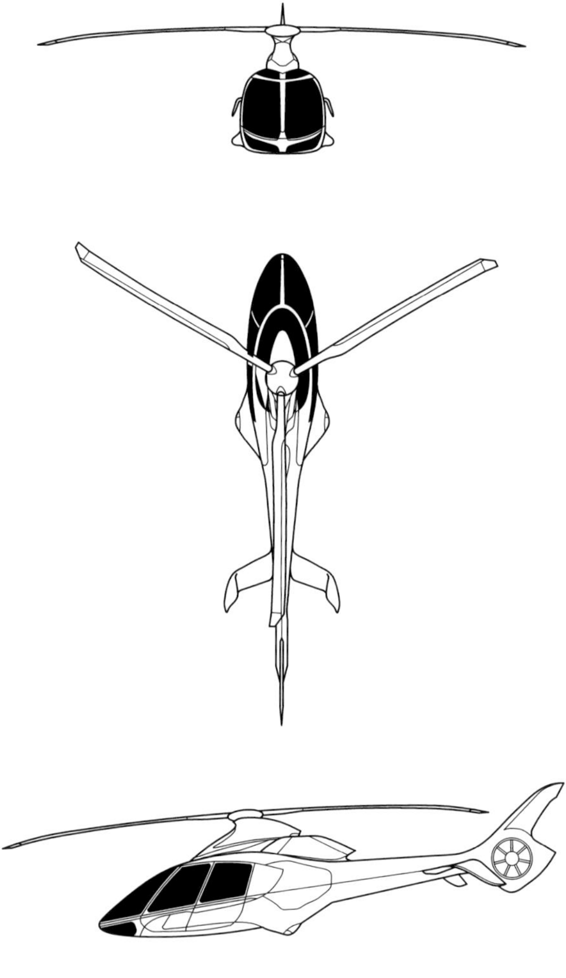

Abmessungen:
Rotordurchmesser 8,70 m,
Rumpflänge inkl. Rotor 11,70,
Rumpflänge 9,82 m,
Höhe 3,29 m.

HILL HELICOPTERS HX50

Ursprungsland: Großbritannien.
Kategorie: Leichter, einmotoriger Reisehubschrauber.
Triebwerke: Eine Gasturbine GT50 von 400 WPS (298 kW) Leistung.
Leistungen (provisorische Angaben): Normale Reisegeschwindigkeit 260 km/h; Reichweite mit max. interner Treibstoffzuladung rund 1300 km.
Gewichte: Max. Startgewicht 1600 kg.
Zuladung: Ein Pilot und vier Passagiere; Nutzlast 800 kg.
Entwicklungsstand: 2020 stellte Hill überraschend ein völlig neues Muster eines Hubschraubers vor. Der erste von drei Prototypen soll Anfang 2024 die Flugerprobung aufnehmen. Die Indienststellung dürfte neuesten Angaben zufolge erst 2026 erfolgen. Im ersten Produktionsjahr will der Hersteller 260 Einheiten bauen. Bis Dezember 2023 sollen bereits 789 HX50 bzw. 186 HC50 bestellt worden sein.
Bemerkungen: Das britische Start-Up-Unternehmen Hill Helicopters entwickelt einen Hubschrauber, der in verschiedener Hinsicht sehr innovativ sein wird. Gedacht ist er hauptsächlich für Privatkunden aus dem General Aviation-Segment. Der Hubschrauber besteht vollständig aus Faserverbundwerkstoffen und ist mit einem von Hill Helicopters selbst entwickelten GT50-Turbinen-Triebwerk ausgestattet, welches sehr Treibstoff-effizient betrieben werden soll. Der faltbare Rotor ist dreiblättrig, ebenfalls aus Verbundwerkstoffen. Die Steuerung der HX50 ist völlig neu, indem der »Collective Lever« nicht auf und ab, sondern vor und zurück bedient wird. Dadurch und dank eines übersichtlichen voll digitalisierten Cockpits soll die Bedienung sehr einfach sein. Zwei Ausführungen sind geplant, die Basisversion HX50 und die Weiterentwicklung HC50. Interessant ist dabei die Auflage, dass die Kunden 51 % der Version HX50 im Werk selber zusammensetzen müssen. Der Hersteller hat den Basispreis auf £ 750'000 erhöht. Alle hier genannten Daten sind als sehr provisorisch zu betrachten und müssen durch die Erprobung bestätigt werden.
Hersteller: Hill Helicopters Development Centre, Rugeley, Staffordshire, Werk Blythe Business Park, Cresswell, Midlands, Großbritannien.

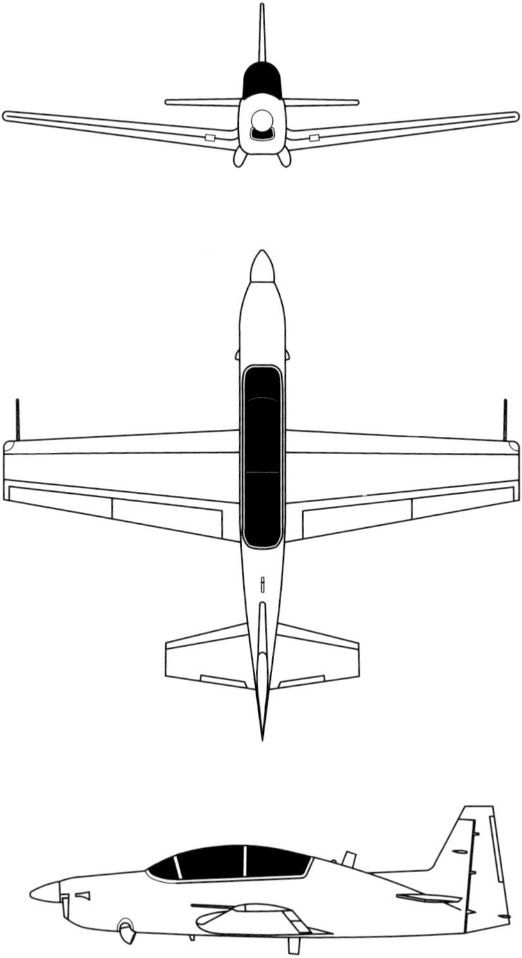

Abmessungen:
Spannweite 11,00 m,
Länge 10,50 m,
Höhe 3,40 m.

HINDUSTAN AERONAUTICS (HAL) HTT-40

Ursprungsland: Indien.
Kategorie: Zweisitziger Basis- und Intermediate-Trainer.
Triebwerke: Eine Propellerturbine Honeywell Garrett TPE331-12B von 950 WPS (708 kW) Leistung.
Leistungen: Höchstgeschwindigkeit 450 km/h; normale Reisegeschwindigkeit 400 km/h; Dienstgipfelhöhe 6000 m; max. Reichweite 1000 km.
Gewichte: Startgewicht 2800 kg.
Bewaffnung: Es ist vorgesehen, dass die HTT-40 auch Waffen mitführen kann.
Entwicklungsstand: Der erste von drei Prototypen flog erstmals am 27. Juni 2016. Ein zweiter folgte am 31. Mai 2017. 2023 hat die Indische Luftwaffe 70 bestellt. Weitere Aufträge dürften folgen. Mit der Produktion wird nach langen Verzögerungen voraussichtlich 2024 begonnen. Die HTT-40 ersetzt dabei die vor wenigen Jahren beschaffte Pilatus PC-7 Mk.II (siehe Ausgabe 2015).
Bemerkungen: Mit der neuen HTT-40 will die indische Luftfahrtindustrie ebenfalls in das Segment der propellerturbinengetriebenen Trainer eindringen. Damit wird das Konzept, zunehmend einheimische Produkte (»Make-in-India-Policy«) für die Streitkräfte Indiens einzusetzen, konsequent weitergeführt. Dies auch unter Inkaufnahme von redundanten Beschaffungen. So soll die HTT-40 bei der Luftwaffe die gleiche Aufgabe wie die bereits beschaffte Pilatus PC-7 Mk. II erfüllen. Das Cockpit verfügt über die heute üblichen Flachbildschirme eines noch unbekannten Herstellers. Es soll klimatisiert sein. Die Piloten sitzen auf zwei Zero-Zero-Schleudersitzen Martin Baker MK16A. Weitere Informationen über Konstruktion, Verwendung von Werkstoffen usw. sind im Moment noch nicht erhältlich. Offenbar wurden die anfänglich in Aussicht gestellten Leistungsdaten nicht erreicht.
Hersteller: Hindustan Aeronautics Ltd. (HAL), Aircraft Division, Bangalore, Indien.

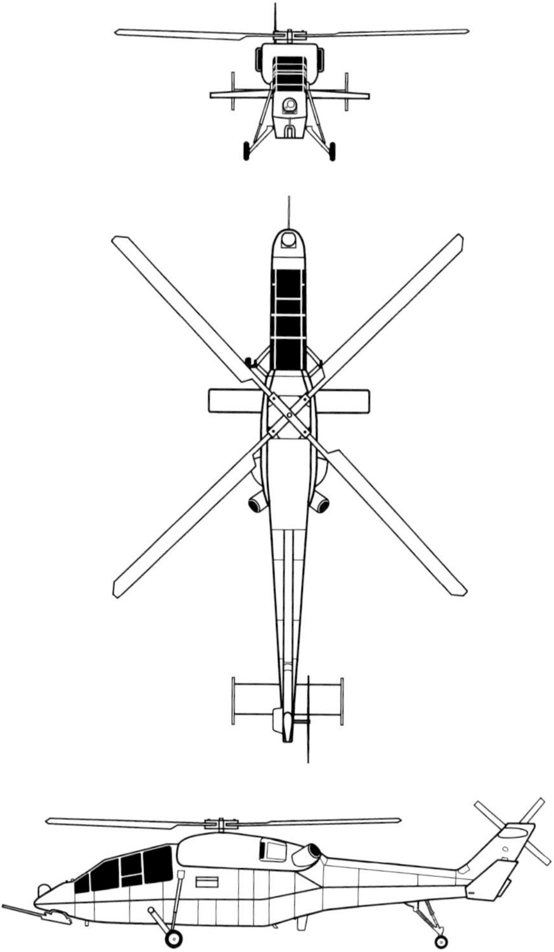

Abmessungen:
Rotordurchmesser 13,30 m,
Rumpflänge 15,80 m,
Höhe inkl. drehendem Heckrotor 4,70 m.

HINDUSTAN AERONAUTICS (HAL) LCH PRACHANDA

Ursprungsland: Indien.
Kategorie: Zweisitziger Kampf- und Beobachtungshubschrauber.
Triebwerke: Zwei Gasturbinen HAL/Safran Shakti (Ardiden)-1H1 von je 1430 WPS (1067 kW) Leistung.
Leistungen: Höchstgeschwindigkeit 268 km/h; max. Schrägsteiggeschwindigkeit 12,0 m/Sek; Dienstgipfelhöhe 6500 m; max. Reichweite 700 km, Flugdauer 3 Std. 10 Min.
Gewichte (Serienausführung): Leer 2550 kg; max. Startgewicht 5800 kg.
Bewaffnung: Eine schwenkbare 20-mm-Kanone Nexter M 621 vorne unter dem Rumpf. An vier Auslegern seitlich am Rumpf können verschiedene Waffen mitgeführt werden, so z. B. Panzerabwehrlenkwaffen, Luft-Luft-Lenkwaffen, verschiedene Pods usw. Max. Nutzlast in der Größenordnung von 1750 kg.
Entwicklungsstand: Ein Erprobungsträger nahm am 29. März 2010 die Flugerprobung auf. Mittlerweile fliegen vier Prototypen und eine begrenzte Serienfertigung ist angelaufen. Im Oktober 2022 wurde der erste Serienhubschrauber an die Indische Luftwaffe abgeliefert. Die Armee will 97 und die Luftwaffe 65 Einheiten erwerben. Nach anfänglich beschafften 15 Einheiten (5 Armee, 10 Luftwaffe) hat man 2023 weitere 156 bestellt, 90 für die Armee und 66 für die Luftwaffe.
Bemerkungen: Abgeleitet von der Dhruv (siehe Ausgabe 2022) entwickelte HAL einen Kampfhubschrauber LCH (**L**ight **C**ombat **H**elicopter). Während die dynamischen Komponenten weitgehend dem Ausgangsmuster entsprechen, ist der Rumpf völlig neu und verfügt über die für dieses Einsatzmuster typische Form mit Tandemcockpit. Einige Teile davon sind gepanzert. Der Rumpf soll eine geringe Radarabstrahlung aufweisen und gegen biologische sowie nukleare Gefahren besonders geschützt sein. Rumpf und Fahrwerk seien weitgehend »crash-resistent«, die Treibstofftanks selbst dichtend. Eingebaut ist die neueste Generation an Avionik, u. a. ein Allwetter-Zielsuchsystem, welches via Helmvisier gesteuert werden kann. Weiter ist u. a. ein FLIR-/ Laserzielsuch-System vorgesehen. Ein Satcom Data-Link-System zur Bodenstation dient zum verzugslosen Informationsaustausch.
Hersteller: Hindustan Aeronautics Ltd. (HAL), Helicopter Division, Bangalore, Indien.

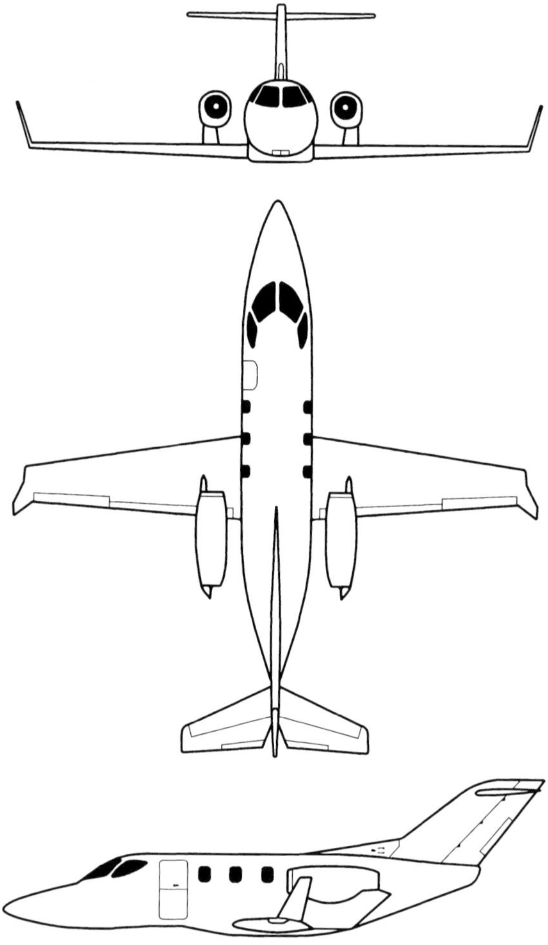

Abmessungen:
Spannweite 12,12 m,
Länge 12,99 m,
Höhe 4,54 m,
Flügelfläche ca. 17,50 m².

HONDA AIRCRAFT HA-420 HONDAJET ELITE/ELITE S/ELITE II

Ursprungsland: Japan/USA.
Kategorie: Leichtes Firmenflugzeug.
Triebwerke: Zwei Mantelstromtriebwerke GE-Honda HF120 von je 930 kp (9,11 kN) Standschub.
Leistungen: Max. Reisegeschwindigkeit 780 km/h auf 9150 m (Mach 0,72); max. Steiggeschwindigkeit 20,8 m/Sek; Dienstgipfelhöhe 13100 m; Reichweite mit maximaler Nutzlast 2185 km, max. Reichweite mit vier Passagieren unter IFR-Bedingungen 2265 km, (Elite) 2660 km.
Gewichte: Leergewicht 3267 kg; max. Startgewicht (Elite) 4853 kg, (Elite S) 4944 kg, (Elite II) 5035 kg.
Zuladung: Zwei Piloten bzw. ein Pilot/Passagier im Cockpit und bis zu fünf Personen im Passagierraum.
Entwicklungsstand: Der erste Prototyp fliegt seit November 2011. Das erste Serienflugzeug startete am 27. Juni 2014 zum Erstflug. Mit mehrjähriger Verzögerung sind die Kundenauslieferungen im Dezember 2015 angelaufen. Rund 250 HondaJets wurden bis Ende 2023 abgeliefert.
Bemerkungen: Einzigartig am HondaJet ist, dass Flugzeug wie Triebwerk vom gleichen Hersteller stammen. Der Rumpf ist eine kompakte und leichte Konstruktion aus Verbundwerkstoffen und soll die größten Platzverhältnisse seiner Klasse aufweisen. Die Flügelstruktur wurde aus einem einzigen Aluminumblock gefräst und weist dank eines Laminarprofils beste aerodynamische Werte auf. Ungewöhnlich ist die Anordnung der Triebwerke über den Flügeln. So erspart man sich teure und schwere Aufhängevorrichtungen am Rumpf. Alle diese Maßnahmen und das innovative Triebwerk lassen gegenüber einem konventionellen Muster Verbrauchsreduktionen von 40% erzielen. Das Cockpit ist mit einem Avionik-Set Garmin G3000 ausgerüstet. Honda hat eine überarbeitete Variante HA-420 Elite auf den Markt gebracht. Nebst Updates in der Avionik wurde die Nutzlast leicht erhöht sowie dank eines Zusatztanks die Reichweite vergrößert. Zudem wurde Platz für einen fünften Passagier geschaffen. 2021 wurde die Elite S vorgestellt, mit Dank erhöhter Nutzlast größerer Reichweite und verbesserter Avionik. Der Preis für diese Ausführung beläuft sich auf US$ 5,4 Mio. Seit 2023 ist eine neue Version Elite II mit weiteren Verbesserungen erhältlich, u. a. mit einem stärker automatisierten Cockpit. Unter der Bezeichnung HondaJet 2600 Echelon soll ab 2026 eine vergrößerte Version erstmals fliegen.
Hersteller: Honda Motor Co. Ltd., Honda Aircraft Corp., Tokyo, Japan, Werk Greensboro, North Carolina, USA.

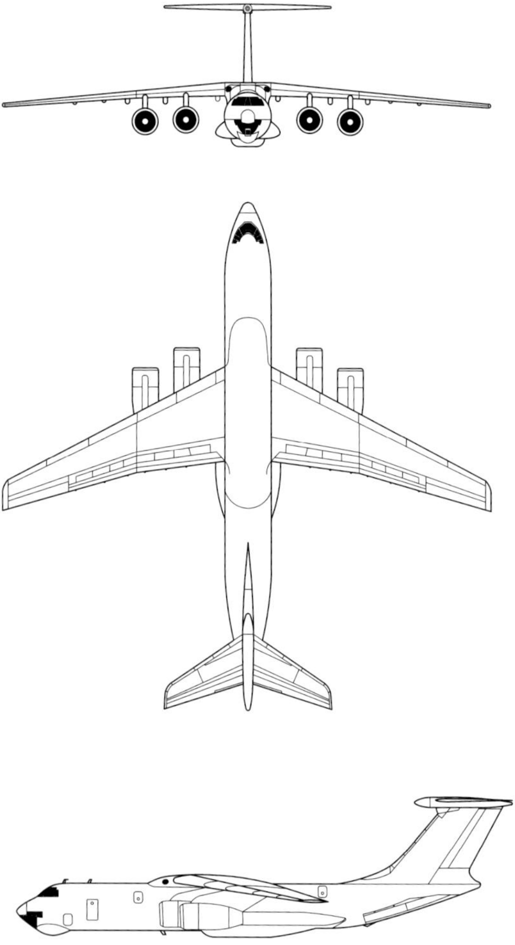

Abmessungen:
Spannweite 50,50 m,
Länge 46,59 m,
Höhe 14,76 m,
Flügelfläche 300 m².

ILJUSCHIN IL-76MD-90A

Ursprungsland: Russland.
Kategorie: Schwerer militärischer und ziviler Mittel- und Langstreckentransporter; A-100 AEW&C-Radarflugzeug.
Triebwerke: Vier Mantelstromtriebwerke Aviadvigatel/Perm PS-90A-76 von je 16000 kp (157,8 kN) Standschub.
Leistungen: Höchstgeschwindigkeit 850 km/h auf 10000 m; max. Reisegeschwindigkeit 825 km/h; Anfangssteiggeschwindigkeit 9,0 m/Sek; Dienstgipfelhöhe 15500 m; Reichweite mit einer Nutzlast von 40000 kg 6500 km, bei 60000 kg 4000 km, maximal 9700 km.
Gewichte: Leergewicht 89000 kg; max. Startgewicht 210000 kg.
Zuladung: Zwei Mann Cockpitbesatzung, zusätzlich ein bis zwei Lademeister und auf zwei Decks bis zu 225 Soldaten oder bis zu 114 liegende Patienten. Max. Nutzlast 60000 kg, als Tanker 50000 kg Treibstoff.
Entwicklungsstand: Der Prototyp der neuesten Version Il-476 hat den Erstflug am 22. September 2012 absolviert, ein erstes Serienexemplar folgte im Dezember 2014. Die Luftwaffe Russlands hat bei einem Gesamtbedarf von 100 Einheiten bisher 28 als Il-76MD-90A bezeichnete Transporter bestellt, davon waren Ende 2023 20 abgeliefert. Von der Tankerversion Il-78M-90A will die Russische Luftwaffe bis zu 31 Einheiten erwerben; Erstflug im Januar 2018. Ein von der Il-76MD-90A abgeleiteter Erprobungsträger, als A-100 bezeichnete AEW&C-Version, nahm am 18. November 2017 die Flugerprobung auf. Das erste Serienflugzeug fliegt seit Februar 2022. Jährlich sollen ab 2024 fünf Einheiten aller Versionen gebaut werden.
Bemerkungen: Mit der Il-76MD-90A (früher Il-476 genannt) wurde eine in wesentlichen Teilen überarbeitete Weiterentwicklung lanciert. So weist sie einen neuen Flügel mit besseren aerodynamischen Eigenschaften auf. Eingebaut wurden deutlich leistungsgesteigerte und modernere PS90A-Triebwerke. Zudem sind Avionik und weitere Bordsysteme durch neue, voll digitalisierte Versionen ersetzt worden. Das Fahrwerk ist wegen dem erhöhten Abfluggewicht verstärkt. Die Il-76MD-90A erzielt eine Treibstoffersparnis von rund 17 %, was zu einer Erhöhung der Reichweite von 27 % führt. Auch die Nutzlast ist deutlich erhöht. Als Nachfolgerin der AEW&C-Ausführung A-50U Mainstay ist die A-100 vorgesehen, welche u. a. über ein neues AESA-Radar verfügt.
Hersteller: Iljuschin Design Bureau, Moskau, Werk Aviastar, Ulyanovsk, Russland.

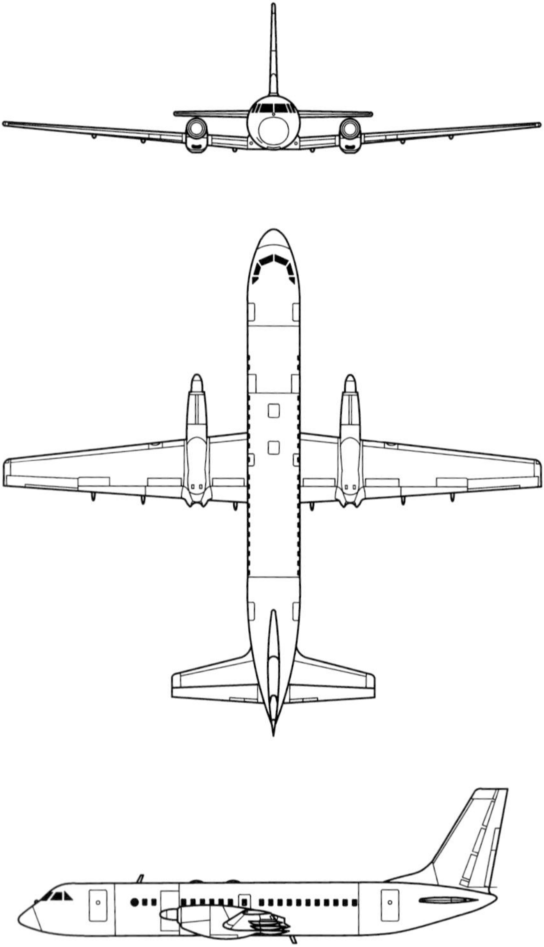

Abmessungen:
Spannweite 30,00 m,
Länge 26,88 m,
Höhe 9,19 m,
Flügelfläche 81,90 m².

ILJUSCHIN IL-114

Ursprungsland: Russland.
Kategorie: Regionalverkehrsflugzeug (Il-114) und leichter Frachter (Il-114T).
Triebwerke: Zwei Propellerturbinen Klimow TV7-117S von je 2500 WPS (1860 kW) Leistung.
Leistungen: Max. Reisegeschwindigkeit 500 km/h auf 8150 m; Reiseflughöhe 8150 m; Reichweite mit 5400 kg Nutzlast 1000 km, mit 3000 kg Nutzlast 3250 km.
Gewichte: Leergewicht 13700 kg; max. Startgewicht 21000 kg, als Frachter 23500 kg.
Zuladung: Zwei Piloten und Standard-Innenausstattung für maximal 64 Passagiere in Viererreihen mit Mittelgang; als Frachter max. Nutzlast 6500 kg.
Entwicklungsstand: Der erste von fünf Prototypen flog am 29. März 1990. Die Zulassung wurde am 16. April 1997 erteilt. Bis zur Aufgabe der Produktion wurden nur 15 Serienflugzeuge gebaut. Einige Spezialausführungen setzen die russischen Streitkräfte ein. Die Weiterentwicklung Il-114-300 hatte am 16. Dezember 2020 den Erstflug. Sie soll ab 2025 ausgeliefert werden. Erste Bestellungen sind eingetroffen.
Bemerkungen: Die Il-114 wird hauptsächlich im Binnenluftverkehr bis 1000 km eingesetzt, wobei auch Flugplätze mit Graspisten anzufliegen sind. Die Zelle besteht teilweise aus Verbundwerkstoffen, hochentwickelten Aluminiumlegierungen und auch Titaniumteilen. Das Triebwerk soll einen äußerst geringen spezifischen Kraftstoffverbrauch aufweisen und zusammen mit dem Sechsblatt-Propeller aus Verbundwerkstoff für ein sehr tiefes Lärmniveau verantwortlich sein. Die Frachtausführung ist auf der rechten Seite mit einem Ladetor von 3,31 m x 1,78 m ausgerüstet. Mit der Version Il-114-300 soll das Muster nun auf den neuesten Stand der Technik gebracht werden und in Russland bisher eingesetzte Kurzstreckenflugzeuge westlicher Provenienz ablösen. Sie wird leistungsstärkere Triebwerke Klimow TV7-117ST-01 von je 3000 WPS (2240 kW) aufweisen und über ein digitales Cockpit verfügen. Auch eine Seeüberwachungsvariante Il-114 MPA ist geplant, ausgerüstet mit einem Suchradar, elektro-optischen Instrumenten und Radio kontrollierten Bojen. Selbst eine Bewaffnung ist vorgesehen.
Hersteller: Iljuschin Design Bureau, Werk Lukhovitsy, Moskau, Russland.

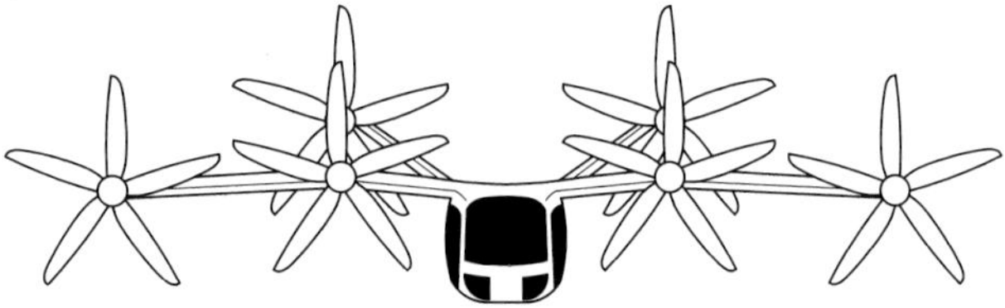

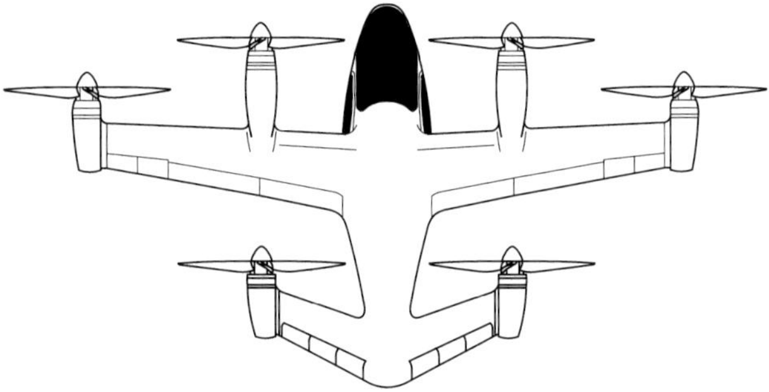

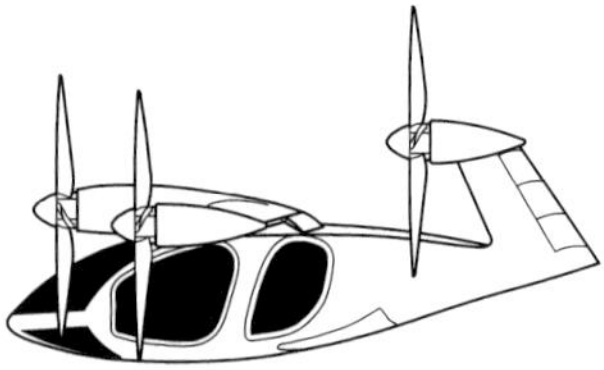

Abmessungen:
Spannweite ohne Rotoren 11,60 m.

JOBY AVIATION S4

Ursprungsland: USA.
Kategorie: Kleinsthubschrauber mit Elektroantrieb für ultrakurze Strecken.
Triebwerke: Sechs Elektromotoren noch unbekannter Leistung mit sechs drehbaren Propellern.
Leistungen (Schätzungen): Maximale Reisegeschwindigkeit 320 km/h; Dienstgipfelhöhe 4560 m; Reichweite 240 km.
Gewichte: Leergewicht 1724 kg; max. Startgewicht 2177 kg.
Zuladung: Alternativ ein Pilot und vier Passagiere oder fünf Passagiere selbststeuernd; Nutzlast 454 kg.
Entwicklungsstand: Mehrere Erprobungsträger fliegen seit 2017. Am 4. Oktober 2023 hatte ein der Serienausführung naher Prototyp mit einem Piloten an Bord den Erstflug. Geplant ist, jährlich bis zu 500 Einheiten zu produzieren. Erste kommerzielle Einsätze sind für 2025 geplant. Neun Einheiten hat die USAF zur weiteren Erprobung gekauft.
Bemerkungen: Die S4 reiht sich in die zunehmende Zahl von Modellen ein, welche für den »fliegenden Commuterverkehr« in Städten als Alternative zum Bodentransport vorgesehen sind. Offenbar wird an ein großes Potenzial dieses Marktsegments geglaubt. So haben namhafte Investoren massiv in diese Entwicklung investiert. Von der Auslegung unterscheidet sie sich von Konkurrenzmustern, indem die S4 über sechs Rotoren, vier an den Hauptflügeln und zwei am V-förmigen Höhenleitwerk, verfügt. Für den Vertikalstart drehen sich diese um 90° nach oben, um sich dann für den Horizontalflug in Flugrichtung zu drehen. Damit wird ein ähnliches Prinzip wie beim Bell-Boeing V-22 (siehe Seiten 66/67) angewendet. Gespeist werden die Triebwerke durch vier Lithium-Ionen-Batterie-Packs. Die ganze Konstruktion besteht weitgehend aus Verbundwerkstoffen. Zur Steuerung ist ein Fly-By-Wire-System im Einsatz. Das Fahrwerk ist einziehbar.
Hersteller: Joby Aviation Inc., Santa Cruz, Kalifornien, Werk Dayton, Ohio, USA.

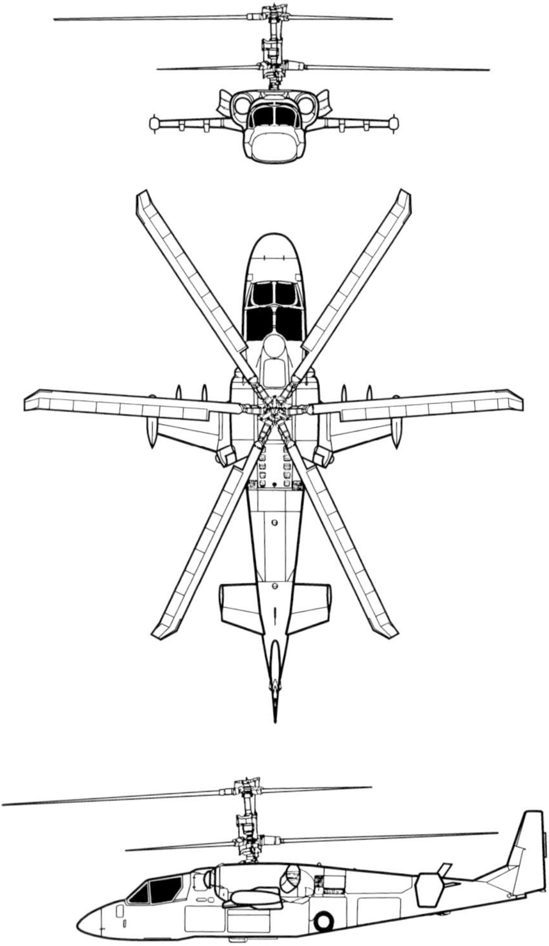

Abmessungen:
Rotordurchmesser 14,50 m,
Spannweite der Hilfsflügel 7,83 m,
Rumpflänge bei drehenden Rotoren 15,96 m, Rumpflänge 13,87 m,
Höhe über Rotorkopf 4,93 m.

KAMOW KA-52/KA-52M ALLIGATOR

Ursprungsland: Russland.
Kategorie: Zweisitziger Kampfhubschrauber mit Sitzen nebeneinander.
Triebwerke: Zwei Gasturbinen TV3-117VMA-SB3 von je 2500 WPS (1864 kW) Leistung.
Leistungen: Höchstgeschwindigkeit in einem Bahnneigungsflug 350 km/h; max. Dauergeschwindigkeit 300 km/h; max. Schrägsteiggeschwindigkeit 8 m/Sek; Dienstgipfelhöhe 5500 m; Schwebehöhe ohne Bodeneffekt 3600 m; Einsatzradius 250 km; Reichweite 545 km; Überführungsreichweite 1110 km.
Gewichte: Leergewicht 7800 kg; max. Startgewicht 10800 kg.
Bewaffnung: Eine einläufige 30-mm-Kanone Shipunow 2A42 an der rechten Rumpfseite und beispielsweise bis zu 16 Panzerabwehrlenkwaffen oder ungelenkte 80 x 80-mm- bzw. 20 x 130-mm-Raketen an vier Pylonen unter den beiden Stummelflügeln; max. Nutzlast 2300 kg.
Entwicklungsstand: Die Ka-52 fliegt seit 25. Juli 1997 und war bei den Streitkräften Russlands ab Mai 2011 einsatzbereit. 167 Ka-52 wurden ausgeliefert. Im März 2015 flog erstmals die Marineausführung Ka-52K, 32 davon beschafft die Marine Russlands. Weitere 46 erhält Ägypten. Von der verbesserten Ausführung Ka-52M will Russland 114 Einheiten erwerben, ein erstes Los von 30 ist bestellt, Ablieferung ab 2022. Nachdem mehrere Ka-52 in der Ukraine abgeschossen wurden, sind Folgeaufträge in unbekannter Zahl erteilt worden.
Bemerkungen: Die Ka-52 dient primär für Luftnahunterstützungs-Aufgaben, in zweiter Linie auch für Luftkampfeinsätze. Auffällig ist der koaxiale, gegenläufige Doppelrotor. Der Rumpf, insbesondere das Cockpit, aber auch Triebwerke, Getriebe und Rotoren sind so gepanzert, dass sie einer Beschießung mit 20-mm-Geschossen standhalten können. Sehr ungewöhnlich ist die Ausrüstung der Ka-52 mit Schleudersitzen KA-37-800. Vor dem Ausstieg werden die Koaxialrotoren abgesprengt. Beide Besatzungsmitglieder können gleichzeitig herausgeschleudert werden. Die Ka-52 ist für Nacht- und Allwettereinsätze konzipiert und verfügt über eine entsprechende Avionik Argument-52. Im Cockpit sind vier Multifunktionsscreens eingebaut. Einige Funktionen kann der Pilot via Helmsteuerungssystem bedienen. Die Marineversion Ka-52K erhält ein überarbeitetes Kampfradar Zhuk-A, faltbare Rotoren und die Ausrüstung, um Antischiffs-Lenkwaffen mitführen zu können. Neu ist die Ka-52M, ausgerüstet u. a. mit neuem Cockpit mit einem verbesserten optischen Zielsuchsystem. Sie kann Raketen mit verlängerter Reichweite mitführen.
Hersteller: OKB Nikolai I. Kamow, Werk AAK Progress Arsenyew, Moskau, Russland.

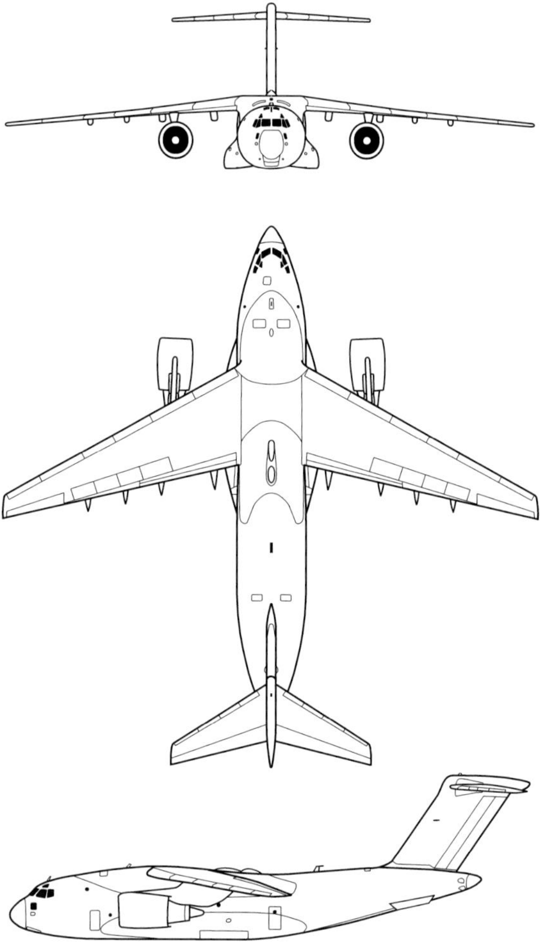

Abmessungen:
Spannweite 44,40 m,
Länge 43,90 m,
Höhe 14,20 m.

KAWASAKI C-2

Ursprungsland: Japan.
Kategorie: Mittelschwerer militärischer Transporter.
Triebwerke: Zwei Mantelstromtriebwerke General Electric CF6-80C2K1F von je 27150 kp (266,20 kN) Standschub.
Leistungen: Max. Reisegeschwindigkeit 890 km/h, normale Reisegeschwindigkeit 850 km/h (Mach 0,80); Dienstgipfelhöhe 12200 m; Reichweite bei einer Nutzlast von 12000 kg 6500 km, mit max. Nutzlast 5700 km, max. Reichweite 9700 km.
Gewichte: Leergewicht 60800 kg; max. Startgewicht 141570 kg.
Zuladung: Zwei Mann Cockpitbesatzung, 110 Soldaten, 40 Verwundete auf Tragen oder normal 30000 kg Fracht, max. bis zu 37000 kg.
Entwicklungsstand: Der erste Prototyp C-X nahm die Flugerprobung am 26. Januar 2010 auf, gefolgt vom zweiten und letzten Prototypen XC-2 am 27. Januar 2011. Bei den Japanischen Selbstverteidigungsstreitkräften ersetzt die C-2 die Kawasaki C-1. Neuesten Berichten zufolge sollen nur noch 22 Einheiten gebaut werden. Ende 2023 waren etwa 19 Serienflugzeuge an die Japanische Luftwaffe ausgeliefert. Seit Anfang 2018 fliegt auch eine ELINT-Version der C-2.
Bemerkungen: Um Synergieeffekte zu erzielen und Kosten zu sparen, wurde die C-2 parallel mit der (X)P-1 (siehe Seiten 200/201) entwickelt. Wenn auch äußerlich wenige Gemeinsamkeiten zu erkennen sind, weisen beide Muster doch viele gleiche Komponenten auf. Dazu gehören die Grundkonstruktion des Flügels, viele Systeme und die Cockpits. Mit diesem Typ bekommen die Japanischen Selbstverteidigungsstreitkräfte einen Transporter, welcher ausreichende Nutzlasten auch über strategische Distanzen verlegen kann. Der Frachtraum ohne Rampe ist 16,00 m, mit Rampe 21,50 m lang sowie je 4,00 m hoch und breit. Die C-2 kann auf unvorbereiteten und relativ kurzen Pisten starten und landen. Bei maximaler Nutzlast benötigt sie jedoch eine Startbahn von mindestens 2300 m Länge. Wie heute üblich, ist das Cockpit mit Multifunktionsbildschirmen ausgerüstet. Die Besatzung wird durch ein taktisches Flight Management System unterstützt. Die Steuerung erfolgt durch Fly-By-Wire. Die C-2 kann im Fluge betankt werden. Von der C-2 soll ein ziviles Frachtflugzeug YCX abgeleitet werden. Derzeit laufen Erprobungen, um von der C-2 aus Langstreckenlenkwaffen abfeuern zu können. Diese werden auf Paletten im Frachtraum mitgeführt.
Hersteller: Kawasaki Heavy Industries, Werk Gifu, Japan.

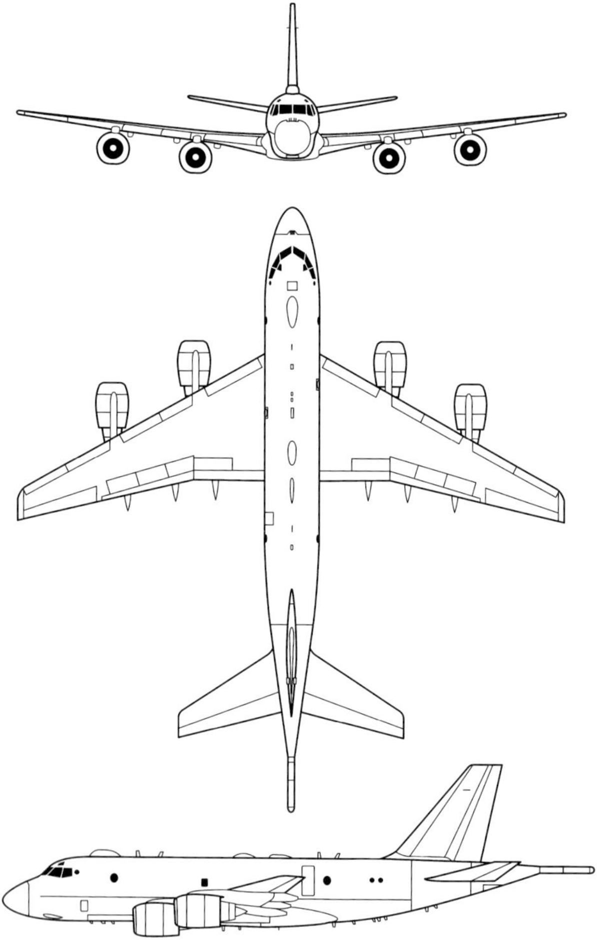

Abmessungen:
Spannweite 35,40 m,
Länge 38,00 m,
Höhe 12,10 m,
Flügelfläche 170,0 m².

KAWASAKI P-1

Ursprungsland: Japan.
Kategorie: Seeaufklärungs- und Mehrzweckkampfflugzeug.
Triebwerke: Vier Mantelstromtriebwerke Ishikawajima-Harima IHI F7-10 von je 6123 kp (60,0 kN) Standschub.
Leistungen: Höchstgeschwindigkeit 966 km/h; Reisegeschwindigkeit 833 km/h; Dienstgipfelhöhe 13500 m; Aktionsradius in bewaffneter Konfiguration 2500 km; max. Reichweite 8000 km.
Gewichte: Max. Startgewicht 79600 kg.
Zuladung: Zwei Mann Cockpitbesatzung und in der Regel elf Systemoperateure.
Bewaffnung: Antischiffslenkwaffen, Tiefwasserbomben, Torpedos, Minen, Sonarbojen usw. bis zu einem Gesamtgewicht von 9000 kg im internen Waffenschacht sowie an bis zu acht Außenlaststationen.
Entwicklungsstand: Ein erster Prototyp XP-1 begann die Erprobung am 28. September 2007, der zweite am 19. Juni 2008. Die Japanische Marine will 70 P-1 beschaffen, welche die Lockheed P-3 Orion ersetzen. Das erste Serienflugzeug wurde am 26. März 2013 der Marine übergeben. Ende 2023 waren rund 60 P-1 abgeliefert. Die Einsatzfähigkeit einer ersten Staffel erfolgte 2015.
Bemerkungen: Obwohl äußerlich sehr unterschiedlich, ist die P-1 der C-2 (siehe Seiten 198/199) konstruktiv sehr ähnlich. Es handelt sich um eine konventionelle Ganzmetall-Konstruktion. Nur Höhen- und Seitenleitwerk sind teilweise aus polymeren Werkstoffen. Als große Innovation ist die P-1 mit einem Flight-By-Light System ausgerüstet. Dieses soll wesentlich schnellere Befehle ausführen und gegen elektromagnetische Felder weniger störanfällig sein. Zur Ortung von Unterseebooten ist die P-1 mit diversen Sensoren, einem Phased Array Radar von Toshiba, magnetischen Detektoren, Infrarot-Scheinwerfersystem usw. ausgerüstet. Weiter sind verschiedene Systeme zum Ergreifen von elektronischen Gegenmaßnahmen eingebaut. Kawasaki prüft, aus der P-1 eine AEW&C-Variante sowie eine ECM-Version zu entwickeln.
Hersteller: Kawasaki Heavy Industries, Werk Gifu, Japan.

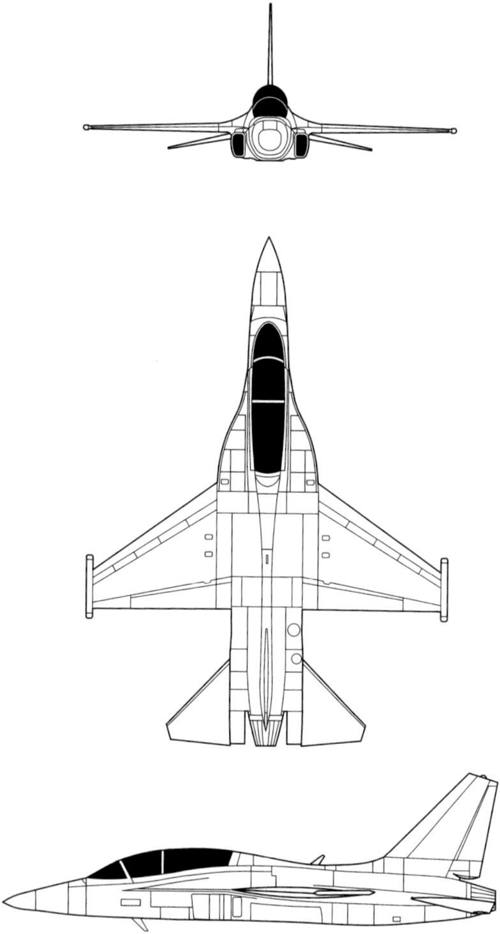

Abmessungen:
Spannweite 9,17 ohne und 9,45 m mit Raketen an den Flügelenden,
Länge 13,14 m,
Höhe 4,82 m,
Flügelfläche 26,60 m^2.

KOREA AEROSP. T-50/FA-50 GOLDEN EAGLE

Ursprungsland: Südkorea.
Kategorie: Zweisitziger Trainer T-50 und leichtes Mehrzweckkampfflugzeug FA-50.
Triebwerke: Ein Mantelstromtriebwerk General Electric F404-GE-102 von 5400 kp (53,1 kN) Standschub ohne und 8000 kp (78,7 kN) mit Nachverbrennung.
Leistungen: Höchstgeschwindigkeit Mach 1,5; Anfangssteiggeschwindigkeit 137 m/Sek; Dienstgipfelhöhe 14630 m; Reichweite 1850 km.
Gewichte: Leergewicht 6470 kg; max. Startgewicht mit Außenlasten 12300 kg.
Bewaffnung (FA-50): Eine dreiläufige 20-mm-Kanone M61A2 im Vorderrumpf mit Austrittsöffnung unter der linken Flügelvorderkante. An sieben Aufhängepunkten, einem unter dem Rumpf, vier unter den Flügeln und zwei an den Flügelenden Luft-Luft- bzw. Luft-Boden-Lenkwaffen sowie Bomben aller Art bis zu einem Gewicht von 4500 kg.
Entwicklungsstand: Der erste Prototyp hatte am 20. August 2002 seinen Erstflug. Die Luftwaffe Südkoreas beschaffte 50 T-50A als Fortgeschrittenentrainer und 10 T-50B für ihre Kunstflugstaffel, weiter 42 Jagdflugzeugtrainer TA-50A (Erstflug des Prototyps am 29. August 2003). Die neueste Variante ist das leichte Kampfflugzeug FA-50. Der Prototyp flog erstmals 2011, Beginn der Ablieferungen ab August 2013. Bisher sind 60 FA-50 von der Korean Air Force in Auftrag gegeben worden. Weitere Bestellungen: Indonesien 24 T-50i, Irak 24 T-50IQ, Philippinen 12 TA-50, Polen 48 FA-50PL, Slowakei 10 FA-50 und Thailand 14 T-50TH. Neueste Aufträge: Malaysia 18
Bemerkungen: Vier Ausführungen gibt es: Den Fortgeschrittenentrainer T-50A, die für Kunstflugeinsätze optimierte T-50B, einen Waffentrainer TA-50A mit einem Bordradar EL-2032 sowie der leichte Mehrzweckjäger FA-50, versehen mit einem leistungsfähigeren Bordradar Elta EL/M-2032, Kampfelektronik und größerer Treibstoffkapazität. Konstruktiv unterscheiden sich die verschiedenen Ausführungen kaum voneinander, sondern nur durch ihre Ausrüstung. Alle verfügen über ein Fly By Wire-Steuerungssystem und eine Cockpitausrüstung mit HUD. Seit 2019 befindet sich eine als Block-10 bezeichnete verbesserte FA-50-Ausführung in Entwicklung. Nebst aufdatierter Avionik können ein Zielgerät Lockheed Martin AN/AAQ-33 Sniper sowie AIM 120 AMRAAM-Luft-Luft-Lenkwaffen mitgeführt werden. Ganz neu soll eine einsitzige Version gebaut werden, ausgerüstet mit AESA-Radar PhantomStrike.
Hersteller: Korea Aerospace Industries Ltd. (KAI), Inchon, Werk Sacheon, Republik Südkorea.

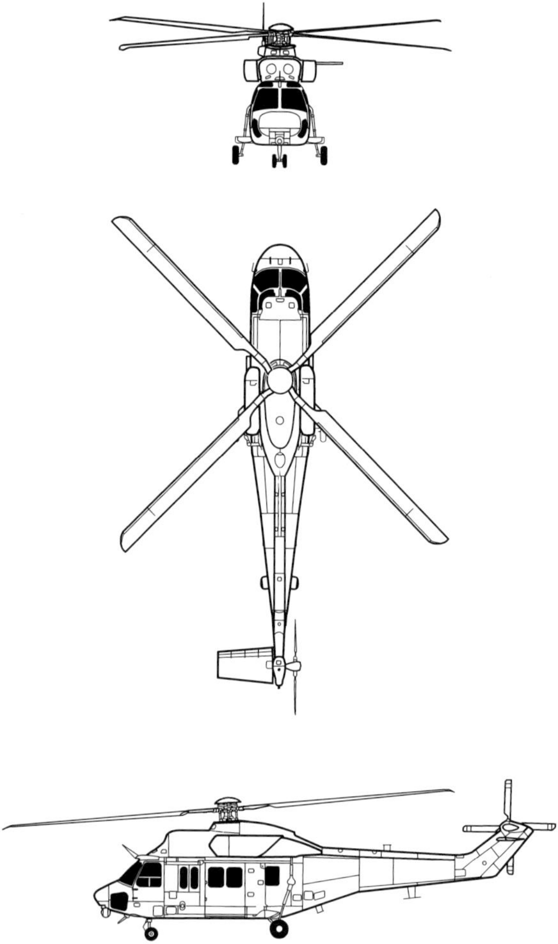

Abmessungen:
Rotordurchmesser 15,80 m,
Rumpflänge inkl. Rotor 19,02 m, ohne Rotor 15,09 m,
Höhe über Hauptrotor 4,50 m, über Heckrotor 5,01 m.

KOREA AEROSPACE INDUSTRIES KUH-1 SURION

Ursprungsland: Südkorea.
Kategorie: Mittelschwerer Mehrzweckhubschrauber für militärische Aufgaben.
Triebwerke: Zwei Gasturbinen General Electric T700-GE-701 von je 1777 WPS (1383 kW) Leistung.
Leistungen: Höchstgeschwindigkeit 298 km/h; max. Reisegeschwindigkeit 274 km/h; max. Schwebehöhe 2820 m; Reichweite mit max. interner Treibstoffzuladung rund 525 km; Flugdauer 2,77 Std.
Gewichte: Leergewicht 4973 kg; max. Startgewicht 8709 kg.
Zuladung: Zwei Piloten und 16 Passagiere bzw. 10 vollausgerüstete Soldaten oder (KUH-1M) sechs Verletzte auf Bahren; Nutzlast intern 3700 kg, extern 2722 kg.
Bewaffnung: Zwei 7,62-mm-Maschinengewehre an den Seitentüren sowie an Stummelflügeln 20-mm-Kanonenbehälter oder Werfer für ungelenkte Raketen.
Entwicklungsstand: Der erste von vier Prototypen absolvierte seinen Erstflug am 10. März 2010. Die südkoreanischen Streitkräfte wollen rund 245 Surions als neuen Standardhubschrauber beschaffen. Ein Export ist ebenfalls vorgesehen. Am 22. Januar 2016 flog erstmals auch eine Medevac-Version. Bisher sind acht dieser Version bestellt. Von allen Ausführungen werden jährlich rund 30 Einheiten gebaut. Auch die Police National Agency Südkoreas, die Küstenwache sowie der Korea Forest Service beschaffen die Surion.
Bemerkungen: Mit der Surion lancierte der koreanische Hersteller seinen ersten, weitgehend in Eigenregie entwickelten Hubschrauber. Technisch arbeitete man mit Airbus Helicopters zusammen. Von diesem Hersteller stammen das Getriebe, der Rotormast und der Autopilot. Angesiedelt in der Klasse von H175 bzw. S-70/UH-60 (siehe Seiten 34/35 bzw. 272/273) oder AW139 (siehe Seiten 222/223) weist sie alle konstruktiven Merkmale von modernen Hubschraubern auf. Die Surion ist mit einem Festfahrwerk ausgerüstet. Der Rumpf wurde »crash-resistent« ausgelegt. Das Cockpit ist voll digitalisiert. Verschiedene Untervarianten wurden entwickelt: Die Ambulanz-Ausführung KUH-1M für die Armee, die Marine-Version MUH-1 als Mehrzweckhubschrauber (36 Einheiten durch die Marine Südkoreas bestellt), die KUH-1EM als SAR-/Löschhubschrauber, die KUH-1CG für Küstenwachtaufgaben und schließlich die Polizeiversion KUH-1P. Ganz neu wird eine Version als Minenräumer entwickelt.
Hersteller: Korea Aerospace Industries Ltd. (KAI), Inchon, Werk Sacheon, Republik Südkorea.

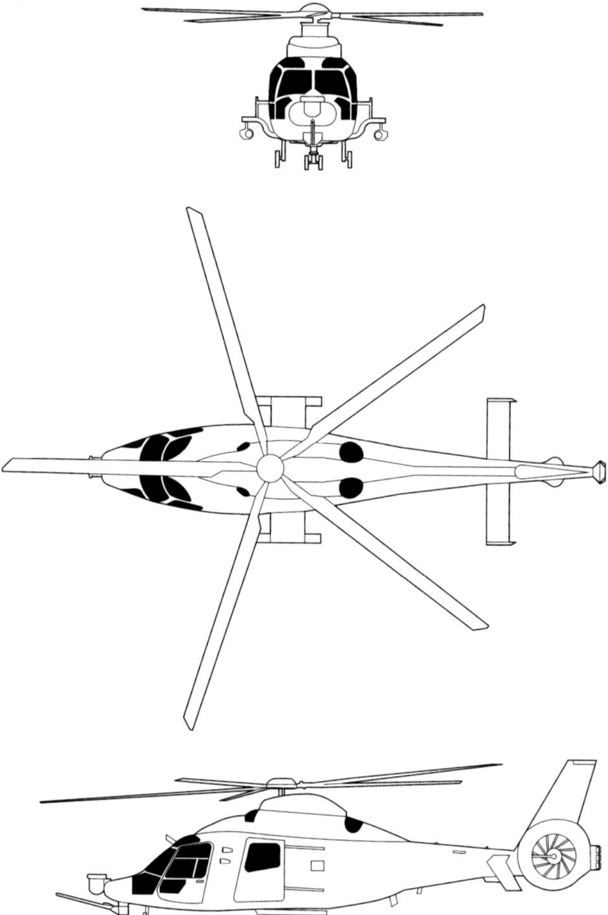

Abmessungen:
Rotordurchmesser 12,60 m,
Rumpflänge 14,30 m,
Höhe 4,30 m.

KOREA AEROSPACE INDUSTRIES LAH/LCH

Ursprungsland: Südkorea/Frankreich.
Kategorie: (LAH) Leichter militärischer Kampf- und Mehrzweckhubschrauber, (LCH) ziviler Mehrzweckhubschrauber.
Triebwerke: Zwei Gasturbinen Turboméca Arriel 2L2 von je 1024 WPS (763,61 kW) Leistung.
Leistungen (H155): Höchstgeschwindigkeit 324 km/h; max. Reisegeschwindigkeit 280 km/h; max. Schrägsteiggeschwindigkeit 8,7 m/Sek; Dienstgipfelhöhe 4572 m; Schwebehöhe mit Bodeneffekt 4155 m, Reichweite mit max. interner Treibstoffzuladung rund 855 km; Flugdauer 5,0 Std.
Gewichte (LAH): Max. Startgewicht 4900 kg.
Zuladung (LCH): Ein bis zwei Piloten und bis zu 15 Passagiere.
Bewaffnung (LAH): Eine 20-mm-Kanone unter dem Bug sowie an Außenträgern neben dem Rumpf Panzerabwehr-Raketen und ungelenkte 70-mm-Raketen.
Entwicklungsstand: Der erste Prototyp des Kampfhubschraubers LAH nahm am 4. Juli 2019 die Flugerprobung auf. Ein weiterer folgte am 5. Dezember 2019. Mit der Indienststellung bei der Armee Südkoreas wird ab 2024 gerechnet. Insgesamt sollen 214 Einheiten als Ersatz der Bell AH-1H und MD500 beschafft werden. Die Zivilversion LCH absolvierte ihren Erstflug im Juli 2018. Zurzeit fliegen zwei Prototypen. Erste Ablieferungen dieser Version erfolgten im Oktober 2022.
Bemerkungen: Die äußere Ähnlichkeit von LAH/LCH mit dem Airbus Helicopters H155 ist nicht zufällig. Sie basiert zu großen Teilen auf der Version H155B1 (siehe Ausgabe 2015). In enger Zusammenarbeit mit Airbus wurde die LAH als leichter Kampfhubschrauber entwickelt. Das gleiche gilt auch für die LCH. Der Rumpf besteht weitgehend aus Verbundwerkstoffen und korrosionsfesten Aluminiumlegierungen. Der Hauptrotor nach dem Spheriflex-Prinzip stammt vollständig von der H155. Das gleiche gilt auch für den Fenestron-Heckrotor. Dank den nach oben gerichteten Triebwerkausläufen wird eine sehr geringe Infrarot-Signatur erzielt. Das Fahrwerk ist einziehbar. Die LAH weist weitgehend die gleiche Avionik wie die Surion (siehe Seiten 204/205) auf. Sie verfügt zudem unter der Rumpfspitze über einen elektrooptischen Infrarot-Sucher sowie am Heck über Warnsensoren gegen Raketenangriffe. Neu wird eine Variante für Spezialtruppen entwickelt. Um die Transportkapazität zu erhöhen, werden alle nicht erforderlichen Bauteile entfernt. Basierend auf der LAH wurde die zivile Version LCH entwickelt
Hersteller: Korea Aerospace Industries Ltd. (KAI), Inchon, Werk Sacheon, Republik Südkorea.

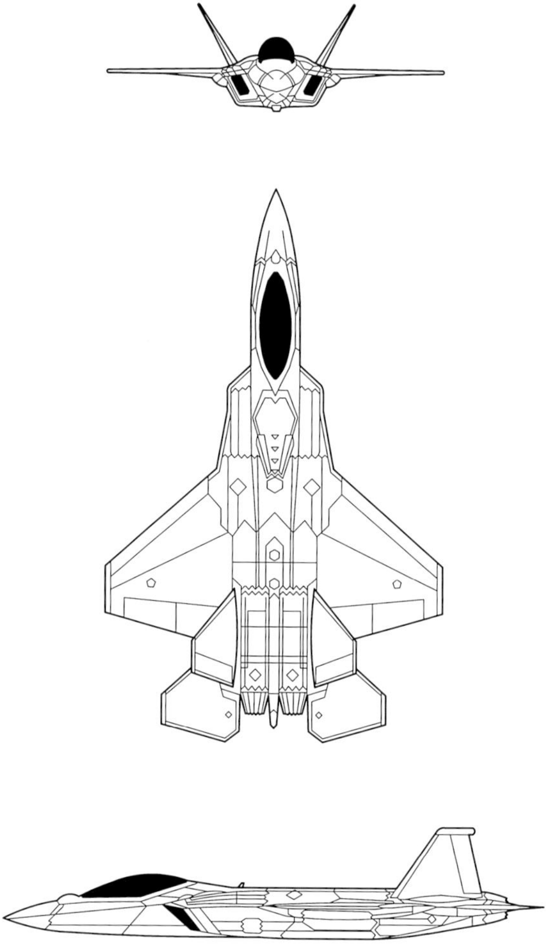

Abmessungen:
Spannweite 11,20 m,
Länge 16,90 m,
Höhe 4,70 m,
Flügelfläche 46,50 m^2.

KOREA AEROSP./INDONESIAN AEROSP. KF-21 BORAMAE

Ursprungsland: Südkorea/Indonesien.
Kategorie: Mehrzweckkampfflugzeug.
Triebwerke: Zwei Mantelstromtriebwerke General Electric F414-GE-400K von je rund 10000 kp (98,00 kN) Standschub mit Nachverbrennung.
Leistungen (geschätzt): Höchstgeschwindigkeit je nach Quelle 2250 km/h oder Mach 1,8; max. Reichweite 2850 km.
Gewichte (geschätzt): Leergewicht 11800 kg; max. Startgewicht 25400 kg.
Bewaffnung: Eine 20mm-Kanone und eine Waffenlast von bis zu 7700 kg, verteilt auf zehn Aufhängepunkte unter dem Rumpf und unter den Flügeln. Nebst Kurz- und Mittelstrecken Luft-Luft-Lenkwaffen kann eine Vielzahl von Luft-Boden-Raketen bzw. (Präzisions-)Lenkbomben mitgeführt werden.
Entwicklungsstand: Ein erster Prototyp startete am 19. Juli 2022 zum Erstflug. Mittlerweile fliegen alle sechs Prototypen, darunter zwei Doppelsitzer. Mit der Ablieferung der ersten Einheiten soll 2026 begonnen werden. Südkorea möchte vorerst 40, später 120, Indonesien 50 Einheiten beschaffen.
Bemerkungen: Südkorea und Indonesien sind fest entschlossen, ein eigenes konkurrenzfähiges Kampfflugzeug zu entwickeln und in Serie zu bauen. Die Entwicklungsfreigabe wurde anfangs 2016 erteilt. Korea Aerospace hat dabei einen Anteil von 80%, Indonesian Aerospace einen von 20%. Leistungsmäßig soll die KF-21 (früher KF-X genannt) zwischen der Lockheed Martin F-16 und der F-35A zu liegen kommen. Details über die Konstruktion sind noch nicht erhältlich. Die KF-21 ist mit einem AESA-Radar neuester Technologie aus südkoreanischer Provenienz ausgerüstet. Ebenso eingebaut ist eine sehr fortschrittliche Avionik, welche u.a. ein elektrooptisches Infrarot-Such- und Verfolgungssystem (EO/IR) sowie Systeme zur elektronischen Abwehr umfasst. Die Konstrukteure entwickeln ein sehr wendiges Kampfflugzeug, welches eine hohe Überlebensfähigkeit erreicht. Es gibt sowohl eine einsitzige wie auch eine zweisitzige Version. Alle hier bekanntgegebenen Daten sind noch als sehr provisorisch anzusehen.
Hersteller: Konsortium von Korea Aerospace Industries (KAI) und Indonesian Aerospace, Werk Sacheon, Republik Südkorea.

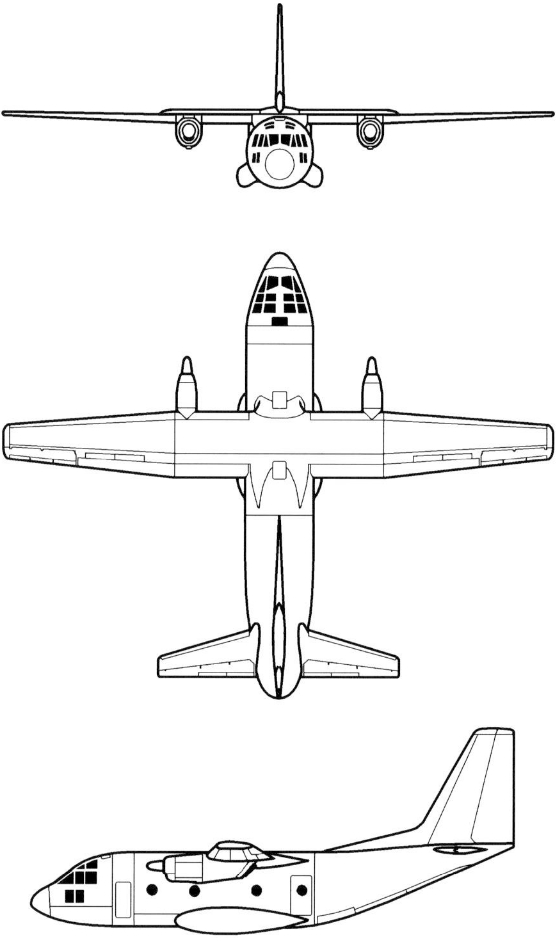

Abmessungen:
Spannweite 28,70 m,
Länge 22,70 m,
Höhe 9,64 m,
Flügelfläche 82,00 m².

LEONARDO C-27J SPARTAN NEW GENERATION

Ursprungsland: Italien.
Kategorie: Militärischer Mehrzweck- und STOL-Transporter.
Triebwerke: Zwei Propellerturbinen Allison AE2100-D2 von je 4637 WPS (3460 kW) Leistung.
Leistungen: Max. Reisegeschwindigkeit 602 km/h, Langstrecken-Reisegeschwindigkeit 500 km/h auf 6000 m; Anfangssteiggeschwindigkeit 10+ m/Sek; Dienstgipfelhöhe 9150 m; Reichweite mit einer Nutzlast von 10000 kg 1852 km, mit 6000 kg 4260 km; Überführungsreichweite 5926 km.
Gewichte: Leergewicht 16500 kg; max. Startgewicht 31800 kg.
Zuladung: Zwei Mann Cockpitbesatzung und als Truppentransporter 53 voll ausgerüstete Soldaten, 46 Fallschirmjäger oder 36 Verwundete bzw. bis zu 11500 kg Fracht.
Entwicklungsstand: Der erste Prototyp der C-27J fliegt seit 25. September 1999, gefolgt vom ersten Serienmuster am 12. Mai 2000. Die C-27J wurde nach zivilen Grundsätzen im Juni 2001 zugelassen, erste Auslieferungen erfolgten ab 2003. Rund 90 Bestellungen sind bisher eingegangen, u. a. von Australien 10, Bulgarien 2, Griechenland 8, Italien 12, Kenya 3, Litauen 3, Marokko 4, Mexico 4, Peru 4, Rumänien 7, Slowakei 2, Tschad 2, USAF 16 (an USCG und US Forest Service übergeben), Zambia 2. Erstflug der Weiterentwicklung C-27 Spartan New Generation am 5. August 2020. Zwei erste Exemplare sind 2021 an den Erstbesteller Kasachstan ausgeliefert worden, zwei erhielt Slowenien, Tanzania zwei, Azerbaijan eine noch unbekannte Zahl.
Bemerkungen: Die C-27J ist in einem Joint-Venture von 50:50 mit Lockheed Martin entwickelt worden. Sie weist viele Gemeinsamkeiten mit dem mittelschweren Transporter C-130J Hercules II auf (siehe Seiten 232/233). So sind Triebwerk, Sechsblattpropeller und Avionik weitgehend identisch. Damit verspricht man sich bei einem gemeinsamen Beschaffen beider Muster einen wesentlich wirtschaftlicheren Betrieb. Leonardo entwickelte unter dem Namen Spartan New Generation eine verbesserte Variante. Die Triebwerke leisten neu 5100 WPS (3800 kW). An den Flügelenden sind kleine Winglets angebracht. Zudem wird eine überarbeitete Avionik eingebaut, u. a. ein neues Wetterradar. Das maximale Startgewicht konnte um 700 kg auf 32500 kg erhöht werden. Ältere C-27J können nachträglich zu dieser Version nachgerüstet werden. Eine Spezialversion MC-27J Praetorian für bewaffnete Sondereinsätze wird ebenfalls angeboten.
Hersteller: Leonardo S.p.A., Rom, Werk Torino-Caselle, Italien.

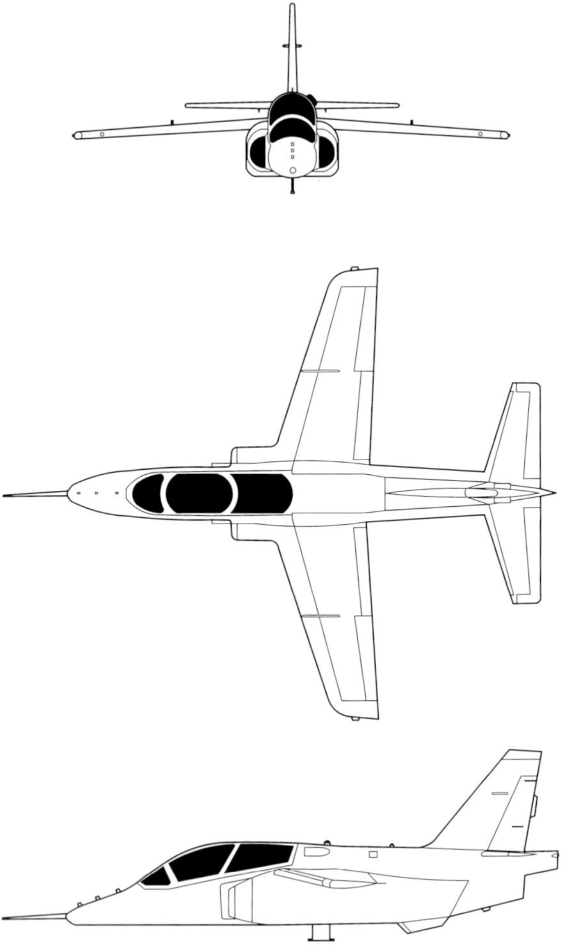

Abmessungen:
Spannweite 8,47 m,
Länge 9,85 m,
Höhe 3,74 m,
Flügelfläche 12,60 m².

LEONARDO M-345 HET

Ursprungsland: Italien.
Kategorie: Basis- und Intermediate-Trainer.
Triebwerke: Ein Mantelstromtriebwerk Williams International FJ44-4M-34 von 1542 kp (15,12 kN) Standschub.
Leistungen: Höchstgeschwindigkeit auf 6000 m 787 km/h, auf Meereshöhe 700 km/h; max. Reisegeschwindigkeit 740 km/h; Anfangssteiggeschwindigkeit 26,4 m/Sek; Dienstgipfelhöhe 12190 m; max. Reichweite 1410 km, mit zwei Zusatztanks 1850 km.
Gewichte: Leergewicht 2350 kg; normales Abfluggewicht als Trainer ohne Bewaffnung 3300 kg; max. Startgewicht 4500 kg.
Bewaffnung (Version Armed Trainer): An vier Stationen unter den Flügeln und einer unter dem Rumpf können Waffen aller Art bis zu einem Gewicht von 1200 kg mitgeführt werden.
Entwicklungsstand: Der erste eigentliche Prototyp nahm am 29. Dezember 2016 die Flugerprobung auf, gefolgt vom ersten Serienflugzeug am 21. Dezember 2018. Soweit bekannt, will die italienische Luftwaffe 45 Exemplare dieses Typs als Ersatz für die Aermacchi MB.339 beschaffen, u. a. auch für die Kunstflugstaffel »Frecce Tricolori«. Mittlerweile sind 18 als T-345A bezeichnete Einheiten bestellt. Die ersten zwei wurden Ende 2020 ausgeliefert. Das Ausgangsmuster SIAI-Marchetti S.211 fliegt seit 1981 und wurde an mehrere Luftwaffen, u. a. Singapur und Philippinen geliefert.
Bemerkungen: Unter dem Motto »HET – **H**igh **E**fficency **T**rainer« wurde aus der S.211 eine aktualisierte Ausführung M-345 mit äußerst günstigen Betriebskosten entwickelt. Diese sollen sich für diesen Jet in etwa in der Größenordnung eines propellerbetriebenen Trainers der Pilatus PC 9 Kategorie bewegen. Die M-345 füllt die Nische zwischen den Basistrainern und den Fortgeschrittenentrainern aus. Was die Zelle angeht, ist sie konventionell fast ausschließlich aus Aluminium. Nur die Flügelenden wurden überarbeitet. Die Avionik mit offener Architektur basiert auf jener der Leonardo M-346 (siehe Seiten 214/215), ausgestattet u. a. mit sog. HOTAS-Controls, Head-Up-Display, Multifunktions-Displays und realtime Datalink. Berücksichtigt man alle vorgenommenen Änderungen, kann von einer eigentlichen Neuentwicklung gesprochen werden.
Hersteller: Leonardo S.p.A., Rom, Werk Varese-Venegono, Italien.

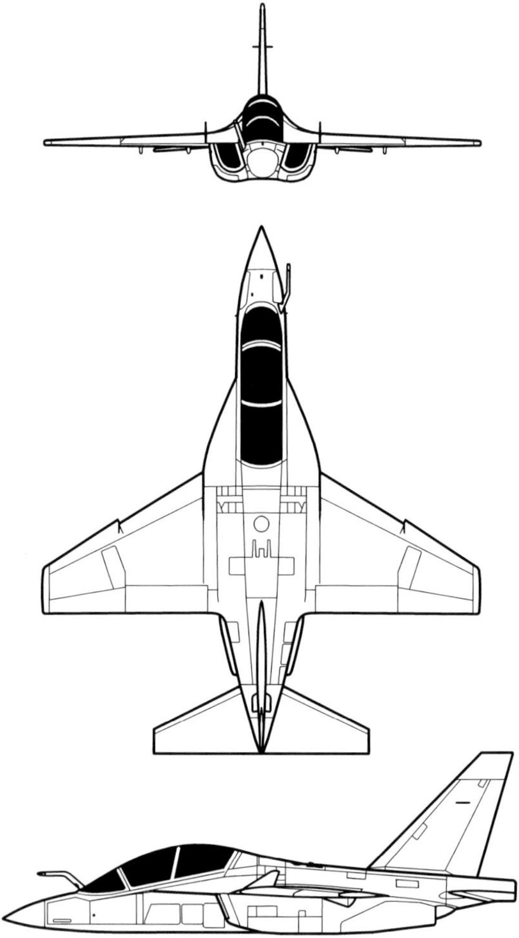

Abmessungen:
Spannweite 9,72 m (FA) 10,14 m,
Länge 11,49 m,
Höhe 4,76 m,
Flügelfläche 23,52 m^2.

LEONARDO T-346A/FA MASTER

Ursprungsland: Italien.
Kategorie: Fortgeschrittenentrainer.
Triebwerke: Zwei Mantelstromtriebwerke ITEC Honeywell F124-GA-200 von je 2850 kp (27,95 kN) Standschub.
Leistungen: Höchstgeschwindigkeit 1092 km/h (Mach 0,96) auf 1520 m; Anfangssteiggeschwindigkeit 112 m/Sek; Dienstgipfelhöhe 13700 m; Reichweite mit max. internem Kraftstoff 1980 km, mit zwei externen Zusatztanks und 10 % Reserven 2720 km.
Gewichte: Leergewicht 3910 kg; Startgewicht für Trainingseinsätze 7500 kg, mit voller Bewaffnung 9600 kg, (FA) 10400 kg.
Bewaffnung: Die M-346 kann an bis zu neun Außenlastträgern eine Waffenlast von bis zu 3000 kg mitführen.
Entwicklungsstand: Das erste von drei Erprobungsmustern startete am 15. Juli 2004 zum Erstflug, gefolgt vom ersten Serienmuster am 7. Juli 2008. Als Erstbesteller beschafft die Italienische Luftwaffe 18 als T-346A bezeichnete Maschinen. Die ersten Exemplare wurden im November 2011 abgeliefert. Weitere Besteller: Griechenland 10, Israel 30, Qatar 6, Singapur 12, Polen 16. Weitere vier Exemplare sind für die neu geschaffene Flight Training School in Italien erforderlich, an der sich Deutschland, Griechenland, Japan und neuerdings Schweden beteiligen. Von der Erdkampfversion M-346 FA (Erstflug 13. Juli 2020) erhält Turkmenistan sechs Exemplare, Nigeria 24.
Bemerkungen: Die Struktur der T-346A besteht überwiegend aus Leichtaluminium, Teile der Flügel sowie Höhen- und Seitenleitwerk sind aus Verbundwerkstoffen. Eine wesentliche Neuerung stellt die von Telcavio/Marconi gelieferte, je nach Einsatz verschieden programmierbare Flugsteuerung dar. Diese kann von manuell bis zur Fly By Wire-Konfiguration eingestellt werden. Dadurch lässt sich ein optimaler Trainingseffekt erzielen. Die doppelt redundante Avionik-Struktur basiert auf einem MIL-STD-1553B-Databus und umfasst u. a. TACAN, IFF, IN/GPS usw. 2017 wurde die Version M-346 FA (**F**ighter **A**ttack) vorgestellt. Um bewaffnete Einsätze zu fliegen, verfügt sie über Air Defence- und Tactical Support-Systeme, Grifo-Radar und Sensoren für Selbstverteidigung vom Typ Elisra SPS-45V5 und Aufklärung.
Hersteller: Leonardo S.p.A., Rom, Werk Varese-Venegono, Italien.

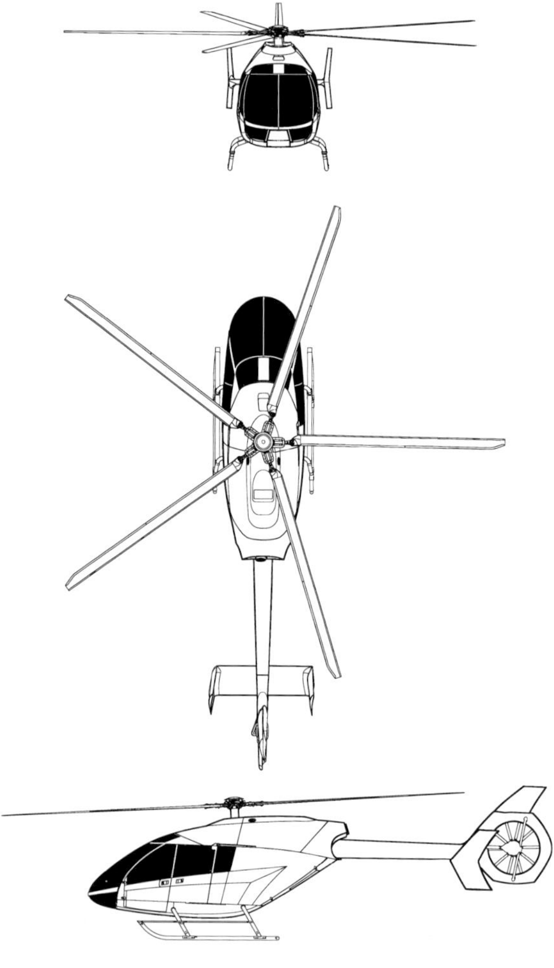

Abmessungen:
Rotordurchmesser 10,96 m,
Rumpflänge inkl. Rotor 12,84 m,
Höhe 3,73 m.

LEONARDO AW09 (EX. KOPTER SH09)

Ursprungsland: Schweiz/Italien.
Kategorie: Leichter Mehrzweckhubschrauber.
Triebwerke (Prototypen): Eine Gasturbine Honeywell HTS 900-2 von 1020 WPS (760 kW) Leistung, (Serienhubschrauber) Safran Arriel 2K von rund 1000 WPS (745 kW) Leistung.
Leistungen: Reisegeschwindigkeit 260 km/h; Reichweite mit max. interner Treibstoffzuladung rund 800 km.
Gewichte: Leergewicht 1300 kg; max. Startgewicht 2850 kg, mit Außenlasten 3000 kg.
Zuladung: Ein Pilot und fünf bis acht Passagiere auf »crash-resistenten« Sitzen; Nutzlast extern 1500 kg.
Entwicklungsstand: Der im November 2013 präsentierte Prototyp nahm am 2. Oktober 2014 die Flugerprobung auf. Bisher sind drei gebaut worden. Aus technischen Gründen und wegen der Übernahme durch Leonardo verzögert sich die Zulassung. Sie verzögert sich weiterhin und wird neu für 2024 erwartet. Provisorisch sind bisher rund 80 Einheiten bestellt worden.
Bemerkungen: Die AW09 (früher SH09) ist die seit rund 30 Jahren erste echte Neukonstruktion im Markt der Leichthubschrauber in der 2,5 t-Klasse. Sie wird hauptsächlich ausgelegt für anspruchsvolle Einsätze in allen Wetterlagen und soll klassenbeste Leistungen in heißen und hoch gelegenen Regionen bieten. Ein Grund dafür sei das neu entwickelte Rotorkonzept mit einem gelenklosen Fünfblatt-Haupt- und ummantelten Heckrotor. Im Flugbetrieb soll die AW09 sehr leise sein. Die voll aus Karbon gebaute Kabine bietet dank ihrer Modularität vielfältige Einbaumöglichkeiten, sei es für Passagiertransporte, Rettungseinsätze, Fracht usw. Sie weist die größte Kabinenhöhe dieser Hubschrauberklasse auf und der Boden ist völlig flach. Interessant ist die Anbringung eines Fensters im Boden der Kabine, um die Sichtverhältnisse des Piloten zu verbessern. Die Beladung wird durch eine zweiflüglige Hecktüre erleichtert. Leonardo hat 2023 entschieden, das bisherige Triebwerk durch das Safran Arriel 2K zu ersetzen. Wie weit sich deshalb die Zulassung verzögern wird, ist noch nicht bekannt. Aufgrund der Erprobung wurden u. a. Rotormast, Rotoren und das Flugsteuerungssystem überarbeitet (siehe Foto). Der Preis für eine Basisausführung soll sich in der Größenordnung von CHF 3,3 Mio. bewegen.
Hersteller: Kopter Group AG, Wetzikon bzw. Flugplatz Mollis, Schweiz, Tochtergesellschaft der Leonardo S.p.A. Rom; Werk Vergiate, Lombardei, Italien.

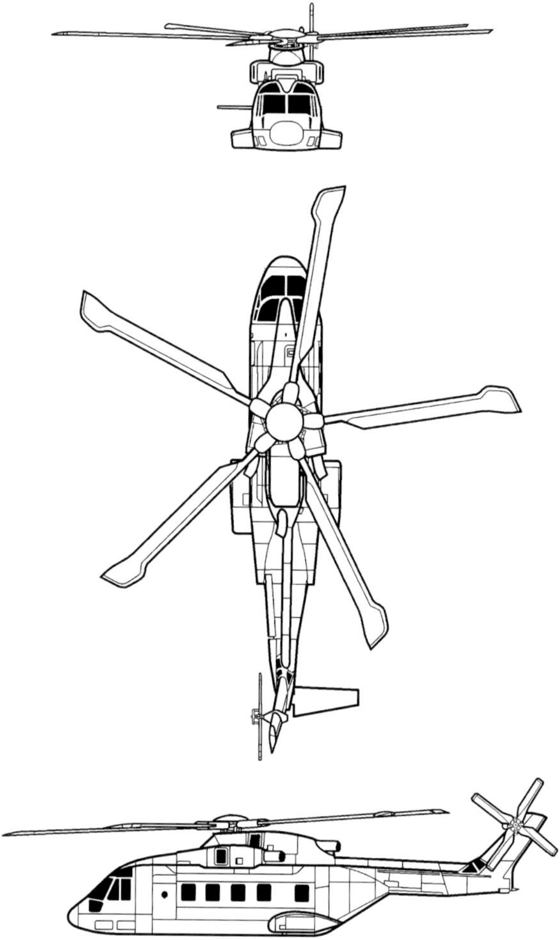

Abmessungen:
Rotordurchmesser 18,59 m,
Rumpflänge 19,51 m,
Höhe inkl. Rotorkopf 5,21 m.

LEONARDO AW101

Ursprungsland: Großbritannien und Italien.
Kategorie: Militärischer und ziviler Mehrzweck- und Transporthubschrauber.
Triebwerke: Drei Gasturbinen (RN) Rolls-Royce-Turboméca RTM 322 von je 2241 WPS (1671 kW) oder (Italienische Marine) General Electric CT7-6A1 von je 2040 WPS (1521 kW) Leistung.
Leistungen (CT7-6): Max. Fluggeschwindigkeit 308 km/h; ökonom. Reisegeschwindigkeit 267 km/h; Schwebehöhe mit Bodeneffekt 3305 m, ohne Bodeneffekt 1675 m; max. Flughöhe 4600 m; Reichweite mit 30 Passagieren 926 km; Überführungsreichweite mit Zusatztanks 1760 km.
Gewichte: Rüstgewicht ASW-Ausführung 9275 kg, Mehrzweckversion 9000 kg, Zivilausführung 8993 kg; max. Startgewicht ASW-Ausführung 13530 kg, übrige bis zu 15600 kg.
Zuladung: Zwei Piloten und 30 Passagiere; max. Nutzlast 5520 kg.
Bewaffnung (HM Mk.2): Vier Leichtgewichttorpedos Stingray oder Antischiffslenkwaffen der Exocet-Harpoon-Klasse; (HH-101A): Drei 7,62-mm-Maschinengewehre M134.
Entwicklungsstand: Die erste Entwicklungsmaschine flog erstmals am 9. Oktober 1987. Bestellungseingang für verschiedene Versionen: Marine Algeriens 6, Dänemark 14, Großbritannien 72, Indonesien 1, Italien 22 + 12 HH-101A, Kanada 15, Norwegen 16, Portugal 12, Polizei von Tokyo 1, Japanische Marine 15, Nigeria 2, Polens Marine 4, Saudi-Arabien 2, Turkmenistan 2. Neueste Bestellungen: Luftwaffe Polens 22, Japanische Marine weitere Einheiten, Kanada weitere drei.
Bemerkungen: Die AW101 wird in verschiedenen Ausführungen gebaut: ASW (U-Boot-Jäger), Minensucher, SAR/Rettungsaufgaben, taktischer Transporter, AEW sowie Zivilversion. Die bei der Royal Navy als Merlin bezeichnete Ausführung wird bereits einer intensiven Modernisierung unterzogen, welche u. a. ein Fly-By-Wire-System und neue Avionik- und Kommunikationssysteme umfasst. Ein neuer Hauptrotor wird bei allen englischen AW101 eingebaut. Dadurch erhöht sich die Nutzlast um 650 kg und erlaubt eine höhere Geschwindigkeit. Anfangs 2014 hatte die als HH-101 Caesar bezeichnete Combat SAR-Version der Italienischen Luftwaffe den Erstflug. Diese kann luftbetankt werden und ist an diversen Stellen gepanzert. Eine für Minensucheinsätze optimierte Ausführung MCH-101 hat die Japanische Marine 2015 in Dienst gestellt. Neu ist eine AEW-Version der Royal Navy, ausgerüstet mit einem Überwachungsradar von Crowsnest (Erstflug 7. April 2019).
Hersteller: Leonardo S.p.A., Rom und London, Werk Yeovil, Großbritannien.

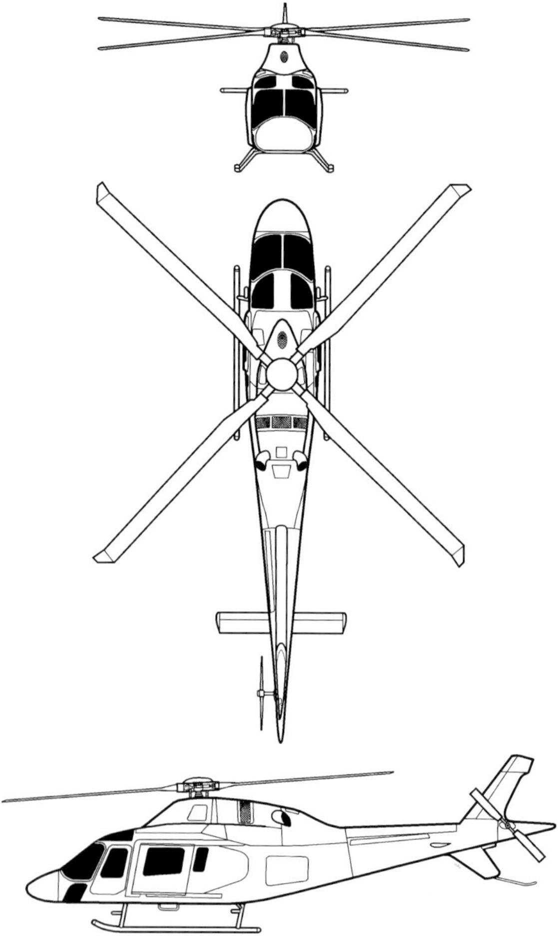

Abmessungen:
Rotordurchmesser 10,83 m,
Rumpflänge 11,17 m, 12,92 m bei drehendem Rotor,
Höhe über Heck 3,77 m.

LEONARDO A119 KE/TH-73A

Ursprungsland: Italien.
Kategorie: Leichter Mehrzweck- und Trainingshubschrauber.
Triebwerke: Eine Gasturbine Pratt & Whitney Canada PT6B-37A von 872 WPS (650 kW) Dauerleistung.
Leistungen (AW119Kx): Höchstgeschwindigkeit 282 km/h; max. Reisegeschwindigkeit 243 km/h; Dienstgipfelhöhe 4572 m; Schwebehöhe mit Bodeneffekt 3352 m, ohne Bodeneffekt 2225 m; max. Flugzeit mit Zusatztank im Rumpf 5 Std. 20 Min. bzw. max. Reichweite 954 km.
Gewichte (AW119Kx): Leergewicht 1455 kg; max. Startgewicht 2850 kg, mit externer Ladung 3150 kg.
Zuladung: Pilot und bis zu sieben Passagiere. Max. Nutzlast 1155 kg, extern 1400 kg.
Entwicklungsstand: Der erste Prototyp fliegt seit April 1995, Beginn der Auslieferungen an Kunden Mitte 1999. Bisher sind von allen Versionen über 300 Einheiten bestellt worden. Die Ausführung A119 Ke fliegt seit Februar 2007 und wurde erstmals 2009 an Kunden geliefert. Nebst primär zivilen Nutzern, häufig als Ambulanzhubschrauber, setzen auch mehrere Luftwaffen, Marinen und Behörden diesen Typen ein, u. a. Israel 12, Italiens Carabinieri 20 A119 Kx, Portugal 5. Die US Navy hat 130 als TH-73A bezeichnete Trainingshubschrauber bestellt.
Bemerkungen: Die A119 Koala stellt das günstigere Einstiegsmodell der A109 dar. Von ihr sind die Zelle sowie der Rotor weitgehend übernommen. Sie verfügt aber nur über ein Triebwerk, statt zwei wie beim Ausgangsmuster. Was das Kabinenvolumen angeht, ist die A119 der derzeit größte einmotorige Hubschrauber. In ihr finden acht Personen bzw. als Ambulanzhubschrauber bis zu zwei Tragen für liegende Patienten Platz. Zudem verfügt sie über einen voluminösen Gepäckraum von 0,95 m³. In der ganzen Auslegung wurde auf Wirtschaftlichkeit und Robustheit Wert gelegt. Es sind sowohl Modelle mit Rad fahrwerk wie auch mit Kufen (Trekker) erhältlich. Die A119 Ke (**e** = **e**nhanced) bietet dank besserer Aerodynamik der Rotorblätter aus Kunststoff und höherer Rotordrehzahl ein höheres Abfluggewicht an. Ganz neu ist die AK119Kx, ausgerüstet mit der Avionik Garmin G1000NXi VFR sowie einem Synthetic Vision System. Sie kann bei jedem Wetter unter IFR-Bedingungen fliegen. Die TH-73A basiert auf der AW119Kx und erhält das leistungsstärkere Triebwerk Pratt & Whitney Canada PT6B37A von 1000 WPS (746 kW) Leistung.
Hersteller: Leonardo S.p.A., Rom, Werke Vergiate, Italien und Philadelphia, Pennsylvania, USA.

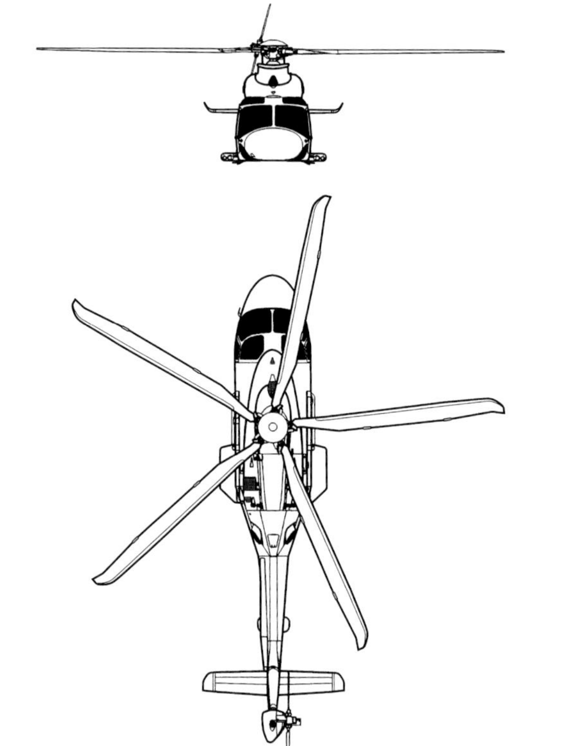

Abmessungen:
Rotordurchmesser 13,80 m,
Rumpflänge bei drehendem Rotor 16,65 m, ohne Rotor 13,53 m oder 13,73 m,
Höhe über Heckleitwerk 4,95 m.

LEONARDO AW139/HH-139

Ursprungsland: Italien.
Kategorie: Mittelschwerer (AW139) ziviler und (AW139M) militärischer Mehrzweckhubschrauber, (HH-139) Combat-SAR-Hubschrauber.
Triebwerke: Zwei Gasturbinen Pratt & Whitney Canada PT6C-67C von je 1679 WPS (1250 kW) Leistung.
Leistungen: Höchstgeschwindigkeit 310 km/h; max. Reisegeschwindigkeit 306 km/h; Schrägsteiggeschwindigkeit 10,9 m/Sek; Schwebehöhe mit Bodeneffekt 4680 m, ohne Bodeneffekt 2475 m; Dienstgipfelhöhe 6095 m; max. Flugdauer 5,56 Std; Reichweite mit 10 Passagieren 650 km, max. 1061 km.
Gewichte: Rüstgewicht je nach Ausführung 3900 kg, max. Startgewicht 6800/7000 kg.
Zuladung: Ein bis zwei Piloten und zwischen 12 und 15 Passagiere oder für Rettungseinsätze sechs liegende Verletzte und vier Sanitäter; max. Nutzlast intern 2500/2700 kg, extern 2778 kg.
Entwicklungsstand: Der Prototyp nahm am 3. Februar 2001 die Flugerprobung auf, gefolgt vom ersten Serienmuster am 24. Juni 2002. Ende 2003 wurden die ersten Maschinen ausgeliefert. Über 280 zivile Operators sowie militärische bzw. paramilitärische Organisationen haben bis Ende 2023 fast 1300 Einheiten bestellt, etwa 1150 davon sind bisher abgeliefert worden. Derzeit produziert der Hersteller jährlich etwa 50 AW139. Die AW139 wird in den USA (bisher über 300 ausgeliefert) und seit 2012 auch in Russland in Lizenz hergestellt. 84 als MH-139 bezeichnete Hubschrauber beschafft die USAF, Ablieferung ab 2020. 17 Einheiten der verbesserten Version HH-139B für SAR-Einsätze erhält die Italienische Luftwaffe. Erstablieferung Mitte 2021. 2023 hat Slowenien sechs der militärischen Version AW139M bestellt.
Bemerkungen: Ursprünglich ein Gemeinschaftsprojekt von Agusta und Bell, trägt heute Leonardo/AgustaWestland die alleinige Verantwortung für die AW139. Haupteinsatzgebiete sind: Transport von Geschäfts-/VIP-Personen, Überwachungsaufgaben, EMS-Transporte und Versorgung von Ölbohrplattformen. Die AW139 zeichnet sich durch eine für ihre Klasse sehr voluminöse Kabine aus. Die elektronische Ausrüstung entspricht dem heutigen Standard. Alle ab 2009 gebauten Modelle weisen ein auf 6800 kg erhöhtes max. Startgewicht auf, ab 2015 ist eine Version mit einem Abfluggewicht von sogar 7000 kg erhältlich.
Hersteller: Leonardo S.p.A., Rom, Werke Vergiate, Italien und Philadelphia, Pennsylvania, USA.

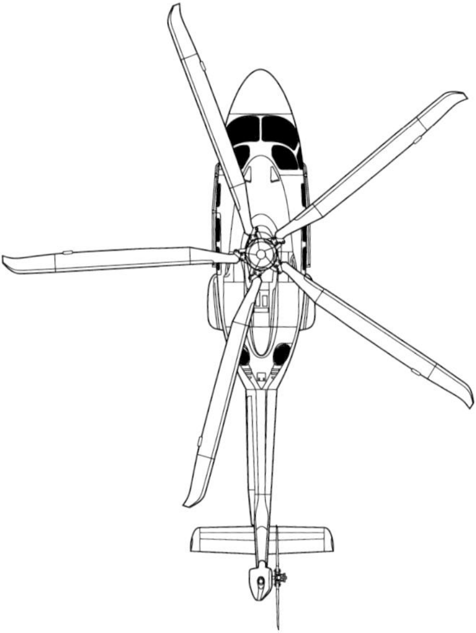

Abmessungen:
Rotordurchmesser 14,60 m,
Rumpflänge ohne Rotor 14,62 m, mit drehendem Rotor 17,57 m,
Höhe über Heckleitwerk 5,14 m.

LEONARDO AW149

Ursprungsland: Italien.
Kategorie: Mittelschwerer Mehrzweckhubschrauber für militärische Einsätze.
Triebwerke: Zwei Gasturbinen General Electric CT7-2E1 von je 1980 WPS (1477 kW) oder Safran Aneto-1K von je 2300 WPS (1715 kW) Leistung.
Leistungen (mit GE-Triebwerken): Höchstgeschwindigkeit 300 km/h; max. Reisegeschwindigkeit 287 km/h; Schwebehöhe mit Bodeneffekt, 12 Soldaten und Treibstoff für einen Aktionsradius von 280 km rund 4000 m; max. Reichweite 958 km.
Gewichte: Max. Startgewicht 8600 kg.
Zuladung: Zwei Piloten und bis 18 voll ausgerüstete Soldaten, für Rettungseinsätze sechs liegende Verletzte und vier Sanitäter.
Bewaffnung: An seitlichen Auslegern neben dem Rumpf können u. a. Behälter mit ungelenkten Raketen, Behälter für 12,7- bzw. 20-mm-Rohrwaffen sowie Lenkwaffen mitgeführt werden. Ein Fensterplatz ist zudem für den Einbau eines 7,62-mm-Maschinengewehres vorgesehen.
Entwicklungsstand: Die AW149 als Weiterentwicklung der AW139 flog erstmals am 13. November 2009. Ein zweiter Prototyp folgte Ende 2010. Nach einer langen Durststrecke ohne Aufträge gingen nun folgende Bestellungen ein: Ägypten 34, Thailändische Armee 5 und Thailändische Polizei 4. Neueste Besteller: Polen 32, Luftwaffe Nigerias 2, Indonesische Polizei 2.
Bemerkungen: Die AW149 ist die für militärische und paramilitärische Aufgaben optimierte Version der AW139 (siehe Seiten 222/223). Dank voll digitalisierter Avionik, einer offenen System-Architektur und integrierter Einsatzausrüstung soll sie für die heutigen Einsatzszenarien gerüstet sein. Eingebaut sind gegenüber der AW139 deutlich stärkere Triebwerke sowie ein völlig neues Transmissions-System. Die Zellenkonstruktion ist sehr robust ausgelegt und soll den Insassen bei Abstürzen eine hohe Überlebenswahrscheinlichkeit ermöglichen. Zum schnellen Ein- und Aussteigen bzw. zum Laden von Fracht hat man die Türen entsprechend groß ausgelegt. Der 4-Achs-Autopilot und die neueste Avionik sollen die Belastung der Piloten minimieren. Die AW149 ist u. a. für folgende Aufgaben geeignet: Gefechtsfeldunterstützung, Combat SAR, Aufklärung und Überwachung sowie Evakuationseinsätze.
Hersteller: Leonardo S.p.A., Rom, Werk Vergiate, Italien.

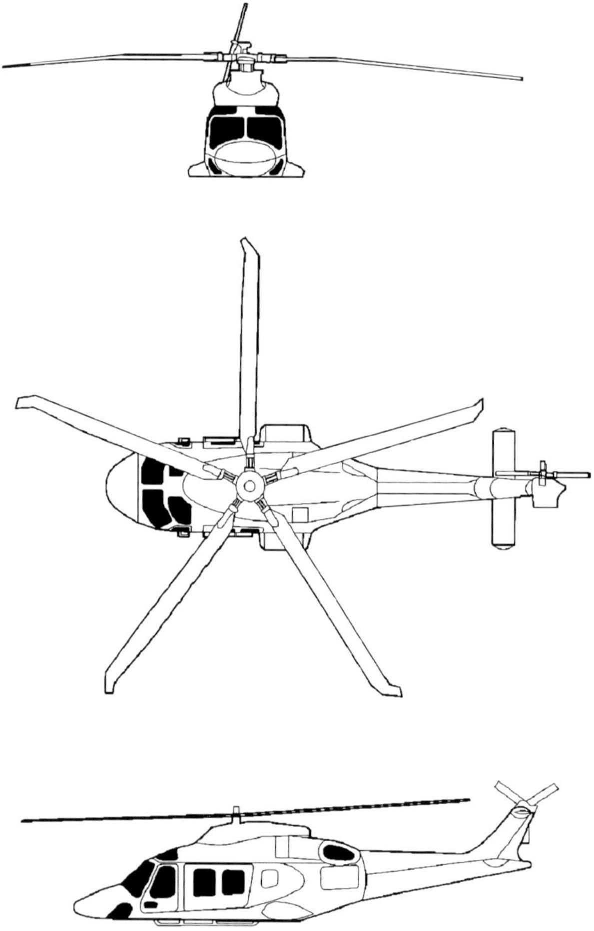

Abmessungen:
Rotordurchmesser 12,12 m,
Rumpflänge bei drehendem Rotor 14,65 m,
Höhe inkl. Rotorkopf 4,50 m.

LEONARDO AW169

Ursprungsland: Italien.
Kategorie: Mittelschwerer Mehrzweckhubschrauber.
Triebwerke: Zwei Gasturbinen Pratt & Whitney PW210A von je 1000 WPS (745 kW) Leistung.
Leistungen: Höchstgeschwindigkeit 306 km/h; Dienstgipfelhöhe 4572 m; Schwebehöhe mit Bodeneffekt 4570 m, ohne 3870 m; max. Reichweite 820 km; Einsatzdauer 4,20 Std.
Gewichte: Max. Startgewicht 4800 kg, ab 2024 bis zu 5100 kg.
Zuladung: Ein bis zwei Piloten und zwischen acht und elf Passagiere oder für Rettungseinsätze zwei liegende Verletzte und zwei Sanitäter.
Entwicklungsstand: Ein erster von vier Prototypen flog erstmals am 10. Mai 2012. Mit den Kundenauslieferungen begann man Mitte 2015. Bis Ende 2023 waren über 320 Hubschrauber von über 70 Betreibern bestellt, etwa 170 davon geliefert. Die meisten verwenden die AW169 für Offshore- und Ambulanzeinsätze. Nebst in Italien wird die AW169 auch in Philadelphia, USA, gebaut. 22 Einheiten der Spezial-Version MH-169A hat die italienische Guardia di Finanza bestellt, die Carabiniere 20 UH-169C. Italiens Armee wird bis zu 50 AW169MA bzw. UH-169B beschaffen, 15 davon sind bestellt. Auch Österreich kauft 36 AW169M.
Bemerkungen: Mit der AW169 schließt der Hersteller die Angebotslücke zwischen der AW109 und der AW139 und bietet damit ein Konkurrenzprodukt beispielsweise zum Airbus Helicopters H145 (siehe Seiten 32/33) an. In diesem Wachstumssegment wird ein Produkt lanciert, welches neueste technologische Entwicklungen enthält und eine große Zahl von Einsatzmöglichkeiten erlaubt. Im Vordergrund stehen dabei kommerzielle wie auch paramilitärische Aufgaben wie EMS-Einsätze, Law-and-Order-, Offshore- und SAR-Missionen. Bei der AW169 handelt es sich um eine völlig neue Entwicklung, bei der modernste Konstruktionsmethoden und Werkstoffe eingesetzt werden. Nebst auf Robustheit und Langlebigkeit wird starkes Gewicht auf hohe Wirtschaftlichkeit gelegt. Auch die Avionik entspricht neuesten Entwicklungen. Die Zelle wurde »crash-resistent« ausgelegt. Dank großen Schiebetüren ist der Passagier- bzw. Frachtraum sehr gut zugänglich, was insbesondere bei EMS/Ambulanzeinsätzen wichtig ist. EMS-Hubschrauber können mit einem APU (Hilfsaggregat) ausgerüstet werden. Die militärische Variante AW169M ist mit Rettungswinde, Suchscheinwerfer, Night-Vision-Goggles und einem Näherungswarnsystem ausgestattet.
Hersteller: Leonardo S.p.A., Rom, Werke Vergiate, Italien und Philadelphia, Pennsylvania, USA.

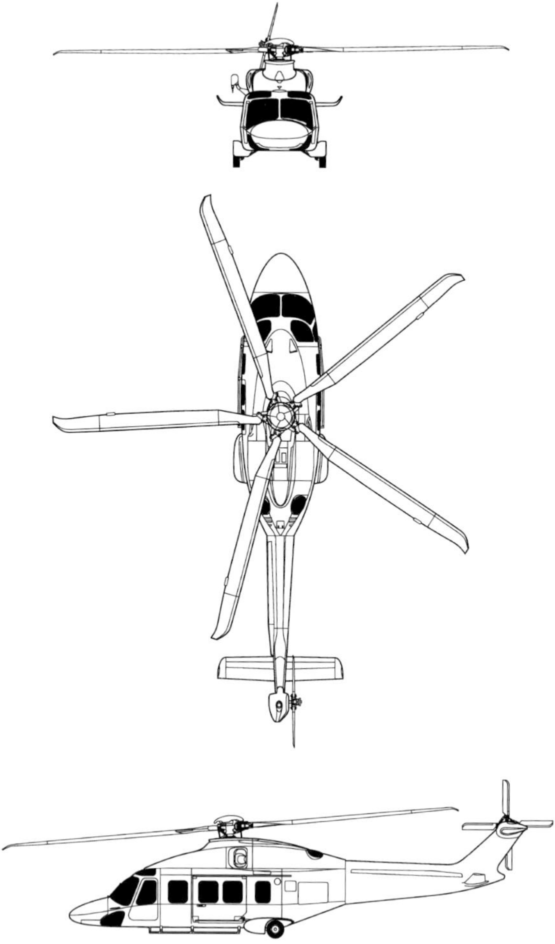

Abmessungen:
Rotordurchmesser 14,60 m,
Rumpflänge bei drehendem Rotor 17,57 m, Rumpflänge alleine 14,60 m,
Höhe über Heckleitwerk 5,07 m.

LEONARDO AW189

Ursprungsland: Italien.
Kategorie: Mittelschwerer Mehrzweckhubschrauber primär für Offshore-Einsätze.
Triebwerke: Zwei Gasturbinen General Electric CT7-2E1 von je 1980 WPS (1480 kW) Leistung.
Leistungen: Max. Reisegeschwindigkeit 294 km/h, Reisegeschwindigkeit 287 km/h; Aktionsradius mehr als 370 km, mit Standardnutzlast noch 260 km; max. Reichweite 889 km.
Gewichte: Rüstgewicht 5640 kg; max. Startgewicht 8300 kg; (AW189K) 8600 kg.
Zuladung: Zwei Piloten und normalerweise 16, max. bis zu 19 Passagiere. Extern können Lasten bis zu 2722 kg mitgeführt werden.
Entwicklungsstand: Die AW189 startete am 21. Dezember 2011 zum Erstflug. Mit den Kundenablieferungen konnte anfangs 2014 begonnen werden. Aktuell sind von über 20 Kunden mehr als 120 Einheiten bestellt, 90 davon geliefert. 12 von Bristow betriebene AW189 werden im Auftrag der UK Coast Guard seit Ende 2015 als Rettungshubschrauber eingesetzt. Die russische Rosneft hat vorerst 30 AW189 bestellt, will aber insgesamt bis zu 160 beschaffen. Ob dieser Auftrag noch Gültigkeit hat, ist zu bezweifeln. Die neu este Version AW189K flog erstmals am 9. März 2017. Neueste Bestellerin: Ägyptische Luftwaffe 8.
Bemerkungen: Die AW189 ist primär für die harten Einsätze im Offshore-Markt optimiert und zwar sowohl für Passagier-, Frachttransporte sowie Such- und Rettungsmissionen. Sie entspricht den neuesten internationalen Sicherheitsvorschriften für Transporteinsätze vor allem auf Bohrinseln. Dazu verfügt die AW189 über eine spezifische Ausrüstung, u. a. Schwimmkörper für Notwasserungen, Notlichtsystem, faltbare Rettungsflosse außen am Rumpf, weiterentwickeltes Wetterradar, Schutzsystem gegen Vereisung usw. Wie bei neuen Hubschrauberkonstruktionen üblich verfügt die AW189 über eine voll digitalisierte Avionik, eine offene System-Architektur und integrierte Einsatzausrüstung. Der 4-Achs-Autopilot und die neueste Avionik sollen die Belastung der Piloten minimieren. Die Zellenkonstruktion ist sehr robust ausgelegt und soll den Insassen bei Abstürzen eine hohe Überlebenswahrscheinlichkeit ermöglichen. Ab 2019 ist die Ausführung AW189K erhältlich, welche über neue Triebwerke Safran Aneto-1K mit einer Leistung von je 2500 WPS (1860 kW) verfügt.
Hersteller: Leonardo S.p.A., Rom, Werk Vergiate, Italien bzw. bei HeliVert, Werk Tomilino bei Moskau, Russland.

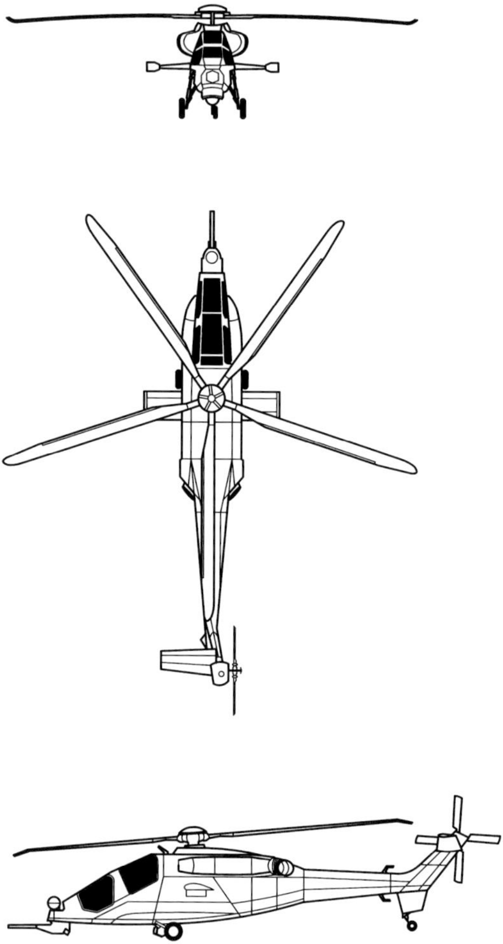

Abmessungen:
Rotordurchmesser 14,60 m,
Länge über alles 17,63 m,
Höhe 4,26 m.

LEONARDO AW249

Ursprungsland: Italien.
Kategorie: Mittelschwerer zweisitziger Kampf- und Aufklärungshubschrauber.
Triebwerke: Zwei Gasturbinen General Electric CT7-8E6 von je 2500 WPS (1900 kW) Leistung.
Leistungen (nach Angaben des Herstellers): Höchste Reisegeschwindigkeit 287 km/h, normale Reisegeschwindigkeit 259 km/h; Dienstgipfelhöhe 6100 m; max. Schrägsteiggeschwindigkeit 11,75 m/Sek; Schwebehöhe mit Bodeneffekt 4500 m, Reichweite mit max. interner Treibstoffzuladung rund 796 km; Flugdauer 4,5 Std.
Gewichte (nach Angaben des Herstellers): Max. Startgewicht 8300 kg.
Bewaffnung: Eine mehrläufige 20-mm-Bordkanone OTO Melara TM197B vorne unten am Rumpf sowie an sechs Waffenstationen unter den Stummelflügeln diverse Luft-Boden- bzw. Luft-Luft-Lenkwaffen u.a. Rafael Spike, ungelenkte Raketen, Bomben und Zusatztanks bis zu einem Gesamtgewicht von 1800 kg.
Entwicklungsstand: Ein erster Prototyp nahm die Flugerprobung am 12. August 2022 auf, gefolgt vom zweiten am 19. März 2023. Weitere drei Vorserienexemplare werden folgen. Die Armee Italiens wird diesen Typ voraussichtlich als Ersatz der Agusta A129 beschaffen, geplant sind 48 Einheiten. Eine Bestellung ist aber noch nicht erfolgt.
Bemerkungen: Gegenüber ihrer Vorgängerin ist die AW249 deutlich größer, leistungsfähiger und mit den modernsten Systemen ausgerüstet. Eine deutlich stärkere Kampfkraft wird erreicht und dank Stealth-Eigenschaften eine wesentlich bessere Überlebensfähigkeit sichergestellt. Das Missionssystem wird unter anderem in der Lage sein, unbemannte Luftfahrzeuge fernzusteuern und zahlreiche Hilfsmittel zur Situationserkennung zu integrieren, um die Arbeitsbelastung der Piloten zu verringern und die Sicherheit zu erhöhen. Dank offener Architektur wird die Integration von Missionssystemen verschiedener Anbieter mit der Bordavionik erleichtert. Die AW249 soll mit elektro-optischen Gegenmaßnahmen- und anderen Selbstverteidigungssystemen wie dem DIRCM (**D**irect **I**nfra**R**ed **C**ounter **M**easures) ELT\577 QUIRIS und dem Radarwarnempfänger ELT\162 ausgestattet werden. Der Rumpf ist teilweise gepanzert und besteht vermutlich weitgehend aus Verbundwerkstoffen. Die meisten dynamischen Elemente, wie das Getriebe und die Rotoren, wurden von der Leonardo AW149 abgeleitet.
Hersteller: Leonardo S.p.A., Werk Vergiate, Rom, Italien.

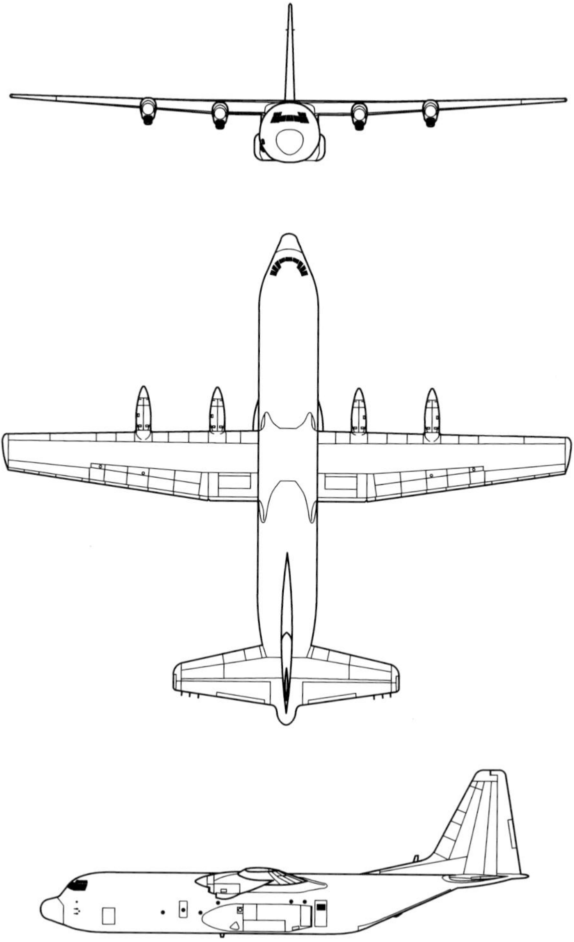

Abmessungen:
Spannweite 40,38 m,
Länge (C-130J) 28,81 m, (C-130J-30) 34,37 m,
Höhe 11,81 m,
Flügelfläche 162,12 m².

LOCKHEED MARTIN C-130J SUPER HERCULES

Ursprungsland: USA.
Kategorie: Mittelschwerer militärischer Transporter.
Triebwerke: Vier Propellerturbinen Rolls Royce AE2100 von je 6000 WPS (4500 kW) reduziert auf 4640 WPS (3460 kW) Leistung.
Leistungen: Max. Reisegeschwindigkeit 645 km/h, norm. Reisegeschwindigkeit 556 km/h; Anfangssteiggeschwindigkeit 10,7 m/Sek; Dienstgipfelhöhe 9315 m; Reichweite mit einer Nutzlast von 21625 kg über 2600 km, mit 18144 kg 5250 km.
Gewichte: Rüstgewicht (J) 34274 kg, (J-30) 35965 kg; max. Abfluggewicht 79380 kg.
Zuladung: Normalerweise eine Besatzung von fünf Personen und je nach Einsatzzweck verschiedene Nutzlasten bis zu einem Gewicht von 22000 kg.
Entwicklungsstand: Die erste C-130J fliegt seit 5. April 1996. Im März 2022 wurde die 500. C-130J hergestellt, einschließlich aller Unterversionen. 23 Luftwaffen/Marinen betreiben mittlerweile diese Version. Der größte Einzelbesteller aller Ausführungen ist die USAF mit etwa 300 C-130J mehrerer Varianten. Das USMC betreibt rund 60 KC-130J, die USCG 14 HC-130J, letztere bei einem Gesamtbedarf von 22. Weiterhin werden jährlich etwa 24 Einheiten der verschiedenen Versionen hergestellt. Seit Erstflug 1954 bis heute verließen insgesamt rund 2700 Hercules die Montagehalle. Je drei C-130J-30 (siehe Foto) und KC-130J beschafft die Deutsche Luftwaffe. Neueste Besteller: Ägypten 12, Australien 24, Philippinen 3.
Bemerkungen: Seit 1955 ununterbrochen in Produktion, stellen die C-130J bzw. die verlängerte C-130J-30 die neuesten Ausführungen dieses bewährten Musters dar. Die wesentlichen Verbesserungen sind: Deutlich stärkere Triebwerke mit Sechsblatt-Propeller, Digitalcockpit und Elektronik neuester Generation, Erleichterung der Wartung und des Ein- und Auslads. Dadurch konnten fast alle Leistungsparameter deutlich verbessert werden. Die C-130J wird auch in mehreren Untervarianten produziert, wie AC-130J, MC-130J, WC-130J für die USAF, HC-130J für die USCG, KC-130J für das USMC und mehrere weitere Luftwaffen. Diese sind in früheren Ausgaben beschrieben. Derzeit plant die USAF eine Version der MC-130J mit zwei abnehmbaren Schwimmern zu entwickeln.
Hersteller: Lockheed Martin Marietta Corp., Marietta, Georgia, USA.

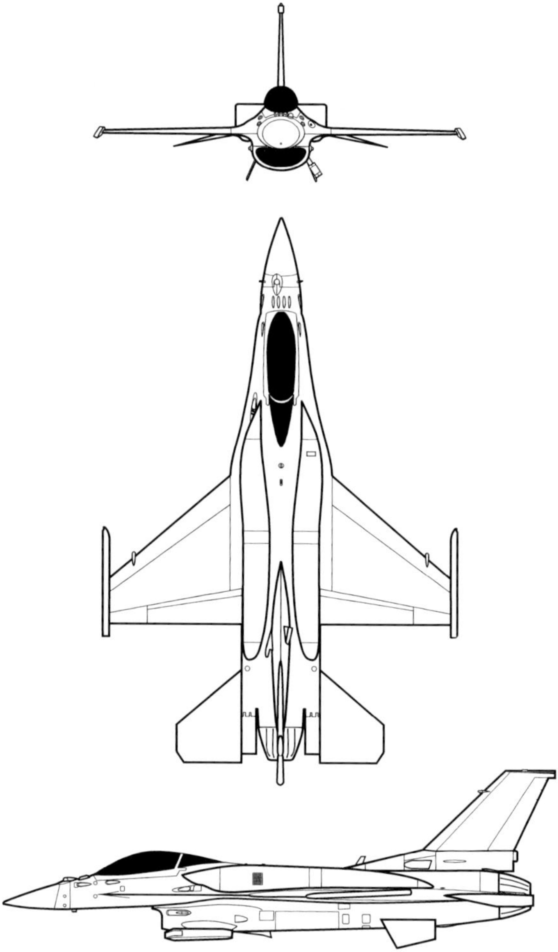

Abmessungen:
Spannweite 9,45 m,
Länge 15,03 m,
Höhe 5,09 m,
Flügelfläche 27,87 m^2.

LOCKHEED MARTIN F-16V FIGHTING FALCON

Ursprungsland: USA.
Kategorie: Einsitziger Mehrzweckjäger.
Triebwerke: Ein Mantelstromtriebwerk Pratt & Whitney F100-PW 229 von 8075 kp (79,20 kN) Standschub ohne und 13420 kp (131,60 kN) mit Nachbrenner bzw. General Electric F110-GE-129 von 8043 kp (78,90 kN) Standschub ohne und 13420 kp (131,60 kN) mit Nachbrenner.
Leistungen: Kurzzeitig erreichbare Höchstgeschwindigkeit 2145 km/h auf 12190 m (Mach 2,02), andauernde Höchstgeschwindigkeit 2007 km/h (Mach 1,89); Dienstgipfelhöhe 15240 m; (Block 50/52) taktischer Einsatzradius mit sechs 227-kg-Bomben 580 km; Überführungsreichweite mit Zusatztanks 3943 km.
Gewichte: Leergewicht 9207 kg; max. Startgewicht 21772 kg.
Bewaffnung: Eine sechsläufige 20-mm-Revolverkanone M61A-1 und, als Abfangjäger, bis zu sechs Luft-Luft-Lenkwaffen AIM-9L/M oder AIM-120, als Erdkämpfer bis zu 5638 kg Außenlasten.
Entwicklungsstand: Die F-16C/D Block 50/52 befindet sich seit 1991 im Einsatz. Die als F-16E/F (siehe Ausgabe 2008 und Dreiseitenriss) bezeichneten Modelle des Blocks 60 sind an den einzigen Besteller UAE alle abgeliefert worden. Bisher wurden über 4600 F-16 hergestellt. 29 Luftwaffen haben diesen Typ bisher in verschiedenen Varianten beschafft. Die F-16V flog erstmals am 16. Oktober 2015. Bahrain beschafft 16, Bulgarien 16, Jordanien 8, Marokko 25, Slowakei 14, Taiwan 66. Taiwan baut zudem 142 bestehende F-16A/B in diese Version um, ebenso Griechenland 85 F-16C/D.
Bemerkungen: Gegenwärtig werden nur noch F-16V Block 70 gebaut. Die Hauptneuerung ist das AESA-Radar der fünften Generation APG-83. Weiter ist sie mit einem neuen Missionscomputer ausgerüstet und weist Verbesserungen im Cockpit auf, u. a. dem **C**enter **P**edestal **D**isplay (CPD). Damit wird die Arbeit des Piloten im Kampfeinsatz wesentlich erleichtert. Die Struktur wurde verstärkt, so dass die Lebensdauer um 50 % erhöht ist. Neu beschaffte F-16V können mit einer Mehrzahl optionaler Zusatzsysteme ausgerüstet werden. Beispiele sind: Vektorsteuerung des Triebwerks, Cockpit mit Helmdisplay, Mitführen von allwettertauglichen Standoff-Waffen wie die AGM-84E Standoff-Land-Attack-Lenkwaffe oder die AGM-142 Popeye II-Bombe. Auch ein Mikrowellen-Landesystem wird angeboten, welches den Endanflug wesentlich erleichtert. Ältere Modelle können mit einem Active Combat Radar von Raytheon nachgerüstet werden.
Hersteller: Lockheed Martin Marietta Corp., Greenville, South Carolina, USA

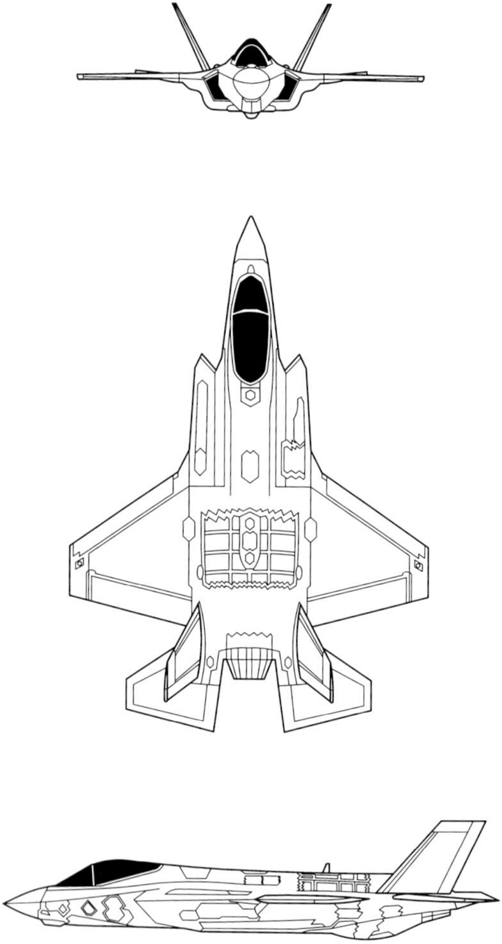

Abmessungen:
Spannweite 10,70 m,
Länge 15,70 m,
Höhe 4,38 m,
Flügelfläche 42,70 m².

LOCKHEED MARTIN F-35A LIGHTNING II

Ursprungsland: USA.
Kategorie: Landgestütztes Mehrzweckkampfflugzeug.
Triebwerke: Ein Mantelstromtriebwerk Pratt & Whitney F135PW-100 von 13062 kp (128,10 kN) ohne und 19506 kp (191,30 kN) mit Nachbrenner.
Leistungen: Höchstgeschwindigkeit mit interner Waffenladung 1700 km/h (etwa Mach 1,6); Reisegeschwindigkeit während rund 10 Min. Mach 1,2; Dienstgipfelhöhe 18200 m; Aktionsradius 1093 km, max. Reichweite 2222 km.
Gewichte: Leergewicht 13290 kg; normales Startgewicht 22280 kg, max. ca. 31750 kg.
Bewaffnung: Eine intern eingebaute fünfläufige 25-mm-Kanone GAU-22/A und 8160 kg Waffen in zwei internen Waffenschächten und unter den Flügeln.
Entwicklungsstand: Das erste weitgehend der Serienausführung entsprechende Muster F-35AA-1 nahm die Flugerprobung am 15. Dezember 2006 auf. Am 14. November 2009 folgte das erste eigentliche Serienflugzeug AF-1. Die ersten F-35A wurden der USAF am 14. Juli 2011 übergeben. Die USAF will insgesamt 1763 F-35A Lightning II beschaffen. Folgende Länder erwerben ebenfalls die F-35A: Australien 72, Belgien 34, Dänemark 27, Deutschland 35, Finnland 64, Griechenland vorläufig 6, Israel 75, Italien 60, Japan 113, Kanada 88, Niederlande 52, Norwegen 52, Polen 32, Schweiz 36, Singapur 4, Südkorea 65, Tschechien 24. Ende 2023 waren etwa 1000 F-35 aller Versionen gebaut. Die Jahresproduktion 2023 betrug wegen diversen Produktionsproblemen nur rund 100 Einheiten.
Bemerkungen: Die F-35A ist für Landeinsätze ab normalen Flugpisten vorgesehen und hat als erste Variante die Einsatzreife erlangt. Allen drei Ausführungen F-35A, F-35B (siehe Seiten 238/239) und F-35C (siehe Seiten 240/241) gemeinsam sind der Rumpf, die Seitenleitwerke und das Höhenleitwerk. Dies trifft auch für die Systeme weitgehend zu. Das Cockpit neuester Technologie weist hochauflösende Bildschirme auf. Viele Funktionen lassen sich durch Sprachbefehle oder via Pilotenhelm-Display steuern. Ab den Modellen des sog. Blocks 4 wird anstelle des synthetischen Normalband-Bordradars ein Breitband-Multifunktions-Bordradar AESA AN/APG-85 von Northrop Grumman eingebaut. Dieses befindet sich noch in Entwicklung. In Zukunft sind u. a. weitere Software-updates, vergrößerte Treibstofftanks, Ausrüstungen für anti-ballistische Lenkwaffen geplant. Auch eine neue Triebwerkgeneration soll erprobt werden.
Hersteller: Lockheed Martin Marietta Corp., Marietta, Georgia, Werk Fort Worth, Texas, USA.

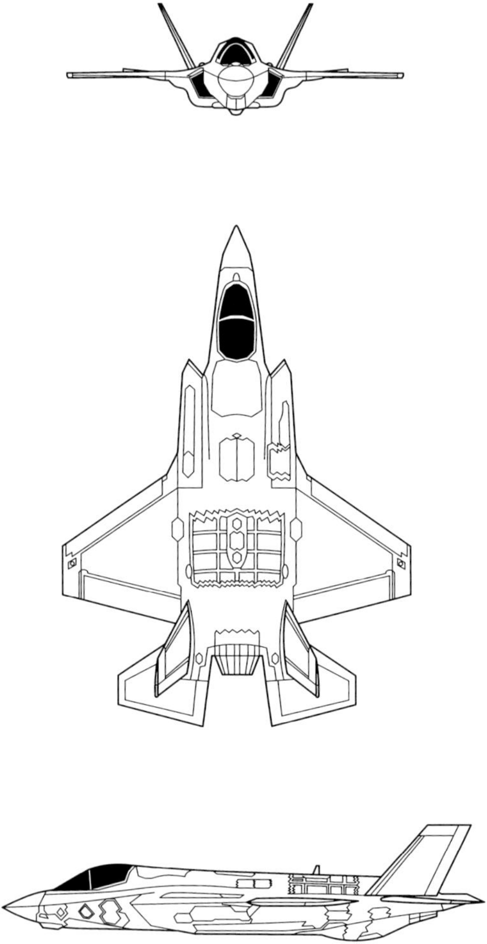

Abmessungen:
Spannweite 10,70 m,
Länge 15,60 m,
Höhe 4,36 m,
Flügelfläche 42,70 m^2.

LOCKHEED MARTIN F-35B LIGHTNING II

Ursprungsland: USA.
Kategorie: Bordgestütztes STOVL-Mehrzweckkampfflugzeug.
Triebwerke: Ein Mantelstromtriebwerk Pratt & Whitney F135PW-600 von 12246 kp (120,10 kN) ohne und 18599 kp (182,40 kN) mit Nachbrenner.
Leistungen: Höchstgeschwindigkeit mit maximaler interner Waffenladung 1700 km/h (Mach 1,6); Reisegeschwindigkeit während rund 10 Min. Mach 1,2; Dienstgipfelhöhe 15240 m+; Aktionsradius etwa 830 km; max. Reichweite 1667 km.
Gewichte: Leergewicht 14650 kg; normales Startgewicht 22280 kg, maximal ca. 27200 kg.
Bewaffnung: Im Waffenschacht an der Rumpfunterseite sowie an Aufhängepunkten unter dem Rumpf und unter den Flügeln können Waffen verschiedenster Art bis zu einem Gewicht von 6800 kg mitgeführt werden. Die fünfläufige 25-mm-Kanone GAU-22/A ist nicht eingebaut, sondern kann als externer Waffenbehälter angehängt werden.
Entwicklungsstand: Die X-35B entstand aus dem Umbau der X-35C und flog in dieser Konfiguration erstmals am 24. Juni 2001. Der erste eigentliche Prototyp F-35B nahm die Flugerprobung am 11. Juni 2008 auf, gefolgt vom zweiten am 25. Februar 2009. Neu wird das USMC nur noch rund 200 der geplanten 353 Maschinen beschaffen. Die erste Ausbildungsstaffel war Anfang 2013 in Yuma, Arizona, einsatzbereit, eine erste Kampfstaffel folgte 2015. Offen ist aktuell wie viele F-35 Großbritannien und in welchem Mix zwischen F-35A und F-35B erhält. Bestellt nur noch 48 Einheiten dieser Version, über weitere 27 wird gegenwärtig verhandelt. Die erste Einsatzstaffel Großbritanniens erlangte 2019 die Einsatzfähigkeit. Italien kauft zwischen 15 und 30 F-35B, Japan 42, Singapur 12, Südkorea Bedarf 20, 4 davon bestellt. Bis Ende 2023 waren insgesamt etwa 115 F-35B gebaut.
Bemerkungen: Bei der STOVL-Version F-35B ist das Triebwerk mit einem durch eine Gelenkwelle verbundenen Lift-Fan ausgerüstet, mit Einlassöffnung und Austrittsdüse unten am vorderen Teil des Rumpfs. Zudem lässt sich das Heckteil des Triebwerks um bis zu 90 Grad nach unten schwenken. Damit werden vollständige VTOL-Eigenschaften erreicht. Im Übrigen ist die F-35B mit den F-35A/C zu rund 90 % baugleich. Angesichts des erhöhten Leergewichts und der größeren Komplexität dieser Variante sind diverse Leistungsparameter gegenüber den anderen F-35-Versionen leicht geringer. Die Version F-35B erhält die gleichen Modifikationen und neuen Ausrüstungen wie die F-35A, nicht aber ein neues Triebwerk.
Hersteller: Lockheed Martin Marietta Corp., Marietta, Georgia, Werk Fort Worth, Texas, USA.

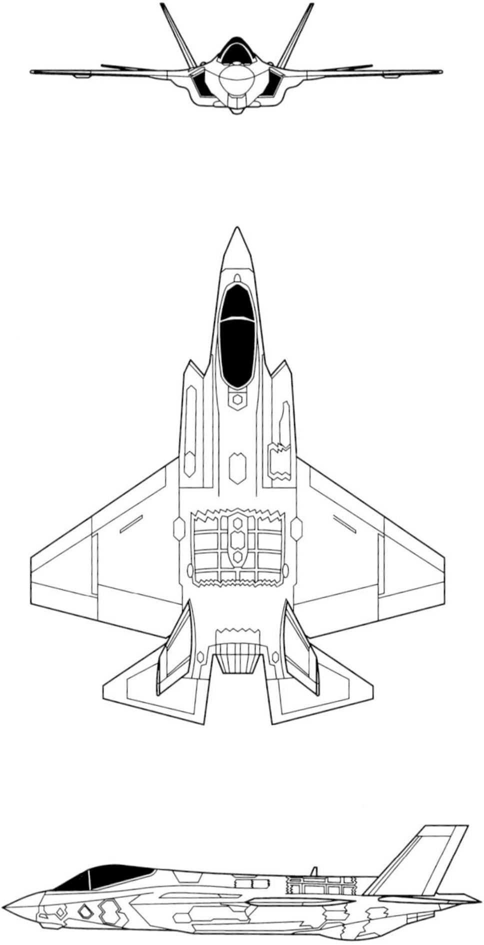

Abmessungen:
Spannweite 13,10 m,
Länge 15,50 m,
Höhe 4,48 m,
Flügelfläche 62,10 m².

LOCKHEED MARTIN F-35C LIGHTNING II

Ursprungsland: USA.
Kategorie: Bordgestütztes CTOL-Mehrzweckkampfflugzeug.
Triebwerke: Ein Mantelstromtriebwerk Pratt & Whitney F135PW-100 von 13062 kp (128,10 kN) ohne und 19506 kp (191,30 kN) mit Nachbrenner.
Leistungen: Höchstgeschwindigkeit mit maximaler interner Waffenlast 1700 km/h (etwa Mach 1,6); Reisegeschwindigkeit während rund 10 Min. Mach 1,2; Dienstgipfelhöhe 15240 m+; Aktionsradius etwa 1200 km; max. Reichweite 2200+ km.
Gewichte: Leergewicht 15686 kg; normales Startgewicht 22280 kg, maximal 31800 kg.
Bewaffnung: In einem internen Schacht an der Rumpfunterseite sowie an Aufhängepunkten unter dem Rumpf und unter den Flügeln können verschiedenste Waffen bis zu 8180 kg mitgeführt werden. Im Gegensatz zur F-35A ist aber keine fünfläufige 25-mm-Kanone GAU-22/A eingebaut. Diese kann als externer Behälter angehängt werden.
Entwicklungsstand: Die erste F-35C hat die Flugerprobung am 6. Juni 2010 aufgenommen. Noch ist nicht klar, wie viele F-35C die USN schließlich beschafft, vermutlich aber nur 273. 67 erhält das USMC. Bestellt sind bisher für beide Teilstreitkräfte deren 80, Ende 2023 waren über 50 abgeliefert, darunter die ersten für das USMC. Die Schulungsstaffel VF-101 übernahm im Frühjahr 2013 die erste F-35C. 2018 folgte mit der VFA-14 die erste Einsatzstaffel.
Bemerkungen: Als letzte der drei Versionen folgte die F-35C für die USN. Die konventionell startende und landende F-35C verzichtet auf Schwenkmechanismus und Lift-Fan der F-35B, erhält aber für den Einsatz ab Flugzeugträgern einen optimierten Flügel, der sich zum besseren Verstau an den Enden einklappen lässt. Die Spannweite ist um ganze 2,44 m größer und die Fläche nimmt um rund 50 % zu. Auch der Klappenmechanismus wurde verändert. Damit erzielt die F-35C deutlich bessere Start- und Landeeigenschaften. Dank eines auf 8960 kg erhöhten Treibstoffvorrats erreicht die F-35C größere Reichweiten. Zu 90 % weist sie aber mit der F-35A und der F-35B Teilegleichheit auf. Insbesondere die Avionik ist bei allen genau gleich. Gegenwärtig prüft die USN, ob aus der F-35C später noch eine Ausführung als Elektronikkampfflugzeug abgeleitet werden kann. Sämtliche für die F-35A geplanten Modifikationen auf Aufdatierungen sind auch für die F-35C vorgesehen.
Hersteller: Lockheed Martin Marietta Corp., Marietta, Georgia, Werk Fort Worth, Texas, USA.

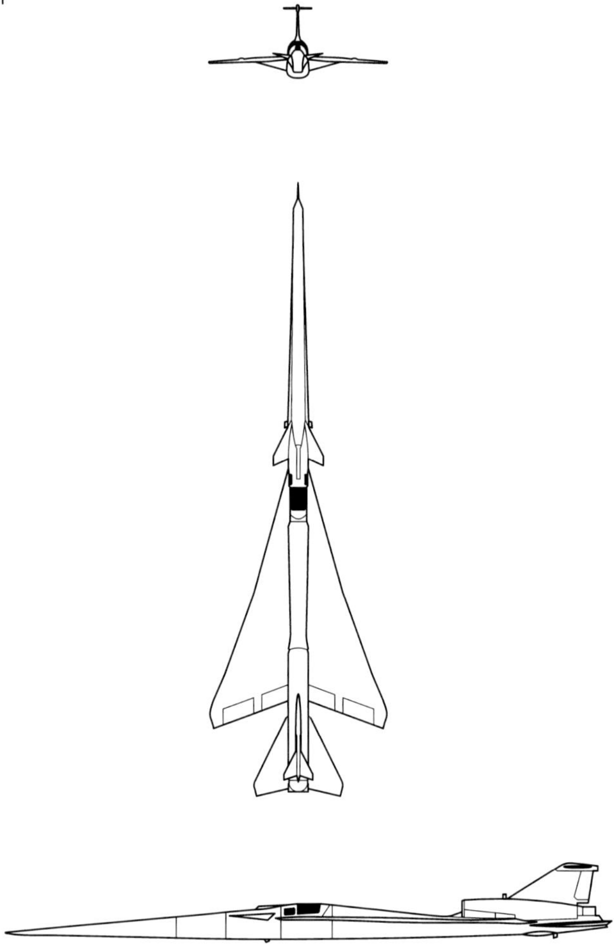

Abmessungen:
Spannweite 9,00 m,
Länge 29,50 m,
Höhe 4,90 m.

LOCKHEED MARTIN/NASA X-59 QUESST

Ursprungsland: USA.
Kategorie: Technologieerprobungsträger zur Entwicklung eines leisen überschallschnellen Passagierflugzeuges.
Triebwerke: Ein Mantelstromtriebwerk General Electric F414GE-100 von 9978 kp (98,00 kN) Standschub mit Nachbrenner.
Leistungen (geschätzt): Höchstgeschwindigkeit 1590 km/h (Mach 1,5); Reisegeschwindigkeit 1510 km/h (Mach 1,42); Dienstgipfelhöhe 16800 m.
Gewichte: Max. Startgewicht 14700 kg.
Entwicklungsstand: Der einzige Erprobungsträger wurde Mitte 2023 fertiggestellt und sollte im Laufe 2024 zum Erstflug starten. Es sind zahlreiche Testflüge vorgesehen.
Bemerkungen: Nachdem die Aérospatiale/BAC Concorde 2003 (siehe Ausgabe 1978) aus dem Verkehr gezogen wurde, schien das Thema Überschallverkehrsflugzeug abgeschlossen zu sein. Nebst der schlechten Wirtschaftlichkeit war besonders der Überschallknall ein Problem. Deshalb verboten viele Länder, dass mit überschall über ihrem Gebiet geflogen wurde. Diese beiden Probleme will die X-59 angehen. Der Name QueSST (**Q**uiet **S**upersonic **T**ransport) steht für das Programm. Mit der X-59 will der Hersteller zusammen mit der NASA den Beweis erbringen, dass durch geeignete Gestaltung von Rumpf und Flügeln die beim Überschallknall entstehenden Schock- und Stoßwellen massiv reduziert, wenn nicht sogar vermieden werden können. Der Hersteller behauptet, dass der Lärm auf rund 75 Dezibel gehalten werden kann, was in etwa dem Schließen einer Autotüre entspricht. Eine Maßnahme ist der lange Vorderrumpf und das teilversenkte Cockpit. Die letztere Maßname führt dazu, dass der Pilot keine Außensicht hat und nur via Kamera- und Anzeigesysteme mit der Außenwelt verbunden ist. Auch die Form der Flügel soll zur Lärmminimierung beitragen. Die Konstruktion besteht in weiten Teilen aus Aluminium und Verbundwerkstoffen. In besonders anspruchsvollen Teilen wird Titan verwendet. Um die Kosten tief zu halten, wurden einzelne Komponenten der X-59 von anderen Flugzeugtypen übernommen, so beispielsweise das Cockpit und das Fahrwerk.
Hersteller: Lockheed Martin Marietta Corp., Skunk Works in Palmdale, Kalifornien, USA.

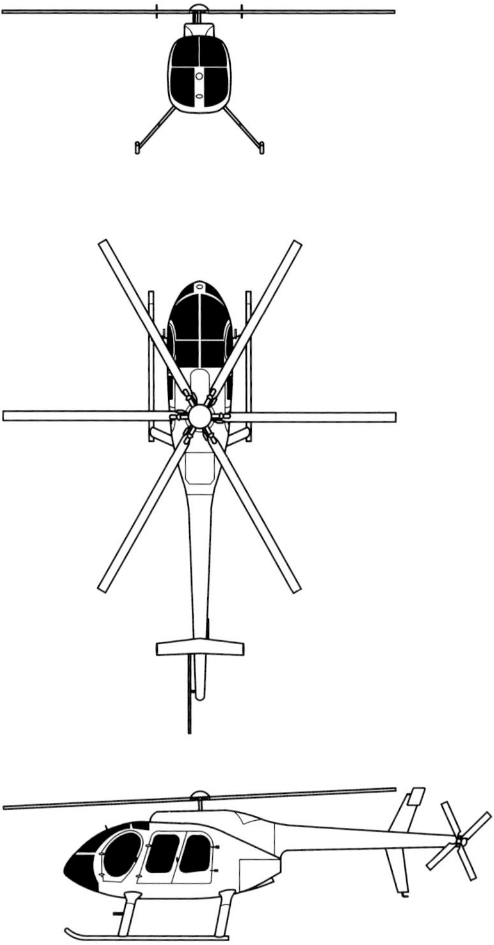

Abmessungen:
Rotordurchmesser 8,33 m,
Rumpflänge 9,94 m,
Höhe inkl. Rotorkopf 2,90 m.

MD HELICOPTERS MD 530F CAYUSE WARRIOR PLUS

Ursprungsland: USA.
Kategorie: Leichter ziviler Mehrzweck- bzw. militärischer Aufklärungs- und Kampfhubschrauber.
Triebwerke: Eine Gasturbine Rolls-Royce M250-C30 mit einer Leistung von 650 WPS (480 kW).
Leistungen: Höchstgeschwindigkeit 282 km/h; max. Reisegeschwindigkeit 250 km/h; Dienstgipfelhöhe 4578 m; max. Schrägsteiggeschwindigkeit 5,2 m/Sek; Reichweite 359 km.
Gewichte: Leergewicht 773 kg; max. Startgewicht 1519 kg.
Zuladung: Für Zivileinsätze Pilot und normalerweise drei Passagiere; max. Nutzlast 738 kg.
Bewaffnung (MD 530F Cayuse Warrior Plus): An seitlich am Rumpf angebrachten Trägern können beispielsweise TOW-Antitank-Lenkwaffen, Luft-Luft-Lenkwaffen Stinger oder zwei 7,62-mm M134 Miniguns mitgeführt werden.
Entwicklungsstand: Von den Ursprungsversionen OH-6/MD500 wurden bei verschiedenen Herstellern bisher rund 4700 Exemplare gebaut. Die Militärversion der MD 530F ist u.a. an folgende Luftwaffen verkauft worden: Afghanistan ca. 50, Kenya 12+, Lettland 4, Libanon 6, Malaysia 6, Nigeria 12, National Guard of Saudi Arabia 12. Ab 2018 beschafften die US Army rund 150 Exemplare, um einzelne davon an befreundete Länder weiterzugeben. Ab 2025 sollen jährlich rund 50 MD530F der verschiedenen Ausführungen hergestellt werden.
Bemerkungen: Ausgehend vom Ausgangsmuster MD 500 sind mehrere Versionen gebaut worden. Die aktuellste Variante MD 530F ist in mehreren Varianten erhältlich. Nebst ziviler (siehe Dreiseitenriss) und militärischer Nutzung ist dieser Typ auch bei vielen Polizei- und Grenzschutzbehörden im Einsatz. Die MD 530F zeichnet sich durch Einfachheit und große Robustheit aus. Im Vergleich zu einzelnen Konkurrenzmustern ist sie sehr wirtschaftlich zu betreiben. Dank leistungsfähigem Triebwerk erbringt diese Version sehr gute Flugleistungen in feuchten und hochgelegenen Gebieten. Das Cockpit ist volldigitalisiert. Gewisse Elemente der Struktur sowie das Treibstoffsystem sind crash-resistent ausgelegt. Basispreis für die Zivilversion ist US$ 2,4 Mio.
Hersteller: MD Helicopters LLC., Teil von MBIA Insurance/Bardin Investment Partners und MB Global Partners, Werk Mesa, Arizona, USA.

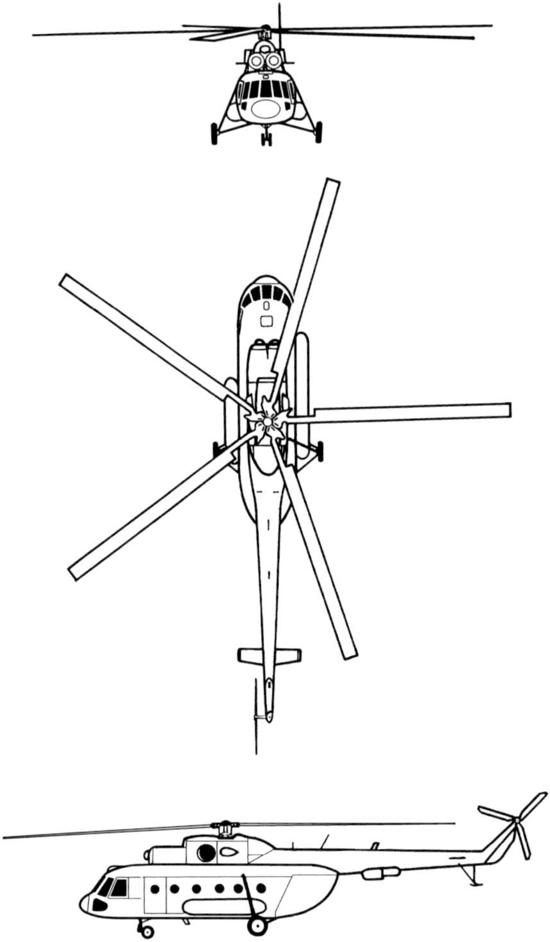

Abmessungen:
Rotordurchmesser 21,29 m,
Rumpflänge ohne rotierenden Heckrotor 18,50 m,
Höhe inkl. Rotorkopf 4,75 m.

MIL/KAZAN MI-8AMTSH/MI-171A2/MI-171E2/A3

Ursprungsland: Russland.
Kategorie: Mittelschwerer militärischer und ziviler Mehrzweckhubschrauber.
Triebwerke: Zwei Gasturbinen Klimow VM-2500PS-03 von je 2700 WPS (2014 kW) Leistung.
Leistungen (Mi-171A2): Höchstgeschwindigkeit in 1000 m 280 km/h; Reisegeschwindigkeit 260 km/h; Dienstgipfelhöhe 6000 m; Schwebehöhe mit Bodeneffekt 4000 m, ohne Bodeneffekt 1760 m; Reichweite mit normaler Zuladung 500 km, max. 800 km.
Gewichte (Mi-171A2): Rüstgewicht 7100 kg; normales Startgewicht 11000 kg, maximal mit externer Nutzlast 13500 kg.
Zuladung: Zwei Piloten im Cockpit und bis zu 36 Soldaten bzw. 40 Passagiere; max. Nutzlast 5000 kg.
Entwicklungsstand: Die Mi-8/Mi-17 in ihren verschiedenen Ausführungen erfreut sich weiterhin einer Nachfrage, sowohl von militärischen Stellen als auch von zivilen Nutzern. Derzeit werden folgende Varianten noch gebaut: Mi-8AMTSh, Mi-17VT und Mi-171 (Ulan-Ude), Mi-8MTV-1, Mi-8MTV-5 und Mi-172 (Kazan). Die Russische Luftwaffe beschafft rund 140 Mi-8MTV-1 bzw. etwa 210 Mi-8AMTSh. Die Ausführung Mi-171A2 flog erstmals im November 2014, die Version Mi-171E2 im Februar 2018, gefolgt von der neuesten Variante Mi-171A3 am 14. Dezember 2021.
Bemerkungen: Die zahlreichen Varianten dieses Erfolgsmodells werden laufend durch neue ergänzt, z. B. aktuell die Zivilversion Mi-171A2 bzw. das militärische Gegenstück Mi-171M. Triebwerk, Rotor und Getriebe sind von der Mi-38 übernommen (siehe Ausgabe 2022). Der Heckrotor in X-Form verhilft zu geringerem Lärm. Dank der deutlich leistungsstärkeren Triebwerke ergeben sich generell bessere Leistungsdaten. So ist sie um 14 % schneller als die Vorgängerversionen und kann eine um 25 % höhere Nutzlast mitführen. Zudem verfügt die Mi-171A2 über ein Zweimann-Digitalcockpit mit CRT-Bildschirmen. Der Rumpf ist punktuell verstärkt und es sind verschiedene Standardeinrichtungen erhältlich. Die nochmals verbesserte Version Mi-171A3 verfügt über einen überarbeiteten, weiter verstärkten und crashresistenten Rumpf. Dieser besteht in weiten Teilen aus Verbundwerkstoffen. Eingebaut sind zwei Klimow VK-2500PS-03-Triebwerke mit einem völlig überarbeiteten Rotorkopf mit Rotorblättern aus Verbundwerkstoffen.
Hersteller: Mil/Kazan Helicopters, Moskau/Kazan, Teil der Russian Helicopters Holding, Werke Ulan-Ude/Buryatia und Kazan/Tatarstan, Russland.

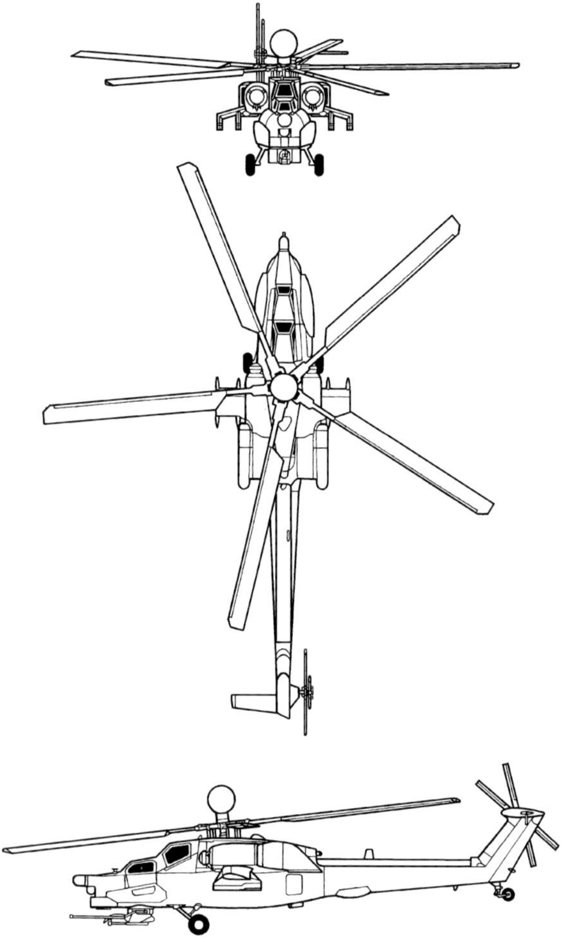

Abmessungen:
Rotordurchmesser 17,20 m,
Rumpflänge 17,01 m, bei drehendem Rotor 21,15 m,
Höhe inkl. Rotorkopf 4,86 m.

MIL/ROSTVERTOL MI-28N/NE/NM

Ursprungsland: Russland.
Kategorie: Zweisitziger Kampfhubschrauber.
Triebwerke: Zwei Gasturbinen Klimow (N) TW3-117WMA bzw. (NE) VK-2500 von je 2200 WPS (1640 kW) bzw. (NM) VK-2500P-01/PS von je 2500 WPS (1864 kW) Leistung.
Leistungen: Höchstgeschwindigkeit 280 km/h; Reisegeschwindigkeit 240 km/h; max. Schrägsteiggeschwindigkeit 13,6 m/Sek; Dienstgipfelhöhe 5000 m; Schwebehöhe mit Bodeneffekt 3600 m; Aktionsradius bei norm. Abfluggewicht 155 km; Überführungsreichweite mit max. Treibstoffzuladung 1100 km.
Gewichte (Mi-28N): Leergewicht 8550 kg; norm. Startgewicht 10900 kg; max. Startgewicht 12100 kg.
Bewaffnung: Eine 30-mm-2A42-Kanone in einem drehbaren Turm unter der Rumpfnase und je zwei Waffenstationen mit einer Tragkraft von 480 kg an beiden Stummelflügeln. Typische Bewaffnung: Panzerabwehrlenkwaffen 9M114 Shturm und Luft-Luft-Lenkwaffen 9M39 Igla; max. Außenlast 2400 kg.
Entwicklungsstand: Der Prototyp der Weiterentwicklung Mi-28N nahm am 14. November 1996 die Flugerprobung auf. 167 Mi 28N wurden von der Russischen Luftwaffe ab 2008 beschafft. Alle sind mittlerweile abgeliefert Von der Exportversion Mi-28NE (Night Hunter) haben Algerien 42, Irak 15 und Kenya offenbar 16 Einheiten bestellt. Seit 9. August 2013 fliegt die Trainer-Version Mi-28UB, 24 durch Russlands Luftwaffe bestellt. Die neueste Ausführung Mi-28NM nahm am 12. Oktober 2016 die Flugerprobung auf. 98 Einheiten soll die Armee Russlands zwischen 2020 und 2027 erhalten.
Bemerkungen: Die Mi-28N ist der zurzeit kampfstärkste Hubschrauber dieser Klasse. Sie verfügt über Panzerung aus Titan und Verbundwerkstoffen, um die Piloten, die Rumpftanks sowie weitere lebenswichtige Systeme zu schützen. Sie kann mit einem im Mastvisier eingebauten 360°-Millimeter-Wellenradar ausgerüstet werden. Dank der hoch entwickelten elektronischen Kampfausrüstung ist sie allwetter- und nachtkampftauglich. Sie verfügt über Kunststoff-Rotorblätter mit nach hinten gepfeilten Spitzen. Die neueste 2022 vorgestellte Version Mi-28NM besitzt deutlich stärkere Triebwerke mit überarbeiteten Rotorblättern, ein über dem Rotorkopf montiertes Radar N025E sowie ein völlig neues Flight-Control- und Navigations-System. Die meisten Leistungsparameter sind deutlich verbessert.
Hersteller: Mil/Rostvertol, Teil der Russian Helicopters Holding, Werk Rostow am Don, Moskau, Russland.

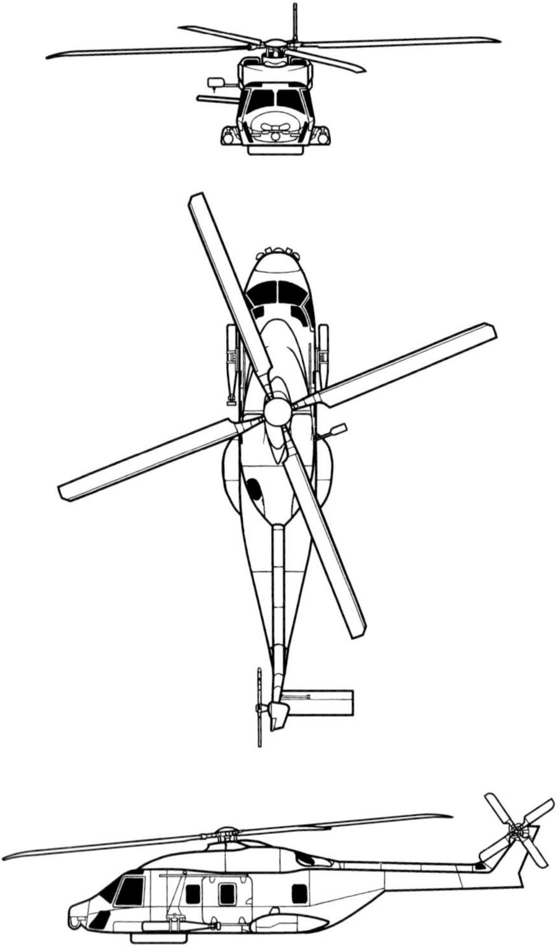

Abmessungen:
Rotordurchmesser 16,30 m,
Rumpflänge 16,23 m,
Höhe über Heckrotor 5,44 m.

NH INDUSTRIES NH90 CAIMAN

Ursprungsland: Deutschland, Frankreich, Italien, Niederlande.
Kategorie: Mittelschwerer militärischer (TTH) Mehrzweck- bzw. (NFH) bordgestützter U-Bootjagdhubschrauber.
Triebwerke: Zwei Gasturbinen Rolls-Royce-Turboméca RTM322-01/9 bzw. General Electric T700-T6E von je 1680 WPS (1253 kW) Leistung.
Leistungen (TTH/NFH): Höchstgeschwindigkeit 305/290 km/h; normale Reisegeschwindigkeit 260/245 km/h; Schrägsteiggeschwindigkeit 11 m/Sek; Dienstgipfelhöhe 6000 m; Schwebehöhe mit Bodeneffekt 2960 m, ohne Bodeneffekt 2355 m; Einsatzradius mit 2000 kg Nutzlast 300 km; Überführungsreichweite 1200 km; Einsatzdauer 4 Std 35 Min.
Gewichte (TTH/NFH): Leer 5945/6288 kg; max. Startgewicht 11400 kg.
Zuladung: Zwei Piloten und (TTH) 20 Soldaten bzw. 12 Verwundete, (NFH) bis zu vier Systemoperateure; Nutzlast 2500 kg.
Bewaffnung: (TTH) Kanonenbehälter und zwei schwenkbare Maschinengewehre bei den Seitentüren; (NFH) je zwei Torpedos oder Antischiffs-Lenkwaffen an Trägern seitlich am Rumpf.
Entwicklungsstand: Erstflug der ersten NH90 TTH am 18. Dezember 1995, des Prototyps der NH90 NFH 1997. Rund 630 sind aktuell bestellt, die 500. Einheit im März 2023 abgeliefert: Australien 46 MRH 90, Belgien 4 TTH + 4 NFH, Deutschland (Heer) 80 TTH + (Marine) 18 NFH + 31 MRFH Sea Tiger, Finnland 20 TTH, Frankreich (Armee) 74 + (Marine) 27 NFH, Griechenland 20 TTH, Italien (Armee) 70 TTH + (Marine) 10 TTH + 46 NFH, Neuseeland 9 TTH, Niederlande 20 NFH, Norwegen 14 NFH, Oman 12 TTH + 10 NFH, Qatar 16 TTH + 12 NFH, Schweden 13 TTH + 5 NFH, Spanien 35TTH.
Bemerkungen: In der Grundkonzeption sind die NH90 TTH sowie die NH90 NFH weitgehend gleich. Die vorwiegend für taktische Aufgaben konzipierte TTH besitzt eine Heckladerampe. Von der TTH unterscheidet sich die Marineversion wie folgt: Weglassen der Heckladerampe, Faltrotoren, beiklappbares Rumpfheck, Spezialausrustung für Einsatzspektrum wie FLIR, taktisches Radar, Sonar sowie zahlreiche Sensorsysteme. Die NH90 verfügt über eine weitgehend aus Verbundstoff bestehende Zelle und über eine Fly-By-Wire-Steuerung. 2022 gab es eine heftige Diskussion über die technische Verfügbarkeit der NH90. Australien und Norwegen werden bzw. haben dieses Muster wegen anhaltenden technischen Problemen sehr frühzeitig außer Dienst gestellt, vermutlich gefolgt von Schweden.
Hersteller: NH Industries, Aix-en-Provence, Frankreich.

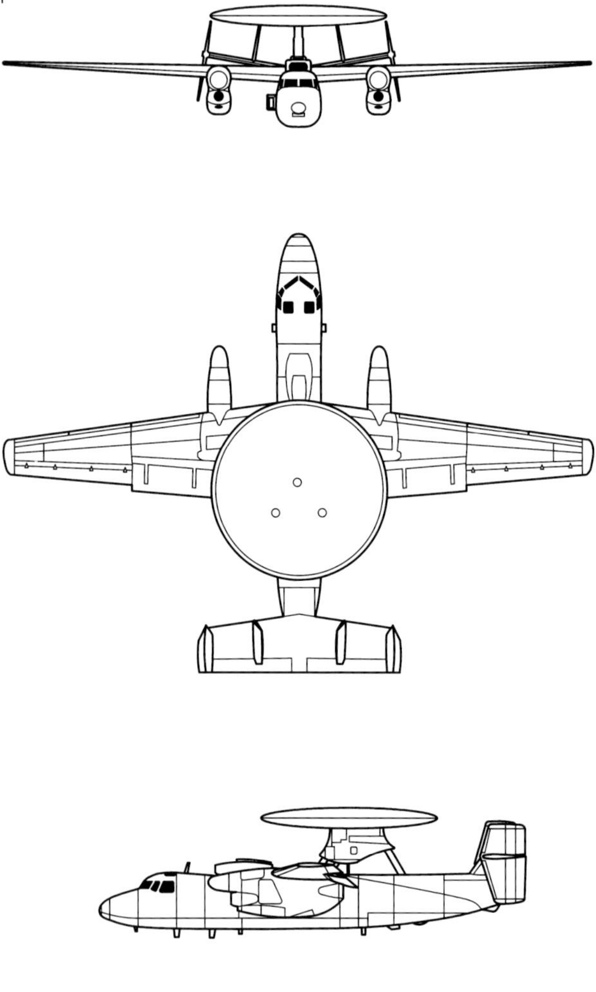

Abmessungen:
Spannweite 24,56 m,
Länge 17,55 m,
Höhe 5,58 m,
Flügelfläche 65,03 m².

NORTHROP GRUMMAN E-2D ADVANCED HAWKEYE

Ursprungsland: USA.
Kategorie: Bordgestütztes Frühwarn- und Überwachungsflugzeug sowie fliegende Kommandozentrale.
Triebwerke: Zwei Propellerturbinen Rolls-Royce (Allison) T56-A-427A von je 5100 WPS (3800 kW) Leistung.
Leistungen: Höchstgeschwindigkeit 626 km/h; Langstrecken-Reisegeschwindigkeit 475 km/h; Anfangssteiggeschwindigkeit 12,8 m/Sek; Dienstgipfelhöhe 10575 m, normal aber 6100 m; Einsatzdauer 4 Std. bei einem Aktionsradius von 370 km; max. Flugdauer 6,1 Std; Überführungsreichweite 2885 km.
Gewichte: Rüstgewicht 19530 kg; max. Startgewicht 26083 kg.
Zuladung: Fünf Mann Besatzung, bestehend aus zwei Piloten und drei Systemoperateuren im zentralen Einsatzraum.
Entwicklungsstand: Die neueste Ausführung E-2D absolvierte ihren Erstflug am 3. August 2007. Die USN beschafft insgesamt 75 Einheiten. Das erste Serienflugzeug wurde am 29. Juli 2010 der USN übergeben, eine erste Staffel ist seit Oktober 2014 einsatzbereit. Ende 2023 waren rund 60 E-2D hergestellt; Jahresproduktion fünf Einheiten. Die Marine Japans beschafft neun E-2D, die Marine Frankreichs drei.
Bemerkungen: Die E-2D stellt gegenüber der Vorversion Hawkeye 2000 einen wesentlichen Fortschritt dar. Obwohl von außen kaum Unterschiede feststellbar sind, ist das Innenleben weitgehend neu. Das Herz der E-2D stellt das neue Radar AN/APY-9 dar. Es arbeitet ebenfalls im UHF-Frequenzbereich, kann jedoch besonders kleine Ziele auf große Distanzen auch in einem gestörten Umfeld besser erkennen. Dank der hohen Rechenleistung ist es in der Lage, kleine bewegliche Ziele wie beispielsweise Marschflugkörper knapp über dem Boden zu verfolgen. Auf einer Höhe von 7600 m deckt die E-2D mit einem Radius von 550 km eine um 250 % größere Fläche als die E-2C ab. Zur Ausrüstung gehört auch das AN/ALQ-217-System zur passiven Funküberwachung. Auch das Cockpit mit Multifunktionsanzeigen ist völlig neu. Derzeit laufen Erprobungen, um die Advanced Hawkeye später mit einer Luftbetankungssonde auszurüsten. Ab 2027 wird die elektronische Ausrüstung der E-2D wesentlich erneuert und leistungsfähiger gemacht, um zukünftigen Bedrohungen besser begegnen zu können.
Hersteller: Northrop Grumman Corp., Werk St. Augustine, Florida, Los Angeles, Kalifornien, USA.

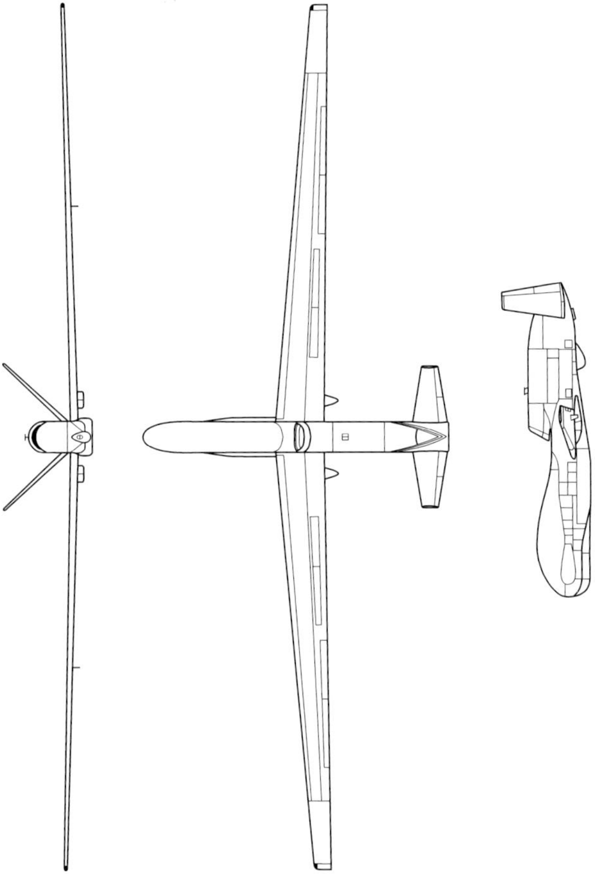

Abmessungen:
Spannweite 39,89 m,
Länge 14,50 m,
Höhe 4,60 m,
Flügelfläche (RQ-4A) 50,10 m².

NORTHROP GRUMMAN MQ-4C TRITON/MQ-4D PHOENIX

Ursprungsland: USA.
Kategorie: Hochfliegende Drohne für Seeüberwachungs- und Aufklärungsaufgaben.
Triebwerke: Ein Mantelstromtriebwerk Rolls-Royce Allison AE3007H von 4281 kp (42,0 kN) Standschub.
Leistungen: Höchstgeschwindigkeit 613 km/h (ca. Mach 0,60); Dienstgipfelhöhe 17230 m; max. Flugdauer 24+ Std; Reichweite bis zu 15186 km.
Gewichte: Leergewicht ca. 6800 kg; max. Startgewicht 14628 kg.
Zuladung: Aufklärungs- und Überwachungssysteme im Gesamtgewicht von 1452 kg intern bzw. 1089 kg extern.
Entwicklungsstand: Der erste Prototyp der Triton-Version hat am 22. Mai 2013 die Flugerprobung aufgenommen. Insgesamt will die US Navy 65 MQ-4C beschaffen, 21 davon sind bisher fest bestellt. Die Einsatzfähigkeit wurde 2018 erreicht. Auch Australien beschafft sieben Tritons. Ausgangsmuster für den Triton ist die RQ-4-Familie von Drohnen, von denen bisher über 50 (davon 45 an die USAF) abgeliefert wurden. Weitere Besteller dieser Version: Japan 3, NATO 5 RQ-4D Phoenix, Südkorea 4.
Bemerkungen: Der Triton ist eine für die spezifischen Bedürfnisse der US Navy angepasste Ausführung der RQ-4B Global Hawk (siehe Ausgabe 2010). Während der Rumpf konventionell aus Aluminium besteht, sind die Flügel vollständig aus Kohlefasern hergestellt und trotz großer Spannweite äußerst steif ausgelegt. Für die MQ-4C wurden die Tragflächen weiter verstärkt, da sie auch in deutlich tieferer Höhe operieren soll. Auch das gesamte Leitwerk ist aus Verbundwerkstoffen. Die MQ-4C kann sowohl autonom oder aber auch zusammen mit der Boeing P-8 (siehe Seiten 72/73) operieren. Ihr Auftrag ist, weit weg vom Ausgangsort während langen Perioden eine ununterbrochene Überwachung des Zielgebiets sicherzustellen. Für diese sog. ISR-Aufgaben (persistent maritime **i**ntelligence, **s**urveillance and **r**econnaissance operations) verfügt sie u. a. über folgende Ausrüstung: 360°-Multifunktionsradar vom Typ AESA 2-D, weitreichendes Aufklärungsmodul u. a. mit elektro-optischen und Infrarot-Kameras, automatisch operierendes multi-spektrales Zielsystem, digitale Aufnahmegeräte usw. Während eines einzigen Einsatzes kann der Triton eine Meeresfläche von 7 Mio. km² überwachen. 2021 flog erstmals ein Triton mit verbesserter Multimissionssensoren-Fähigkeit (IFC-4, **I**ntegrated **F**unctional **C**apability).
Hersteller: Northrop Grumman Corp., Werk San Diego, Kalifornien, USA.

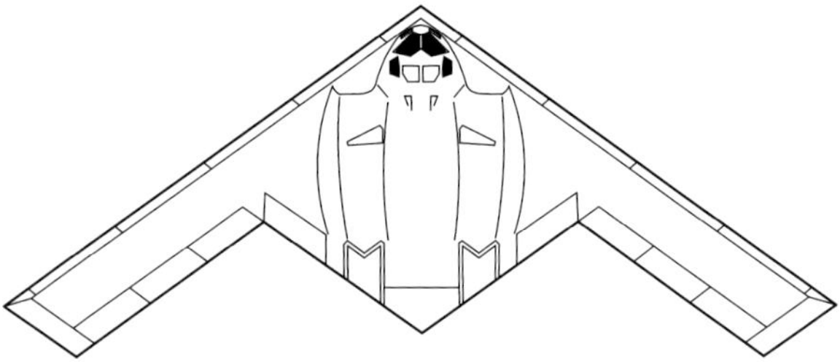

Abmessungen (Schätzungen):
Spannweite 42,70 m;
Länge 17,00 m,
Höhe 5,50 m.

NORTHROP GRUMMAN B-21 RAIDER

Ursprungsland: USA.
Kategorie: Mittelschwerer strategischer Langstrecken-Stealth-Bomber.
Triebwerke: Zwei Mantelstromtriebwerke Pratt & Whitney PW9000 von je 12250 kp (120 kN) Standschub.
Leistungen (geschätzt): Höchstgeschwindigkeit Mach 0,8.
Gewichte (geschätzt): Leergewicht 31700 kg; max. Startgewicht 81600 kg.
Bewaffnung: Im internen Waffenschacht soll eine Vielzahl von konventionellen und thermonuklearen Waffen bis zu einem Gewicht von 9100 kg mitgeführt werden können. Details sind noch nicht bekannt.
Entwicklungsstand: Der erste Prototyp wurde am 2. Dezember 2022 einer ausgesuchten Öffentlichkeit vorgestellt. Offenbar hat die Flugerprobung am 10. November 2023 begonnen. Sechs Prototypen werden gebaut. Die USAF will je nach Quelle insgesamt zwischen 100 und 145 Einheiten beschaffen, Indienststellung frühestens ab 2027.
Bemerkungen: Mit der B-21 Raider soll die USAF einen neuen strategischen Bomber erhalten, der die Muster Rockwell B-1B (siehe Ausgabe1991) und Northrop Grumman B-2 (siehe Ausgabe 2000) mittelfristig ablöst, nicht aber die Boeing B-52, welche in den nächsten Jahren einer tiefgreifenden Modernisierung unterworfen und weiter betrieben werden soll. Von der Auslegung her gleicht sie der B-2, ist aber kleiner und dürfte ähnliche oder sogar bessere Stealth-Eigenschaften aufweisen. Dank dieser Eigenschaften soll die B-21 besonders gut zum Eindringen in gegnerische Gebiete konzipiert sein. Im Gegensatz zur B-2 ist das Hauptfahrwerk der B-21 nur mit zwei Rädern ausgerüstet. Die Triebwerke verfügen über keine Nachbrenner. Noch werden wesentliche Leistungsmerkmale dieses Bombers von den Behörden geheim gehalten, so dass viele bisherige Informationen eher spekulativen Charakter haben.
Hersteller: Northrop Grumman Corp., West Fall Church, Virginia, Werk Palmdale, Plant 42, Kalifornien, USA

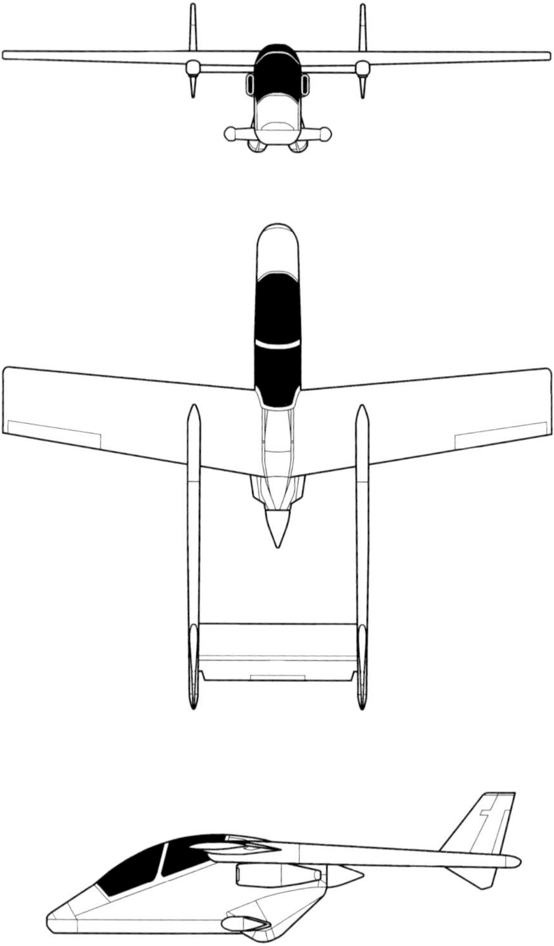

Abmessungen:
Spannweite 12,13 m,
Länge 10,90 m,
Höhe 3,70 m,
Flügelfläche 19,50 m².

PARAMOUNT BRONCO II/MWARI

Ursprungsland: Südafrika.
Kategorie: Leichtes zweisitziges Aufklärungs- und Interventionsflugzeug.
Triebwerke: Eine Propellerturbine Pratt & Whitney Canada PT6-66B von 950 WPS (710 kW) Leistung.
Leistungen (nach Angaben des Herstellers): Höchstgeschwindigkeit rund 500 km/h; Reisegeschwindigkeit rund 400 km/h; Dienstgipfelhöhe 7625 m; max. Flugdauer 7,5 Std; max. Reichweite mit interner Treibstoffzuladung 2400 km; Überführungsreichweite 3700 km.
Gewichte: Leergewicht 2705 kg; max. Startgewicht 4700 kg.
Bewaffnung: Je nach Einsatzzweck Behälter für Aufklärungs-, Überwachungs- und Störmaßnahmen und Waffen, z. B. Raketen- oder Maschinengewehrbehälter unter den Flügeln bis zu einem Gesamtgewicht von 800 kg bei vollen Treibstofftanks.
Entwicklungsstand: Der einzige Prototyp eines leichten Aufklärungs- und Kampfflugzeuges flog erstmals am 26. Juli 2014. Ein zweiter, weiter entwickelter Prototyp befindet sich seit Juli 2018 in Erprobung. Die Serienproduktion wurde 2023 aufgenommen. Bekannt ist, dass Mozambique und die Demokratische Republik Kongo einige wenige Einheiten bestellt haben.
Bemerkungen: Das früher als AHRLAC (**A**dvanced **H**igh Performance **R**econnaissance **L**ight **A**ir**c**raft (Leichtes fortschrittliches Hochleistungs-Aufklärungsflugzeug) bezeichnete Muster hat neu den Namen Bronco II bzw. Mwari erhalten. Es ist für eine Vielzahl von Aufgaben vorgesehen, wie sog. Frieden erhaltende Maßnahmen, Polizeieinsätze, Grenz- und Küstenüberwachung, konventionelle und elektronische Aufklärung, Forward Air Control sowie leichte Waffeneinsätze. Dazu dient die Mwari als einheitliche Plattform. Für die Aufgaben sind die verschiedensten Lasten unter dem Rumpf und unter den Flügeln montierbar. Dieses weitgehend aus Aluminium hergestellte Modell ist auf große Einfachheit und Robustheit ausgelegt. Interessant ist die gewählte Lösung eines Doppelleitwerks mit einem Schubpropeller. Die Mwari kann von halbvorbereiteten Pisten aus starten und landen, die Startstrecke beträgt nur 550 m. Während der erste Prototyp über ein Festfahrwerk verfügt, haben die Serienmaschinen ein Einziehfahrwerk. Dank günstigem Anschaffungspreis für die Basisversion von US$ 10 Mio. soll es besonders für Entwicklungsländer attraktiv sein.
Hersteller: Paramount Group, Sandton, Südafrika, Werk Wonderboom, Pretoria und Leidos Defense Group, Reston, Virginia, USA.

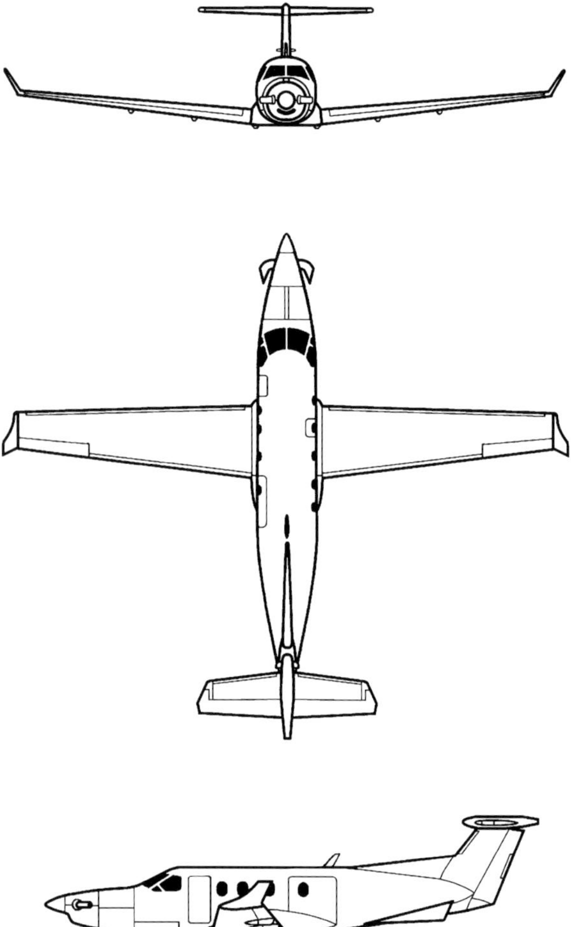

Abmessungen:
Spannweite 16,28 m,
Länge 14,40 m,
Höhe 4,26 m,
Flügelfläche 25,81 m².

PILATUS PC-12 NG / NGX

Ursprungsland: Schweiz.
Kategorie: Leichtes Mehrzweck- und Firmenflugzeug.
Triebwerke: Eine Propellerturbine Pratt & Whitney Canada (NG) PT6A-67P bzw. (NGX) PT6E-67XP mit einer normalen Startleistung von 1200 WPS (895 kW).
Leistungen (NGX): Max. Reisegeschwindigkeit 537 km/h auf 7620 m; Anfangssteiggeschwindigkeit 9,75 m/Sek; Dienstgipfelhöhe 9144 m; maximale Reichweite 3339 km.
Gewichte (NGX)**:** Leergewicht mit Passagiereinrichtung 3086 kg; max. Startgewicht 4740 kg.
Zuladung: Pilot und Copilot/Passagier im Cockpit und bis zu neun Passagiere in Einzelsitzen; als Firmenflugzeug sechs bis acht Passagiere. Zuladung mit vollen Treibstofftanks 448 kg, max. Zuladung 1014 kg.
Entwicklungsstand: Der erste Prototyp des Ausgangsmusters startete am 31. Mai 1991 zum Erstflug. Im Mai 1994 begannen die Kundenauslieferungen. Die Ausführung PC-12 NG ist seit 2008 erhältlich. Die neueste Version PC-12 NGX flog erstmals im Dezember 2017, Ablieferungen ab Mai 2020. Im Mai 2023 wurde die 2000ste PC-12 produziert. Jährlich werden etwa 80 PC-12 gebaut. Neueste größere Bestellung: Die kanadische Organisation Ornge kauft 12 PC-24 als Ambulanzflugzeuge.
Bemerkungen: Das Mehrzweckflugzeug ist für den Einsatz in der Geschäftsfliegerei bis hin zum Transporter für Fracht geeignet. Die Zelle vermag Fracht bis zu 9,34 m³ zu laden. Eine kombinierte Variante für vier Passagiere und 5,95 m³ Fracht wird ebenfalls angeboten. Dank einer Passagiertüre vorn und einer großen Frachttüre hinten wird der Ladevorgang erleichtert. Die Version PC-12 NGX besitzt ein neues wirtschaftlicheres Triebwerk, erstmals ausgerüstet mit einem elektronischen Propeller- und Motorsteuerungssystem (FADEC mit Auto Throttle). Dank reduzierter Drehzahl des neuen 5-Blatt-Propellers im Reiseflug ist das Flugzeug innen wie außen leiser. Mit dem **A**dvanced **C**ockpit **E**nvironment (ACE™) System von Honeywell verfügt die PC-12 NGX über eine verbesserte Avionik mit berührungsempfindlichem Controller. Einige neuartige Funktionen reduzieren zudem die Arbeitsbelastung des Piloten. Auch die Kabine wurde vollständig neu ausgestattet. Auffällig sind schließlich die neuen rechteckigen Fenster mit einer 10 % höheren Sichtfläche. Pilatus gibt für die NGX einen Basispreis von US $ 4,4 Mio. an.
Hersteller: Pilatus Flugzeugwerke AG, Stans, Schweiz.

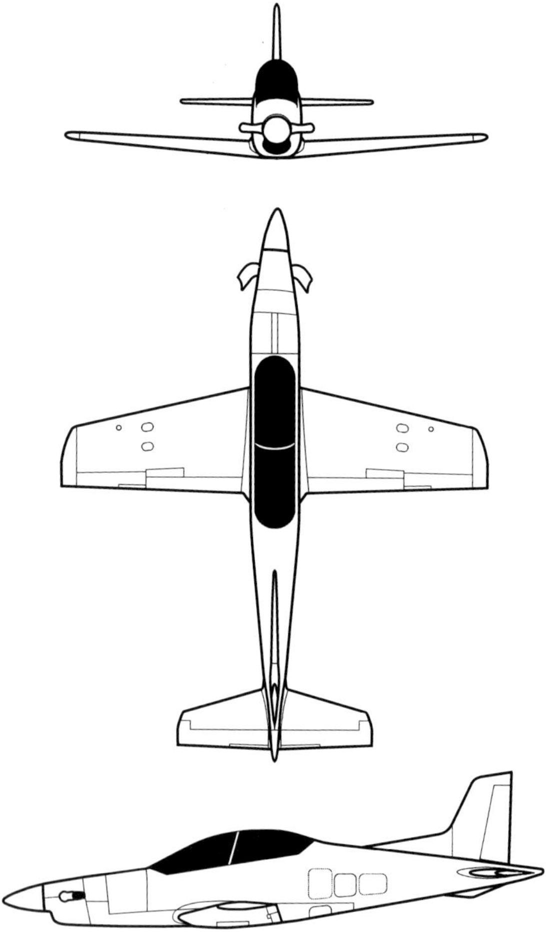

Abmessungen:
Spannweite 9,10 m,
Länge 11,23 m,
Höhe 3,75 m,
Flügelfläche 15,22 m².

PILATUS PC-21

Ursprungsland: Schweiz.
Kategorie: Zweisitziges Trainingsflugzeug für Basic-, Advanced- und Fighter Lead-In-Training.
Triebwerke: Eine Propellerturbine Pratt & Whitney Canada PT6A-68B mit einer von 1927 WPS (1427 kW) auf 1609 WPS (1200 kW) reduzierten Leistung.
Leistungen: Höchstgeschwindigkeit 625 km/h auf 3050 m, 600 km/h auf Meereshöhe; Anfangssteiggeschwindigkeit 22 m/Sek; Dienstgipfelhöhe 11400 m; Reichweite 1200 km.
Gewichte: Leergewicht 2270 kg; Startgewicht für Akrobatik-Einsätze 3100 kg; max. Startgewicht 4250 kg.
Entwicklungsstand: Ein Erprobungsträger fliegt seit Mai 2001, der eigentliche Prototyp nahm die Flugerprobung am 1. Juli 2002 auf. Ein zweiter folgte am 7. Juni 2004. Das Vorserienflugzeug fliegt seit 29. August 2005. Folgende Luftwaffen haben die PC-21 bisher beschafft: Australien 49, Frankreich 26, Jordanien 8, Qatar 24, Quinetiq für die britische Empire Test Pilot School 2, Saudi-Arabien 55, Schweiz 8, Singapur 19, Spanien neu 40, UAE 25.
Bemerkungen: Unter der Bezeichnung PC-21 entwickelte Pilatus ein vollständig neues Flugzeug als Nachfolge der PC-7/9 (siehe Ausgabe 2008). Die Besonderheit des integrierten, flexiblen PC-21-Trainingssystems besteht darin, dass man das ganze Spektrum vom Anfangstraining bis hin zur Fortgeschrittenenschulung mit einem einzigen Muster abdeckt. Die Einsatz-Software wird so programmiert, dass verschiedene Kategorien von Flugzeugtypen realistisch dargestellt und geübt werden können. Jedes Cockpit mit drei EFIS-Hauptbildschirmen ist voll digitalisiert und NVG-kompatibel. Im vorderen Cockpit ist ein HUD installiert. Die Systemeingaben erfolgen u.a. über den HOTAS. Gegenüber der PC-9 unterscheidet sich die PC-21 nebst neuer Flugzeugstruktur durch ein leistungsstärkeres Triebwerk mit elektronischer Leistungsregelung, Fünfblattpropeller, Hochleistungs-Pfeilflügel mit Spoilern, Druckkabine mit automatischer Klimaanlage und Anti-g-System. Eingebaut ist auch das neueste Modell des Mk.16L-Schleudersitzes von Martin Baker mit Zero-Zero-Ausschussleistung. 2021 lancierte Pilatus eine Weiterentwicklung der PC-7 Mk. II (siehe Ausgabe 2015), die PC-7MKX (siehe Ausgabe 2023). Hauptneuheit ist eine vollständig erneuerte Avionik mit drei hochauflösenden Bildschirmen, Multifunktions-Displays im Cockpit und Verbesserung des Crew-Komforts.
Hersteller: Pilatus Flugzeugwerke AG, Stans, Schweiz.

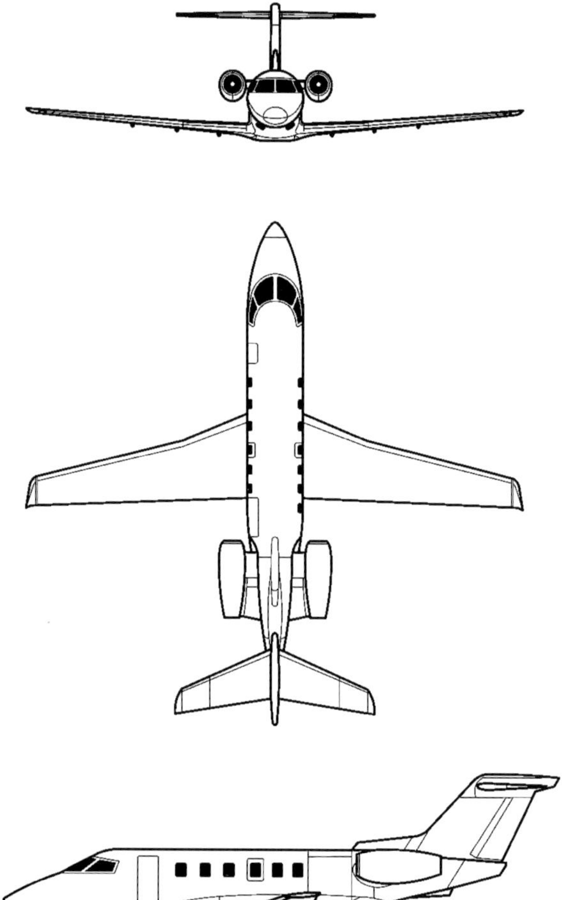

Abmessungen:
Spannweite 17,00 m,
Länge 16,82 m,
Höhe 5,30 m,
Flügelfläche 30,91 m².

PILATUS PC-24

Ursprungsland: Schweiz.
Kategorie: Firmen- und Mehrzweckflugzeug für Mittelstrecken.
Triebwerke: Zwei Mantelstromtriebwerke Williams FJ44-4A von je 1542 kp (15,15 kN) bzw. mit APR 1635 kp (16,04 kN) Leistung.
Leistungen: Max. Reisegeschwindigkeit 815 km/h; Anfangssteiggeschwindigkeit 20,7 m/Sek; Dienstgipfelhöhe 13716 m; Reichweite mit vier Passagieren 3778 km, mit sechs Passagieren 3700 km.
Gewichte: Rüstgewicht 5244 kg; max. Startgewicht 8500 kg.
Zuladung: Ein bis zwei Piloten im Cockpit und je nach Innenausstattung zwischen sechs und zehn Passagiere, eine Kombination Passagiere/Fracht oder ausschließlich Fracht; Nutzlast bei vollen Tanks 596 kg, max. 1410 kg.
Entwicklungsstand: Der erste von drei Prototypen nahm die Flugerprobung am 11. Mai 2015 auf. Die Zulassung wurde am 7. Dezember 2017 erteilt. Ende 2023 waren gegen 250 PC-24 abgeliefert.
Bemerkungen: Pilatus nennt die PC-24 entsprechend dem vorgesehenen Aufgabenfeld »Super Versatile Jet«. Als konsequente und leistungsfähigere Weiterentwicklung der PC-12 (siehe Seiten 260/261) kann nur ein Flugzeug mit Düsenantrieb deutlich bessere Leistungen erzielen. Die PC-24 verbindet die Vielseitigkeit eines Turboprops mit den Leistungsdaten eines Businessjets. Dabei behält man die Robustheit und Einsatzvielfalt der PC-12 bei. So ist die PC-24 der bisher einzige Businessjet, welcher für Starts und Landungen auf kurzen und unbefestigten Pisten über eine Zulassung verfügt. Die Kabine (Länge 7,01 m, Breite 1,69 m, Höhe 1,55 m) ist so konzipiert, dass die Sitze verschoben oder innert weniger Minuten ausgebaut werden können. Die Eingangstüre vorne und die große Frachttüre hinten erleichtern dabei den Ein- und Auslad. Im Cockpit wird die digitale Avionik Pilatus ACETM eingebaut. 2021 führte der Hersteller einige Verbesserungen an der Avionik ein, u.a. zusätzliche Funktionen zur Erleichterung der Pilotenarbeit. Gleichzeitig gibt es Anpassungen an der Kabineneinrichtung. Pilatus gibt als Kaufpreis US$ 8,9 Mio. an. Dank Produktionsverbesserungen können ab 2024 deutliche Leistungsverbesserungen angeboten werden: Höhere Nutzlast, größere Reichweitenleistungen, leisere Kabine und größeren Gepäckstauraum.
Hersteller: Pilatus Flugzeugwerke AG, Stans, Schweiz.

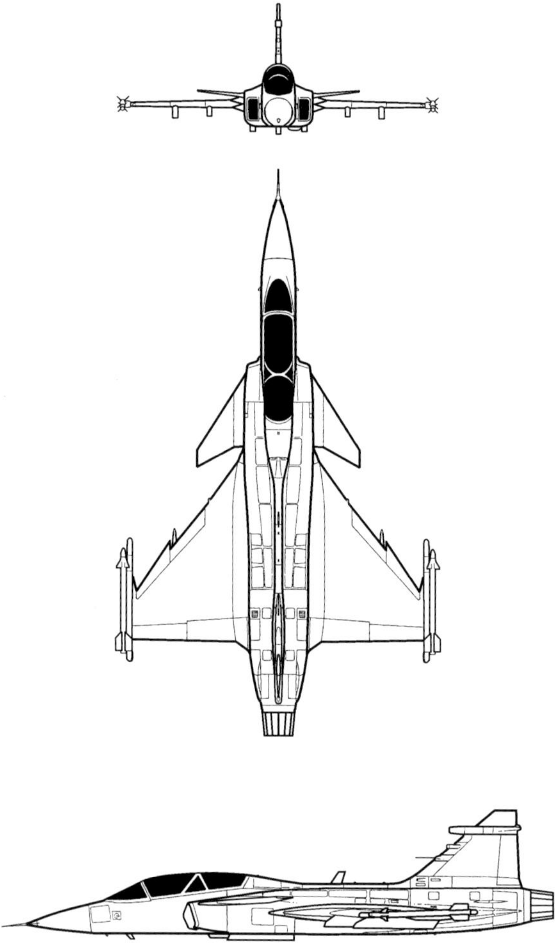

Abmessungen:
Spannweite 8,60 m,
Länge (Einsitzer) 15,20 m, (Doppelsitzer) 15,90 m,
Höhe 4,50 m,
Flügelfläche 31,10 m².

SAAB GRIPEN E/F

Ursprungsland: Schweden.
Kategorie: Ein- (Gripen E) oder zweisitziger (Gripen F) Mehrzweckjäger.
Triebwerke: Ein Mantelstromtriebwerk General Electric F414G von 6470 kp (63,40 kN) ohne und 9978 kp (98,00 kN) mit Nachbrenner.
Leistungen: Höchstgeschwindigkeit auf Meereshöhe 1400 km/h (Mach 1,2) bzw. Mach 2,0 auf 11000 m; Anfangssteiggeschwindigkeit >200 m/Sek, Dienstgipfelhöhe >16000 m.
Gewichte: Leergewicht 8000 kg; max. Startgewicht 16500 kg.
Bewaffnung: Eine 27-mm-Kanone Mauser BK27. An acht Flügelstationen (inkl. zwei an den Flügelspitzen) sowie zwei weiteren Stationen unter dem Rumpf kann eine Vielzahl von Waffen mitgeführt werden; max. Waffenlast 7200 kg.
Entwicklungsstand: Ein Erprobungsmuster der neuesten Ausführung Gripen F fliegt seit 27. Mai 2008. Der eigentliche Prototyp flog erstmals am 15. Juni 2017. Mittlerweile fliegen drei Prototypen und die ersten Serienflugzeuge. Schweden beschafft 60, ev. 70 Maschinen (voraussichtlich alles Umbauten aus C/D-Versionen). Brasilien bestellte vorerst 40 Einheiten (32 Gripen E und 8 Gripen F, Lizenzbau). Mit den Auslieferungen wurde Mitte 2020 begonnen. Derzeit wird über die weitere Beschaffung von 26 Einheiten verhandelt. Saab prüft die Entwicklung einer maritimen Version unter der Bezeichnung F-39. Die Ursprungsausführung JAS 39 flog erstmals am 9. Dezember 1988. Von den Varianten A, B, C und D wurden bisher gebaut: Schwedische Luftwaffe 146 (alle Versionen), Südafrika 17/9 JAS 39C/D, Ungarn 12/2 JAS 39C/D, Tschechien 12/2 JAS 39C/D und Thailand 12 JAS 39C/D.
Bemerkungen: Mit der Gripen E/F lancierte Saab eine deutlich verbesserte Variante. Das stärkere Triebwerk ermöglicht die Verbesserung der meisten Leistungsparameter. So besitzt diese Version Supercruise-Fähigkeiten, d.h. Überschallgeschwindigkeit ohne Nachbrenner. Die erhöhte Nutzlast erlaubt das Mitführen von 1000 kg mehr Waffen. Zwei zusätzliche Aufhängepunkte unter dem Rumpf sind vorhanden. Erhöht wurde auch die Tankkapazität um 1400 l. Das verstärkte Hauptfahrwerk wurde neu unter den Flügeln positioniert und weist eine breitere Spur auf. Schließlich besitzt die New Gripen eine AESA-Radarantenne von Thales und die ganze Avionik ist nun modular aufgebaut.
Hersteller: Saab-Scania Aktiebolag, Linköping, Schweden.

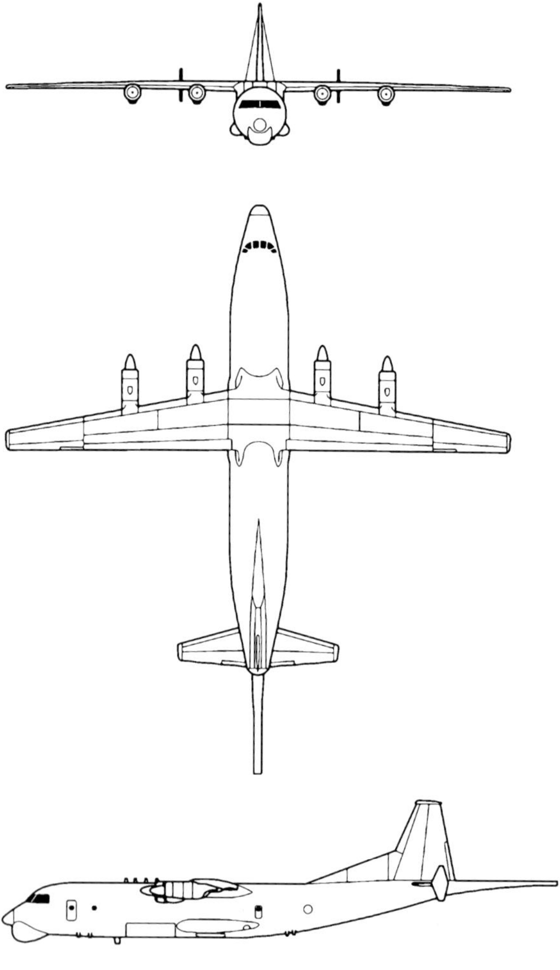

Abmessungen (Y8/Y9):
Spannweite 38,00 m,
Länge 34,02/36,00 m,
Höhe 11,16/11,30 m,
Flügelfläche 121,86 m².

SHAANXI AIRCRAFT Y8/Y9

Ursprungsland: Volksrepublik China.
Kategorie: (Y8/Y9) Mittelschwerer militärischer Transporter, (KJ200/KJ500) Frühwarn- und Radarüberwachungsflugzeug, (Y8GX-8) ELINT-Version, (Y-8GX-6) Langstrecken-Seeaufklärer.
Triebwerke (Y8F-600/Y9): Vier Propellerturbinen Pratt & Whitney PW 150B von unbekannter Leistung bzw. Zhuzhou WoJiang-6C von je 5100 WPS (3805 kW) Leistung.
Leistungen (Y8F-400/Y9): Höchstgeschwindigkeit 640/650 km/h, Reisegeschwindigkeit 550 km/h; Dienstgipfelhöhe 8000/10100 m; Reichweite mit max. Nutzlast 2150 km, mit max. Treibstoffzuladung 4500/5000 km.
Gewichte (Y8F-400/Y9): Leergewicht 34760/39000 kg; max. Abfluggewicht 61000/77000 kg.
Zuladung (Y8F-400/Y9): Drei Mann Besatzung und bis zu 96/132 Soldaten bzw. 72 liegende und 20 sitzende Verletzte plus drei Pfleger; max. Nutzlast 15000/25000 kg.
Bewaffnung (Y-8Q): Wasserbomben, Torpedos und Seezielkörper in einem internen Waffenschacht.
Entwicklungsstand: Die Ursprungsausführung Y-8 fliegt seit 25. Dezember 1974, die Weiterentwicklung Y-9 seit 5. November 2010. Letztere befindet sich seit 2016 bei Luftwaffe und Marine Chinas im Einsatz. Eine der Exportversion Y-9E beschaffte Bangladesch. Von der AEW-Ausführung KJ-500 (siehe Foto) erhielten die Luftwaffe Chinas fünf und die Marine sechs, Pakistan vier als ZDK-03 bezeichnete Einheiten. Seit 2011 fliegt auch eine Seeüberwachungs- und U-Bootbekämpfungsausführung Y-8GX-6 bzw. Y-8Q (siehe Dreiseitenriss). Von allen Y8/9-Versionen sollen nach verschiedenen Quellen bisher zwischen 100 und 120 Einheiten gebaut worden sein. Vier Y-8P hat die Luftwaffe Pakistans erhalten.
Bemerkungen: Von der Y8/Y9 gibt es mittlerweile eine Vielzahl von Ausführungen. Nebst der Transportversion sind mehrere AEW&C/ELINT/SIGINT-Varianten gebaut worden. Die KJ-200 basiert auf der Y8F-600 und besitzt ein elektronisch scannendes Fixradar über dem Rumpf. Sie soll am 14. Januar 2005 erstmals geflogen sein. Eine verbesserte Ausführung KJ-500 wurde ebenfalls entwickelt. Die Seeüberwachungs- und U-Bootbekämpfungsversion besitzt vorne am Rumpf ein Suchradar und in der Rumpfmitte einen Waffenschacht. Im Heck wurde eine MAD-Sonde (**M**agnetic **A**nomaly **D**etector; Metallanzeigedetektor) angebracht. Zudem ist diese Ausführung mit verschiedenen elektronischen Sensoren ausgerüstet. Die Weiterentwicklung Y9 erbringt dank stärkerer Triebwerke deutlich bessere Flugleistungen.
Hersteller: Shaanxi Aircraft Company, Shaanxi, Volksrepublik China.

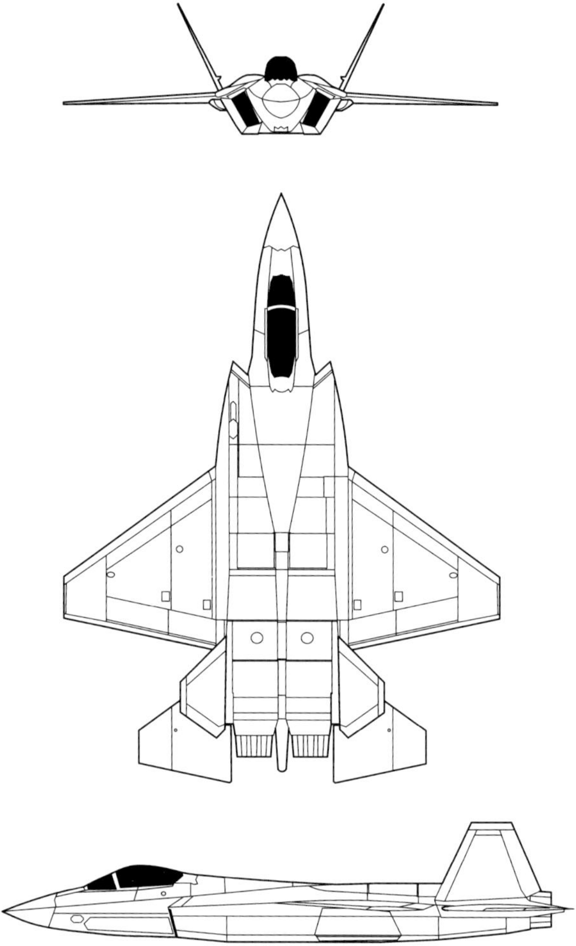

Abmessungen (J-31, noch sehr provisorische Angaben):
Spannweite 11,50 m,
Länge 17,30 m,
Höhe 4,80 m,
Flügelfläche ca. 46 m^2.

SHENYANG J-31/FC-31/J-35

Ursprungsland: Volksrepublik China.
Kategorie: (J-31/FC-31) Prototyp eines einsitzigen Mehrzweckkampfflugzeuges; (J-35) Prototyp eines bordgestützten Mehrzweckkampfflugzeuges.
Triebwerke (1. Prototyp J-31): Zwei Mantelstromtriebwerke Klimow RD-93 von je 8300 kp (81,5 kN) bzw. (2. Prototyp FC-31) zwei Guizhou WS-13A von je 9300 kp (91,3 kN) Standschub mit Nachbrenner.
Leistungen (FC-31, sehr provisorische Angaben): Höchstgeschwindigkeit Mach 1,8; Dienstgipfelhöhe 16000 m; Aktionsradius 1250 km ohne bzw. 2000 km mit Zusatztanks; Überführungsreichweite 4000 km.
Gewichte (J-31, sehr provisorische Angaben): Leergewicht 15000 kg; norm. Startgewicht 22500 kg; max. 28000 kg.
Bewaffnung: Waffen können sowohl in zwei internen Waffenschächten sowie unter den Flügeln mitgeführt werden.
Entwicklungsstand: Der erste Prototyp J-31 nahm die Flugerprobung am 31. Oktober 2012 auf, gefolgt vom zweiten FC-31 am 23. Dezember 2016. Vermutlich handelte es sich um Erprobungsträger für eine Weiterentwicklung, und zwar in Richtung einer navalisierten Version für die Chinesische Marine J-35. Erste Bilder dieser Ausführung sind 2022 aufgetaucht. Eine Einsatzbereitschaft dürfte nicht vor 2026 erreicht werden.
Bemerkungen: Von der Auslegung her weist die J-31 bzw. FC-31 eine gewisse Ähnlichkeit zur Lockheed Martin F-22 Raptor (siehe Ausgabe 2011) auf, ist in den Abmessungen jedoch kleiner. Die Flügelanordnung kommt jener der F-35 nahe. Die ganze Formgebung deutet auf Stealth-Eigenschaften hin. Beim Fahrwerk fällt das Bugfahrwerk mit Doppelbereifung auf, was darauf hindeutet, dass dieser Typ auch für Einsätze auf Flugzeugträgern sowie auf unbetonierten Pisten vorgesehen ist. Ein möglicher erster Prototyp vermutlich der Marineversion J-35, zeigt u.a. vollständig überarbeitete Seitenleitwerke, eine einteilige nach vorne öffnende Cockpithaube sowie Faltflügel. Diese Version verfügt über einen internen Waffenschacht sowie sechs Waffenstationen unter den Flügeln, die eine Last bis zu 8000 kg zulassen dürften. Das maximale Startgewicht soll 25000 kg betragen. Alle hier gemachten Angaben sind noch sehr spekulativ.
Hersteller: Shenyang Aircraft Corporation, Shenyang, Volksrepublik China.

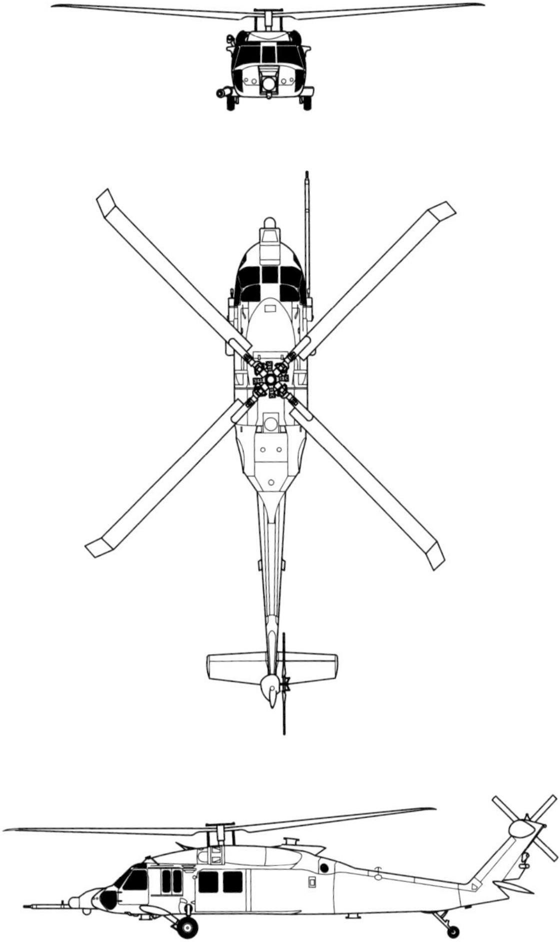

Abmessungen:
Rotordurchmesser 16,36 m,
Rumpflänge 15,26 m,
Höhe inkl. Rotormast 3,76 m.

SIKORSKY UH-60M BLACKHAWK/HH-60W JOLLY GREEN II

Ursprungsland: USA.
Kategorie: (UH-60M) Taktischer Transporthubschrauber und (HH-60W) Such- und Rettungshubschrauber.
Triebwerke: Zwei Gasturbinen General Electric T700-GE-701D von je 2215 WPS (1651 kW) Leistung.
Leistungen (UH-60M): Max. Reisegeschwindigkeit 280 km/h; vertikale Steiggeschwindigkeit 5,04 m/Sek; Dienstgipfelhöhe 5837 m; Schwebehöhe mit Bodeneffekt 3206 m, ohne 1831 m; Aktionsradius 360 km; Reichweite mit zwei 870-l-Zusatztanks 1667 km.
Gewichte (UH-60M): Leer 5670 kg; max. Startgewicht mit Außenlasten 10433 kg.
Zuladung (HH-60W): Zwei Piloten, zwei Waffenoperateure, zwei Sanitäter und zwei Verletzte auf Tragen. Für Transportaufträge können auch Außenlasten am Frachthaken mitgeführt werden.
Bewaffnung (HH-60W): Zwei 7,62-mm-Maschinengewehre an den Seitentüren.
Entwicklungsstand: Die Weiterentwicklung UH-60M flog erstmals am 17. September 2003, die Such- und Rettungsversion HH-60W startete am 17. Mai 2019 zum Erstflug und wird seit 2020 an die USAF abgeliefert. Diese beschafft 85 Jolly Green II, rund 36 davon waren Ende 2023 abgeliefert. Weitere Versionen der S-70 wurden in früheren Ausgaben von »Flugzeuge der Welt« vorgestellt. Die 5000. Einheit von allen Ausführungen wurde im Herbst 2022 hergestellt. Die S-70 wurde an über 30 Luftwaffen, Marinen, Armeen, Behörden oder Private geliefert. Neueste Besteller der Version UH-60M: Australien 40, Brasilien 12, Griechenland 35.
Bemerkungen: Die HH-60W (siehe Dreiseitenriss und Foto) basiert auf der UH-60M (siehe Ausgabe 2018) und soll die frühere Variante HH-60G Pave Hawk als Such- und Rettungshubschrauber in Kampfzonen (sog. Combat Rescue) ersetzen. Nebst der Kernaufgabe ist sie auch für Evakuierungs- u. zivile Katastropheneinsätze vorgesehen. Dafür wurden folgende Anpassungen zur UH-60M vorgenommen: Größerer Treibstofftank von 2500 Litern, crash-resistenter Rumpf, neues Mission-Planning System, Bewaffnung und andere Abwehrsysteme. Im Cockpit ist eine neue Avionik von Rockwell Collins eingebaut, ausgerüstet mit einem fortschrittlichen »Tactical Mission Kit«. Das abhörsichere Kommunikationssystem ARCR-210 weist Schnittstellen zu militärischen wie auch zivilen Behörden auf und kann via SATCOM arbeiten. Die HH-60W lässt sich in der Luft betanken.
Hersteller: Sikorsky Aircraft Corp., Tochtergesellschaft von Lockheed Martin, Stratford, Connecticut, USA.

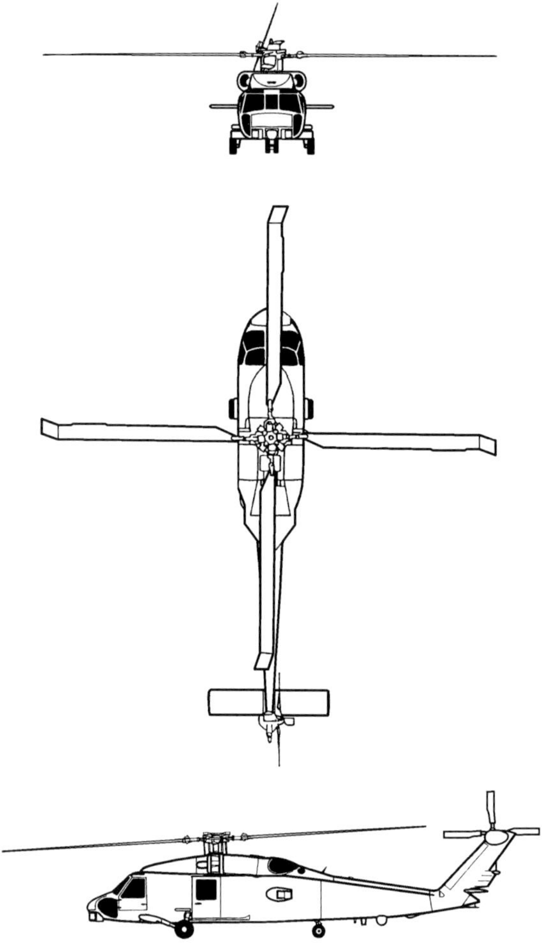

Abmessungen:
Rotordurchmesser 16,36 m,
Rumpflänge 15,26 m,
Höhe inkl. Rotormast 3,79 m.

SIKORSKY MH-60R SEAHAWK

Ursprungsland: USA.
Kategorie: Bordgestützter U-Bootjäger- und Mehrzweckhubschrauber.
Triebwerke: Zwei Gasturbinen General Electric T700-GE-401C von je 1900 WPS (1417 kW) Leistung.
Leistungen: Höchstgeschwindigkeit 272 km/h auf Meereshöhe; max. Reisegeschwindigkeit 249 km/h auf 1525 m; Aufenthaltsdauer 3 Std. 50 Min. in 92 km bzw. 45 Min. in 483 km Entfernung vom Stützpunkt.
Gewichte: Leergewicht 6191 kg; max. Startgewicht 10700 kg.
Bewaffnung: Zwei Torpedos Mk.46 oder zwei Antischiffslenkwaffen Penguin sowie AGM-114 Hellfire-Panzerabwehrlenkwaffen und ein 7,62-mm-Maschinengewehr.
Entwicklungsstand: Eine aus einer SH-60B umgebaute MH-60R flog erstmals am 19. Juli 2001, die erste voll ausgerüstete Ausführung am 4. April 2002. Die US Navy erhielt bis 2018 280 Seahawks. Eine erste Staffel hat im Oktober 2007 die Einsatzfähigkeit erlangt. Folgende Marinen beschafften diese Version: Australien 23, Dänemark 9, Griechenland 4, Indien 24, Saudi-Arabien 10, Süd-Korea 12. Von den verschiedenen Versionen der SH/HH/MH-60 wurden über 900 Einheiten an 15 Marinen oder Küstenwachen geliefert. Die Produktion läuft weiter. Die Japanische Marine beschafft unter der Bezeichnung SH-60L (Erstflug der ersten am 12. Mai 2021) eine erheblich verbesserte Ausführung der SH-60J. Bis zu 75 Einheiten sollen gebaut werden, 6 davon bisher bestellt. Neueste Bestellungen: Australien weitere 13, Norwegen 6, Spanien 8.
Bemerkungen: Während die Grundstruktur der MH-60R gegenüber dem Ausgangsmuster in etwa gleichbleibt, stellt sie in vielen Bereichen eine Neukonstruktion dar. So verfügt sie u.a. über ein EFIS-Glascockpit, APS-147-Mehrzweckradar, AQS-22-Sonar, Akustik-Prozessor. FLIR-Sensor und ECM-Ausrüstung sind ebenfalls völlig neu. Später sollen neue Triebwerke der 3000 WPS-Klasse (2240 kW) eingebaut werden, welche sowohl die Flugleistungen als auch die Wirtschaftlichkeit verbessern. Die Ausrüstung der MH-60R ermöglicht es, mehrere Aufgaben der früheren SH-60B/SH-60F/HH-60H-Versionen in einem Muster zu vereinen. 275 Einheiten einer Transport- und Mehrzweckversion MH-60S (siehe Ausgabe 2008) wurden für die USN gebaut, die letzte 2015 abgeliefert.
Hersteller: Sikorsky Aircraft Corp., Tochtergesellschaft von Lockheed Martin, Stratford, Connecticut, USA; (XSH-60L) Mitsubishi Heavy Industries, Nagoja, Japan.

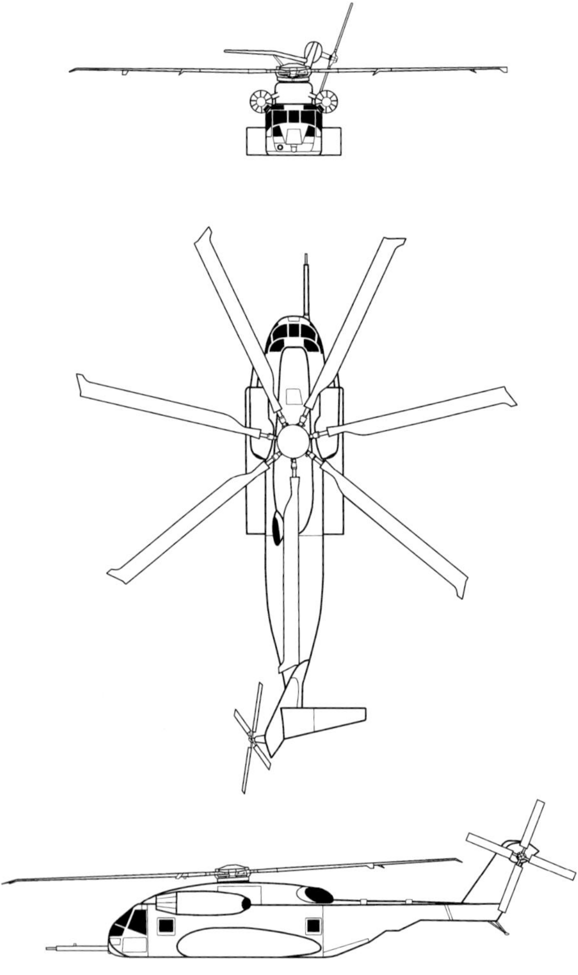

Abmessungen:
Rotordurchmesser 24,07 m,
Rumpflänge inkl. Rotor 30,20 m,
Höhe 8,66 m.

SIKORSKY CH-53K KING STALLION

Ursprungsland: USA.
Kategorie: Schwerer Transporthubschrauber.
Triebwerke: Drei Gasturbinen General Electric T408-GE-400 von je 7500 WPS (5600 kW) Leistung.
Leistungen: Reisegeschwindigkeit 315 km/h; Marschgeschwindigkeit 293 km/h; max. Schrägsteiggeschwindigkeit 13,00 m/Sek; Dienstgipfelhöhe 4880 m; Aktionsradius mit einer Nutzlast von 12200 kg 200 km; Reichweite mit max. interner Treibstoffzuladung rund 750 km.
Gewichte: Leergewicht 15071 kg; beladen 33600 kg; max. Startgewicht 38400 kg.
Zuladung: Zwei Piloten und zwischen 37 und 55 voll ausgerüstete Soldaten. Je nach Einsatz zusätzlich drei Mitrailleure; max. Nutzlast 15900 kg, als Außenlast 16300 kg.
Bewaffnung: Möglichkeit an den beiden Seitentüren und auf der Heckladerampe Maschinengewehre fest einzubauen.
Entwicklungsstand: Ein erster Prototyp YCH-53K nahm am 27. Oktober 2015 die Flugerprobung auf. Das USMC will rund 200 Einheiten beschaffen, eventuell aber weniger. Die ersten 69 wurden mittlerweile bestellt. Im Januar 2022 stellte als erste Einheit das HMH-461 des USMC die CH-53K in Dienst. Israel beschafft 12 CH-53K. Ab 2023 werden jährlich 20 King Stallions gebaut.
Bemerkungen: Die neu als King Stallion bezeichnete CH-53K sieht äußerlich fast gleich wie das Vorgängermuster CH-53E aus. Dabei handelt es sich bei ähnlichen Außenabmessungen weitgehend um eine Neukonstruktion und sie ist wesentlich leistungsfähiger. Im Vergleich zum Ausgangsmuster weist die CH-53K u. a. folgende Veränderungen bzw. Verbesserungen auf: Neuer siebenflügliger Hauptrotor aus Verbundwerkstoffen, neue und um 57 % leistungsstärkere Triebwerke, die generell bessere Flugleistungen, besonders in hoch gelegenen heißen Gebieten ermöglichen. So kann sie im Vergleich zur CH-53E eine Nutzlast von 12200 kg etwa doppelt so weit transportieren. Die CH-53K ist zudem rund 37 km/h schneller. Wie heute üblich, gelangt ein Multifunktionscockpit zum Einbau. Das Steuerungssystem beruht auf Fly-By-Wire-Basis. Die Kabine misst in der Länge 9,10 m, in der Höhe 2,00 m und in der Breite 2,70 m und ist damit rund 0,25 m breiter als jene der CH-53E. Das Innenvolumen nimmt um rund 15 % zu. Der Rumpf besteht weitgehend aus Verbundwerkstoffen.
Hersteller: Sikorsky Aircraft Corp., Tochtergesellschaft von Lockheed Martin, Werk Stratford, Connecticut, USA.

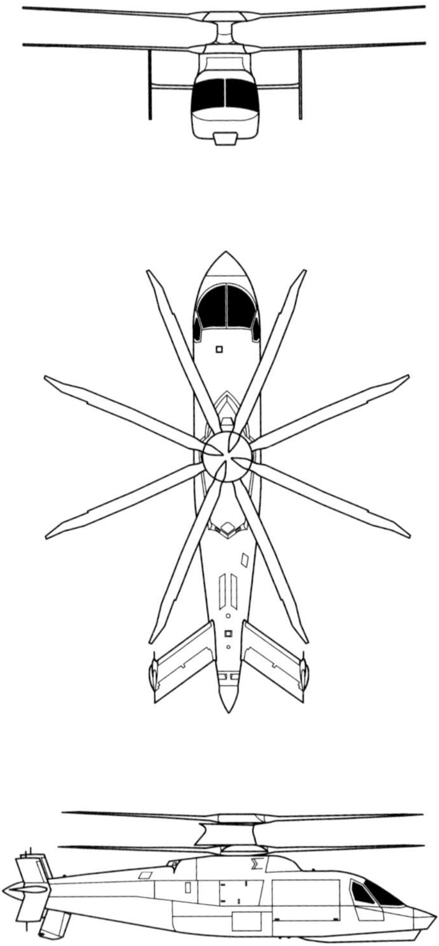

Abmessungen:
Rotordurchmesser 10,36 m,
Spannweite der Flügel 4,88 m,
Länge bei drehenden Rotoren 10,98 m,
Höhe des Rumpfes ohne Rotoren und eingezogenem Fahrwerk 1,96 m.

SIKORSKY S-97 RAIDER X

Ursprungsland: USA.
Kategorie: Mittelschwerer Aufklärungs- und Kampfhubschrauber.
Triebwerke: Eine Gasturbine General Electric T901 von 3000 WPS (2200 kW) Leistung.
Leistungen (geschätzt): Höchstgeschwindigkeit 460 km/h; max. Reisegeschwindigkeit 445/400 km/h ohne/mit Waffen; Aktionsradius 380 km; Reichweite mehr als 600 km.
Gewichte: Max. Startgewicht 6400 kg.
Zuladung: Zwei Piloten und bis zu sechs Personen in der Kabine.
Bewaffnung: In zwei hinter dem Cockpit angebrachten internen Waffenschächte können verschiedene Lenkwaffen, ungelenkte Raketen wie auch Bomben mitgeführt werden. Die Serienversion wird zudem vorne unten am Rumpf eine 20-mm-Kanone aufweisen.
Entwicklungsstand: Der erste von zwei Prototypen soll neuesten Informationen zufolge erst Ende 2024 die Flugerprobung aufnehmen. Der Gewinner aus dem FARA-Wettbewerb wird voraussichtlich in großen Stückzahlen durch die US Army beschafft.
Bemerkungen: Der Sikorsky Raider X ist ein Verbundhubschrauberkonzept mit zwei Koaxialrotoren und einem Schubpropeller, welcher von Sikorsky für das United States Army **F**uture **A**ttack **R**econnaissance **A**ircraft (FARA)-Programm entwickelt wurde. Der Mitbewerber ist die Bell 360 Invictus (siehe Seiten 64/65). Der Raider X ist aus dem Erprobungsträger Raider (siehe Ausgabe 2016) weiterentwickelt worden. Er soll sehr agil, schnell und schwer zu erkennen sein. Das Cockpit verfügt über nebeneinander liegende Sitze anstelle der für amerikanische Kampfhubschrauber typischen Tandembestuhlung. Die Avionik sowie die Waffensysteme sind modular im sog. »Plug-and-Play-Modus« aufgebaut, um künftige Aufrüstungen einfach und kostengünstig einfügen zu können. Der Raider X kann in der Luft betankt werden. Noch ist nicht bekannt, aus welchen Werkstoffen der Rumpf besteht. Bilder lassen aber vermuten, dass es sich um Verbundwerkstoffe handelt. Alle hier gemachten Angaben sind noch sehr provisorischer Natur.
Hersteller: Sikorsky Aircraft Corp., Tochtergesellschaft von Lockheed Martin, Stratford, Connecticut, USA.

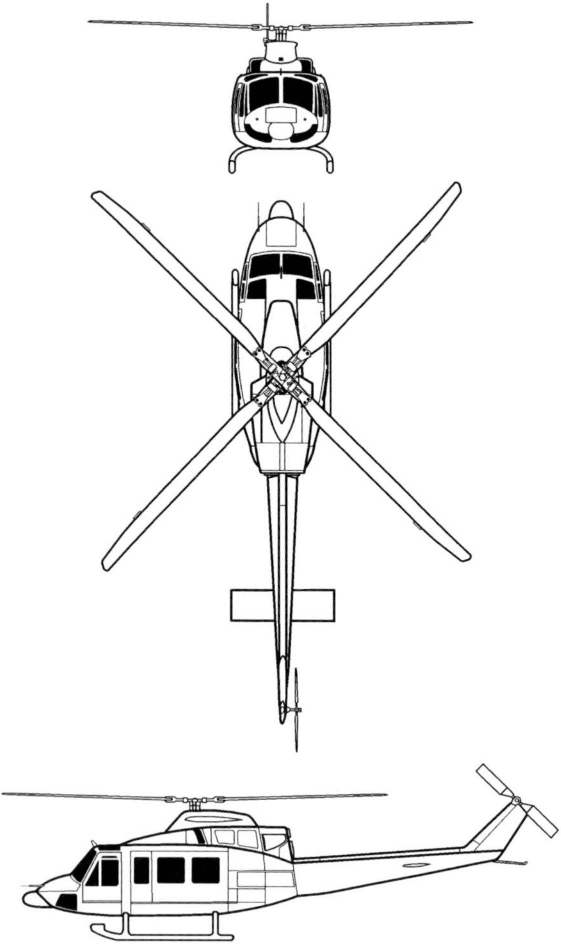

Abmessungen:
Rotordurchmesser 14,02 m,
Rumpflänge 12,91 m, inkl. drehendem Haupt- und Heckrotor 17,13 m,
Höhe inkl. drehendem Heckrotor 4,54 m.

SUBARU/BELL 412EPX/UH-2

Ursprungsland: Japan/USA.
Kategorie: Militärischer und ziviler Mehrzweck- und Transporthubschrauber.
Triebwerke: Zwei Gasturbinen Pratt & Whitney Canada PT6T-9 Turbo Twin Pac von je 1120 WPS (837 kW) Leistung.
Leistungen (412EPI): Höchstgeschwindigkeit 259 km/h; max. Reisegeschwindigkeit 230 km/h; max. Schrägsteiggeschwindigkeit 12,8 m/Sek; Dienstgipfelhöhe 6096 m; Schwebehöhe mit Bodeneffekt bei 4300 kg ISA-Norm 5516 m, ohne Bodeneffekt 4724 m; max. Reichweite ohne Zusatztanks 672 km; max. Flugzeit 3,8 Std.
Gewichte: (412EPI): Leergewicht 3090 kg; max. Startgewicht (EPX) 5398 kg, (UH-2) 5900 kg.
Zuladung (412EPI): Ein bis zwei Piloten und 13 bis 14 Passagiere bzw. zehn voll ausgerüstete Soldaten; max. Nutzlast intern 2442 kg, am Lasthaken 2800 kg.
Entwicklungsstand: Ein erster Prototyp flog erstmals am 28. Dezember 2018. 150 UH-2 wollen die Bodenstreitkräfte Japans ab 2022 erwerben. Die ersten zwanzig Exemplare sind bereits bestellt. Auch die japanische Polizei beschafft diesen Typ. Eine erste Ablieferung ist bereits erfolgt. Weitere 13 sind von zivilen bzw. paramilitärischen Kunden bestellt worden.
Bemerkungen: Bei der Subaru/Bell UH-2 handelt es sich um eine für den Besteller angepasste Ausführung der Bell 412EPI (siehe Ausgabe 2014). Gegenüber dieser Version unterscheidet sich die UH-2 hauptsächlich durch ein verstärktes Getriebe, welches insbesondere bei tiefen Geschwindigkeiten bessere Flugleistungen verspricht. Der Rumpf weist Verstärkungen auf. Zudem sind einige für militärische Zwecke benötigte Ausrüstungen vorgesehen. Das Gesamtgewicht ist zudem auf 5900 kg erhöht. Eingebaut ist die Avionik Flightdeck BasiX ProTM mit voll integrierten hochauflösenden Digitalanzeigen. Im Übrigen sind zur Bell 412 EPI keine Unterschiede vorhanden.
Hersteller: Subaru Corporation, Tokyo, Japan, Werk Utsunomiya und Bell Helicopter Textron Inc., Fort Worth, Texas, USA.

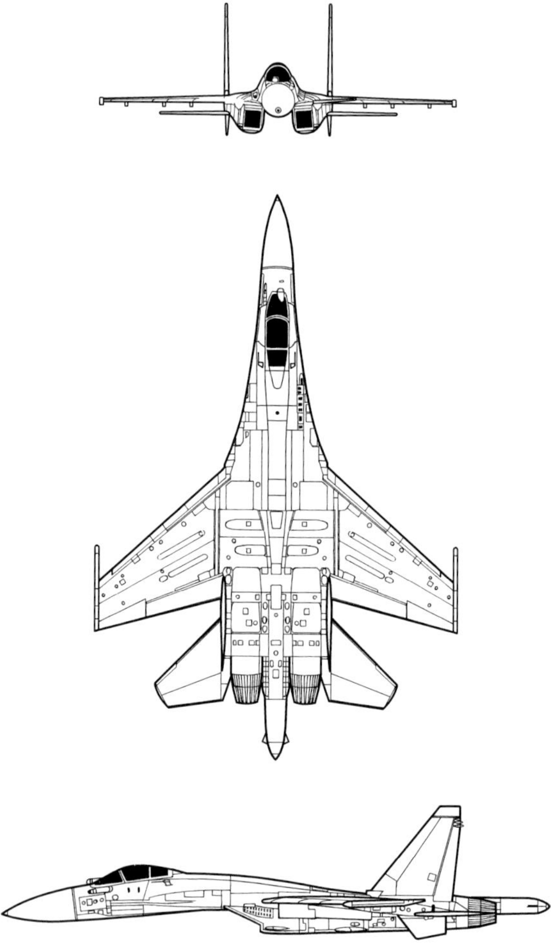

Abmessungen:
Spannweite 14,75 m,
Länge 21,93 m,
Höhe 5,90 m,
Flügelfläche 62,00 m².

SUCHOJ SU-35M-1

Ursprungsland: Russland.
Kategorie: Einsitziger Luftüberlegenheits- und Mehrzweckjäger.
Triebwerke: Zwei Mantelstromtriebwerke NPO Saturn 117S mit Schubvektorsteuerung von je 8800 kp (86,27 kN) ohne und 14500 kp (142,97 kN) mit Nachbrenner.
Leistungen: Höchstgeschwindigkeit Mach 2,25 in großer Höhe; 1400 km/h auf Meereshöhe; Anfangssteiggeschwindigkeit 280 m/Sek; Dienstgipfelhöhe 18000 m; Einsatzradius im Tiefflug 1270 km, Reichweite auf Meereshöhe 1580 km, in großen Höhen 3400 km, mit Zusatztanks 4500 km.
Gewichte: Leergewicht 16500 kg; normales Startgewicht 25300 kg, mit Überlast 38800 kg.
Bewaffnung: Eine 30-mm-Kanone GSh-301 und Waffen aller Art bis zu 8000 kg an zwölf Aufhängepunkten.
Entwicklungsstand: Der erste Prototyp nahm die Flugerprobung am 19. Februar 2008 auf, gefolgt vom zweiten am 2. Oktober 2008. Das erste Serienflugzeug flog erstmals im Frühjahr 2011. Die Russische Luftwaffe bestellte bisher insgesamt 128 Su-35M, die bis 2024 abzuliefern sind. Die Einsatzbereitschaft erfolgte Ende 2012. Früher bekannt gewordene Bestellungen seitens Ägypten und Indonesien sind offenbar annulliert worden. Dagegen soll Iran 24 Su-35 Flanker-SE erhalten. Um Verluste aus dem Ukraine-Krieg auszugleichen, hat Russland weitere Su-35M-1 bestellt, Anzahl unbekannt.
Bemerkungen: Erste Bemühungen, die einsitzige Su-27 weiterzuentwickeln, gab es bereits Mitte der Neunziger Jahre. Immer wieder wurden weitere Varianten vorgestellt, die aber alle im Prototypstadium stecken blieben. Die neueste als Su-35-1 bezeichnete Ausführung der Generation 4++ ist in weiten Teilen eine Neukonstruktion und besitzt einen überarbeiteten Flügel. Dafür wurde auf die Vorflügel verzichtet. Eingebaut ist ein Fly-By-Wire-System, große Teile des Rumpfes sind aus Verbundwerkstoffen. Dank stärkerer Triebwerke mit Schubvektorsteuerung verbessern sich diverse Leistungsparameter. So besitzt die Su-35M-1 Supercruise-Fähigkeit. Eingebaut wird das derzeit modernste russische Kampfradar Tikhomirov NIIP Irbis-E mit neuester Phased-Array-Funktion (= elektronische Strahlschwenkung). Weitere Elektroniksysteme, z. B. zur Suche via Infrarot und zur Verfolgung von Zielen sind vorgesehen. Völlig neu ist das Cockpit mit u. a. sog. HOTAS Bedienung (**H**ands **O**n-**T**hrottle-**A**nd-**S**tick). Angesichts des erhöhten Startgewichts wurde das Fahrwerk verstärkt und vorne mit Zwillingsrädern versehen.
Hersteller: Suchoi Design Bureau/KnAAPO, Werk Komsomolsk-na-Amur, Moskau, Russland.

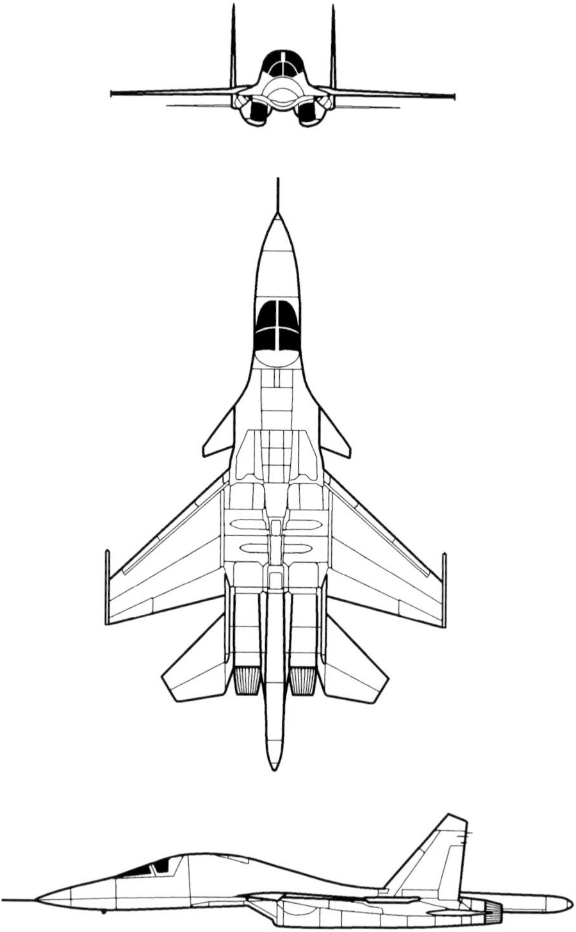

Abmessungen:
Spannweite Hauptflügel 14,70 m, Canards 6,40 m,
Länge 23,33 m,
Höhe 6,08 m,
Flügelfläche 62,00 m².

SUCHOJ SU-34

Ursprungsland: Russland.
Kategorie: Zweisitziger Jagdbomber.
Triebwerke: Zwei Mantelstromtriebwerke Saturn (Ljulka) AL-31F-M1 von je 7600 kp (74,56 kN) ohne und 12500 kp (122,60 kN) mit Nachbrenner.
Leistungen: Höchstgeschwindigkeit 1900 km/h auf 11000 m (Mach 1,8), in Bodennähe 1400 km/h (Mach 1,17); Dienstgipfelhöhe 14650 m; Aktionsradius mit 4000 kg Waffen 600 km; max. Reichweite 4000 km.
Gewichte: Leergewicht 22000 kg; max. Startgewicht 45100 kg.
Bewaffnung: Eine eingebaute 30-mm-Kanone und eine Waffenlast von 8000 kg, z. B. Luft-Boden-Lenkwaffen Kh-25M, Kh-29, Kh-58, Antiradar-Lenkwaffen Kh-31P oder Antischiffs-Raketen Kh-31A oder Kh-35 sowie gelenkte und frei fallende Bomben aller Art. Zudem können Luft-Luft-Lenkwaffen R-27/-73 und -77 mitgeführt werden.
Entwicklungsstand: Der als Su-27IB bezeichnete Prototyp startete am 13. April 1990 zum Erstflug. Im September 1993 folgte der erste von drei auf Su-34 umbenannten Serienprototypen. Bisher hat die Luftwaffe Russlands rund 150 Einheiten erhalten. Mit den Auslieferungen wurde Anfang 2012 begonnen. Angesichts der Verluste im Krieg gegen die Ukraine wurden Folgeaufträge erteilt, Details aber unbekannt.
Bemerkungen: Der augenfälligste Unterschied zum Ausgangsmuster Su-27 ist der völlig neu konstruierte Vorderrumpf mit Sitzen nebeneinander. Die Piloten verfügen über ein geräumiges, z.T. gepanzertes Cockpit. Die Su-34 ist mit kleinen Vorflügeln hinter dem Cockpit sowie mit bis an die Nase weiter gezogenen Vorflügelkanten ausgerüstet. Für den harten Erdkampfeinsatz ist sie zudem punktuell verstärkt und verfügt über ein neues Hauptfahrwerk mit Doppelrädern hintereinander. Im Heckkonus ist nebst dem Bremsfallschirm ein rückwärts gerichtetes Radar eingebaut. Einem Prototyp wurde ein modernstes Mehrzweckradar Leninetz mit hochauflösender Kartendarstellung sowie ein Trägheits-Navigationssystem mit GPS eingebaut. An den Flügelspitzen sind ECM-Pods Sorbtsiya-S montiert. Die 2020 bestellten, nun Su-34NWO genannten Flugzeuge, erhalten ein verbessertes Radar, neue Navigationsausrüstung und neue Cockpit-Displays. Eine Weiterentwicklung Su-34M mit leistungsstärkeren Triebwerken mit einem Schub von 8800 kp (86,29 kN) ohne und 14000 kp (137,29 kN) mit Nachbrenner wird seit 2023 abgeliefert.
Hersteller: Suchoj Design Bureau, Werk KnAAPO Nowosibirsk, Moskau, Russland.

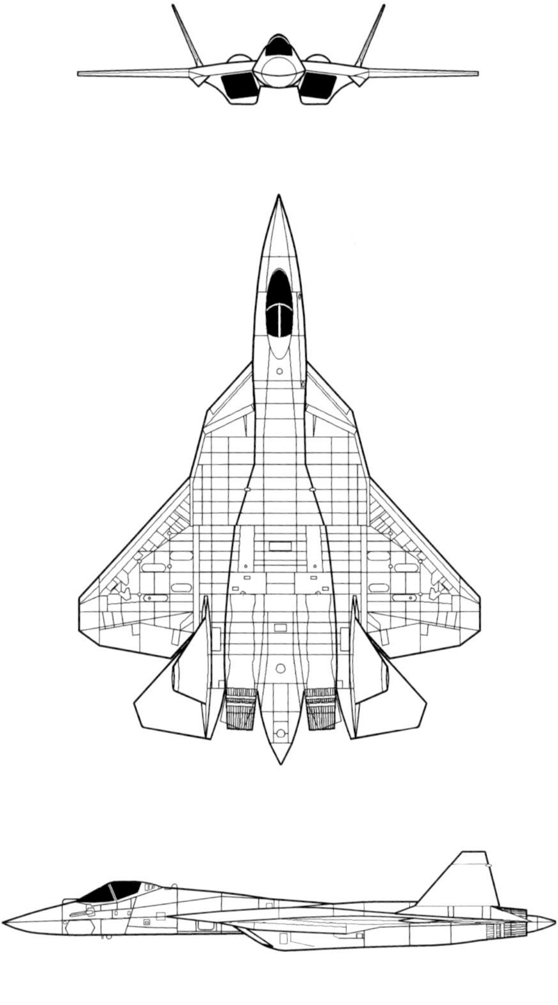

Abmessungen:
Spannweite 14,10 m,
Rumpflänge 20,10 m,
Höhe 4,60 m,
Flügelfläche 78,80 m².

SUCHOJ SU-57

Ursprungsland: Russland.
Kategorie: Einsitziger Luftüberlegenheitsjäger und Mehrzweckkampfflugzeug.
Triebwerke: Zwei Mantelstromtriebwerke NPO Saturn AL-41F1 von je 9000 kp (88,30 kN) ohne und 14500 kp (142,20 kN) mit Nachbrenner und Schub-Vektor-Steuerung.
Leistungen: Höchstgeschwindigkeit 2440 km/h (Mach 2,3); Supercruise-Geschwindigkeit auf optimaler Höhe rund Mach 1,3; Dienstgipfelhöhe 18000 m; Aktionsradius mit normaler Bewaffnung 1200 km; max. Reichweite ohne Zusatztanks 3500 km, mit Zusatztanks 7400 km.
Gewichte: Leergewicht 18500 kg; normales Startgewicht 26000 kg, max. 35000 kg.
Bewaffnung: Sechs intern in Waffenschächten mitgeführte Luft-Luft-Raketen, davon vier des Mittelstreckentyps R-77M sowie zwei Kurzstrecken Luft-Luft-Raketen R-73, R-74 oder R-30. Weiter können TV-, Laser- und Radar-gelenkte Luft-Boden-Waffen bis zu einem Gewicht von rund 7500 kg geladen werden. Zusätzlich kann die Su-57 Waffen an zwei Unterflügelstationen mitführen. Später soll auch eine 30-mm-Kanone eingebaut werden.
Entwicklungsstand: Am 29. Januar 2010 hat der erste Prototyp T-50 die Flugerprobung aufgenommen. An Prototypen und Vorserienflugzeugen T-50 bzw. Su-57 wurden zehn Einheiten gebaut. Die Russische Luftwaffe erteilte einen Auftrag über 76 Einheiten. Mit der Ablieferung wurde Ende 2021 begonnen. Ende 2023 war rund ein Dutzend im Einsatz.
Bemerkungen: Mit der T-50 bzw. Su-57 wird die Russische Luftwaffe über ein Kampfflugzeug mit guten Stealth-Eigenschaften verfügen. Dazu sind Rumpf und Flügel als sog. Blended Wing Body ausgelegt. Eine weitere Neuerung für russische Modelle ist die Fähigkeit, ohne Nachbrenner recht hohe Überschallgeschwindigkeit zu erreichen. Eingebaut ist u. a. das AESA-Radar NIIP N036, ein radio-elektronisches Sensoren-Set Sh121 und ein elektro-optisches System 101KS. Die Struktur besteht sowohl aus Aluminium, Titan und auch aus Verbundwerkstoffen. Eine geplante verbesserte Version Su-57M soll ab ca. 2025 neue Triebwerke mit einer Leistung von 11000 kp (107,90 kN) ohne und 17500 kp (171,7 kN) mit Nachbrenner erhalten. Unter der Bezeichnung S-57E wird nun auch eine Exportversion angeboten. Derzeit wird geprüft, eine Doppelsitzervariante zu entwickeln, welche insbesondere zum Führen von Drohnen eingesetzt würde
Hersteller: Suchoj Design Bureau/KnAAPO, Moskau, Werk Komsomolsk-na-Amur, Russland.

Abmessungen:
Spannweite 27,80 m,
Länge (SSJ 100-75) 26,33 m, (SSJ 100-95) 29,83 m,
Höhe 10,28 m,
Flügelfläche 84,00 m².

SUCHOJ SUPERJET 100/SJ-100

Ursprungsland: Russland.
Kategorie: Kurz- und Mittelstrecken-Verkehrsflugzeug.
Triebwerke: Zwei Mantelstromtriebwerke Safran/NPO Saturn SaM-146 von je (SSJ 100-75) 6985 kp (68,50 kN) bzw. (SSJ 100-95) von je 7937 kp (77,85 kN) Standschub bzw. (SJ-100) Aviadvigatel PD-8 von noch unbekannter Leistung.
Leistungen (SaM-146): Max. Reisegeschwindigkeit Mach 0,78; Dienstgipfelhöhe 12497 m; Reichweite mit max. Nutzlast (SSJ 100-75/LR) 2900/4550 km, (SSJ 100-95/LR) 2950/4420 km, als Option bis zu 4550 km.
Gewichte (SaM-146): Leergewicht zwischen 21900 und 24715 kg; max. Startgewicht (SSJ 100-75/LR) 38820/42280 kg bzw. (SSJ 100-95/LR) 42500/45880 kg.
Zuladung: Zwei Mann Cockpitbesatzung und je nach Ausführung (SSJ 100-75) 75 bzw. (SSJ 100-95) 98 Passagiersitze in Viererreihen. Max. Nutzlast (SSJ 100-75) 9130 kg und (SSJ 100-95) 12245 kg.
Entwicklungsstand: Die erste Superjet 100 nahm am 19. Mai 2008 die Flugerprobung auf. Im April 2011 fand der erste kommerzielle Flug statt. Ende 2022 sind ausschließlich für die Version SSJ 100-95 rund 250 Festbestellungen (+ Optionen) eingegangen. Die Version 100LR für längere Strecken absolvierte den Erstflug am 12. Februar 2013. Soweit bekannt ist aktuell die Produktion eingestellt und wird erst 2024 mit der neuen Version SJ-100 wieder aufgenommen. Der noch mit SaM-146-Triebwerken ausgestattete Prototyp der SJ-100 startete am 29. August 2023. Aeroflot hat bereits 34 Einheiten bestellt.
Bemerkungen: Suchoj wollte mit der Su-100 eine ganze Familie von mittelgroßen Commuter-Flugzeugen einführen und diese auch im internationalen Zivilflugzeugmarkt etablieren. Um dies zu erreichen, wurden mehrere internationale Kooperationen eingegangen, so u. a. mit der italienischen Leonardo. Bisher ist es einzig bei der Version SSJ-95 geblieben. Ein besonderes Merkmal dieses Typs ist die robuste, möglichst einfach gehaltene Grundkonstruktion, welche eine sehr große Bandbreite von Bedürfnissen abdeckt. Die Superjet ist mit einem Fly By-Wire-Steuersystem mit Sidesticks ausgerüstet. Sie kann auf nur teilweise vorbereiteten Pisten starten und landen. Angesichts der Sanktionen sollen möglichst alle westlichen Elemente durch russische ersetzt werden. Eine entsprechende Weiterentwicklung SJ-100, ausgerüstet mit Aviadvigatel PD-8-Triebwerken wird die Superjet 100 ersetzen.
Hersteller: Suchoj Civil Aircraft Company, Moskau, Werk KnAAPO, Komsomolsk-na-Amur, Russland.

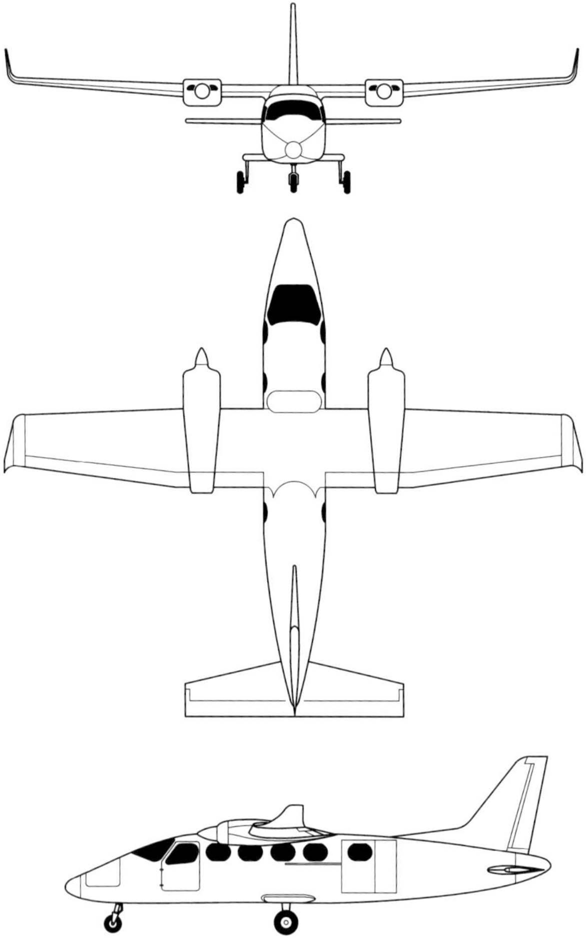

Abmessungen:
Spannweite 14,00 m,
Länge 11,80 m,
Höhe 4,40 m,
Flügelfläche 25,43 m².

TECNAM P2012 TRAVELLER

Ursprungsland: Italien
Kategorie: Zweimotoriges Mehrzweckflugzeug.
Triebwerke: Zwei luftgekühlte Sechszylinder-Boxermotoren Lycoming TEO-540-C1A von je 375 PS (280 kW) Leistung.
Leistungen: Maximal zulässige Geschwindigkeit 444 km/h; normale Reisegeschwindigkeit bei 75 % Leistung 352 km/h; Anfangssteiggeschwindigkeit 6,0 m/Sek; Dienstgipfelhöhe 4572 m; max. Reichweite 1760 km.
Gewichte: Leergewicht 2286 kg; max. Startgewicht 3680 kg.
Zuladung: Pilot und bis zu zehn Passagiere; max. Nutzlast 1414 kg, bei vollen Tanks 772 kg.
Entwicklungsstand: Der Prototyp P2012 absolvierte am 21. Juli 2016 den Erstflug. Die Zulassung konnte im November 2018 erreicht werden. Mit der Auslieferung an Kunden wurde Mitte 2019 begonnen. Die US-Fluggesellschaft Cape Air hat bisher 30 Einheiten bestellt und für weitere 70 eine Option unterzeichnet. Mittlerweile sind von anderen Airlines ebenfalls Aufträge eingegangen.
Bemerkungen: Mit der 2012 soll eine ganze Anzahl von älteren zweimotorigen Verbindungsflugzeugen wie die Cessna Familie 401/402/421 ersetzt werden. Als Partner in der Entwicklung und im Vertrieb beteiligt sich die US-Fluggesellschaft Cape Air. Der Hochdecker mit Festfahrwerk ist sehr einfach konstruiert und für günstige Anschaffungs- und Betriebskosten ausgelegt. Sein Einsatzspektrum werden Verbindungsflüge im Kurzstreckenbereich sein, wie sie beispielsweise in den USA sehr häufig vorkommen. Mit einem Tank von 750 Litern können bei max. Nutzlast Einsätze bis zu 2 Std. durchgeführt werden. Mehrere Versionen sind nebst der Passagierausführung vorgesehen, so beispielsweise ein Frachter, ein Transporter für Fallschirmspringer, eine VIP-Ausführung sowie eine Medevac-Maschine. Es ist geplant, auch eine Variante mit Schwimmern anzubieten. Der Kaufpreis für eine Basisversion wird mit US$ 2,35 Mio. angegeben. Seit 2021 fliegt eine Überwachungsausführung P2012 Sentinel SMP mit entsprechender Ausrüstung. Neu wird eine Kurzstartversion mit stärkeren Triebwerken angeboten, welche eine Pistenlänge von nur 275 m nötig macht. Die letztes Jahr angekündigte Version unter dem Namen P-Volt mit zwei Elektromotoren wird wegen mangelnder Leistung der vorgesehenen Batterien einstweilen nicht mehr weiter verfolgt.
Hersteller: Costruzioni Aeronautiche TECNAM S.r.l., Werk Capua, Provinz Caserta, Italien.

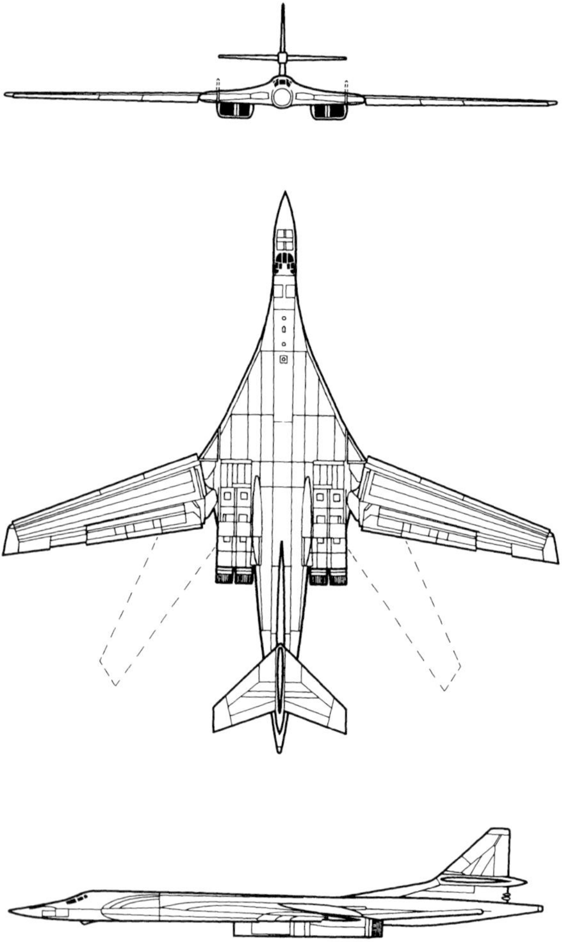

Abmessungen:
Spannweite bei 20° Pfeilung 55,70 m, bei 65° Pfeilung 35,60 m,
Länge 54,10 m,
Höhe 13,10 m,
Flügelfläche bei 20° Pfeilung 293,15 m², bei 65° Pfeilung 232,0 m².

TUPOLEW TU-160M2

Ursprungsland: Russland.
Kategorie: Strategischer Langstreckenbomber.
Triebwerke (Tu-160/Tu-160M): Vier Mantelstromtriebwerke Samara NK-321 von je 14000 kp (137,3 kN) Standschub ohne und 25000 kp (245,14 kN) Standschub mit Nachverbrennung.
Leistungen (Tu160/Tu-160M): Kurzfristig erreichbare Höchstgeschwindigkeit 2020 km/h (Mach 2,05) auf 11000 m, 1030 km/h auf Meereshöhe; max. Dauergeschwindigkeit 1700 km/h (Mach 1,6); Langstrecken-Reisegeschwindigkeit 850 km/h auf 14000 m; Dienstgipfelhöhe 15600 m; max. Reichweite 13950 km.
Gewichte: Rüstgewicht 117000 kg; max. Startgewicht 275000 kg.
Zuladung: Vier Mann Besatzung, wovon zwei Piloten und zwei Systemoperateure.
Bewaffnung: Waffenlast von max. 40000 kg in zwei hintereinander liegenden Schächten von je rund 10 m Länge. Die Hauptbewaffnung sind 12 bis 24 Marschflugkörper Raduga Ch-55 und Kurzstrecken-Lenkwaffen. Neu soll die Hyperschall-Lenkwaffe Kinzhal mitgeführt werden können.
Entwicklungsstand: Am 18. Dezember 1981 nahm die Tu-160 die Flugerprobung auf. Die Serienproduktion begann 1984/85 und wurde nach rund 40 Einheiten einschließlich der Prototypen 1993 eingestellt, 1999 aber in begrenzter Anzahl wieder aufgenommen. 16 Einheiten befinden sich bei der Russischen Luftwaffe im Einsatz. Die erste modernisierte Tu-160M nahm am 2. Februar 2020 die Flugerprobung auf. Alle bisherigen Tu-160 werden in diese Version umgebaut. Am 12. Januar 2022 startete die erste neu gebaute Version Tu-160M2 zum Erstflug. Bis zu 50 Einheiten sollen hergestellt werden, zehn davon sind bestellt.
Bemerkungen: Die Tu-160 ist der größte Interkontinentalbomber mit variabler Flügelgeometrie, der je hergestellt wurde. Dieses Ganzmetallflugzeug mit Fly by wire-Steuerung verfügt zur Erfüllung seiner Aufgaben über eine umfangreiche Waffenelektronik. 20 % der gesamten Struktur bestehen aus Titan. Neu gebaute bzw. umgebaute Tu-160M weisen einige Verbesserungen auf wie ein neues Waffensystem, aktualisiertes Avionik- und Navigationssystem. Die aktuellste stark modifizierte Version Tu-160M2 (ev. später als Tu-160M Serie 2 bezeichnet) erhält verbrauchsgünstigere Triebwerke Kusnezow NK-32, völlig neue Avionik, Flachbildschirm-Cockpit, neue Kommunikations- und Kontrollsysteme und ein Defensiv-System zur Abwehr von Lenkwaffen. Die Tu-160M2 hat eine deutlich größere Reichweite.
Hersteller: OKB Alexei A. Tupolew, Werk Gorbunov, Kazan, Moskau, Russland.

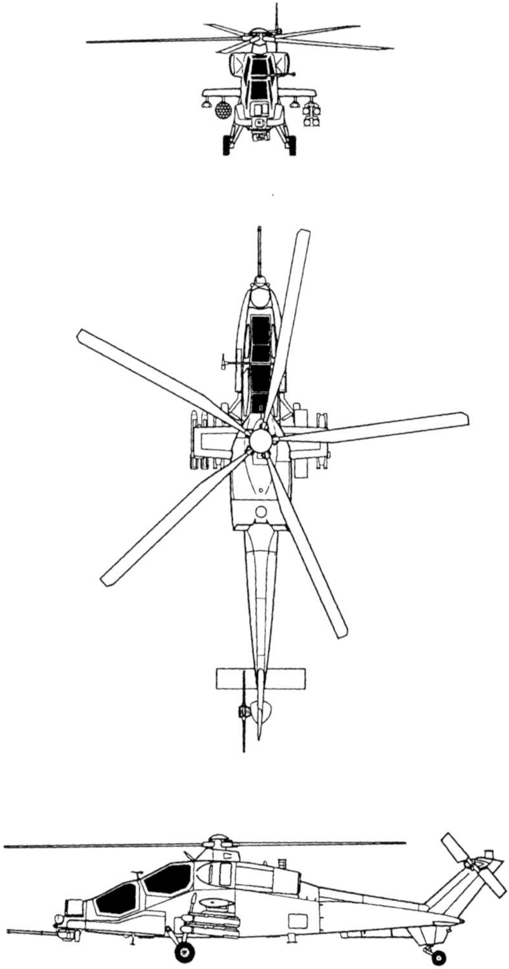

Abmessungen:
Rotordurchmesser 11,90 m,
Rumpflänge 12,62 m,
Höhe inkl. Rotorkopf 3,35 m.

TUSAS AEROSPACE T129 ATAK/T929 ATAK-2

Ursprungsland: Türkei (Italien).
Kategorie: Zweisitziger Kampf- und Beobachtungshubschrauber.
Triebwerke: Zwei Gasturbinen (T129) LHTEC T800-2 von je 1373 WPS (1024 kW) bzw. (T929) Motor Sich TV-3-117 von je 2500 WPS (1864 kW) Leistung.
Leistungen (T129/T929): Normale Einsatzgeschwindigkeit 269/314 km/h; max. Steiggeschwindigkeit 13,97/- m/Sek; Dienstgipfelhöhe 6096 m; Schwebehöhe ohne Bodeneffekt 3048/- m; max. Reichweite 560/- km; Flugdauer 3/- Std.
Gewichte (T129/T929): Leergewicht 3177/- kg; max. Startgewicht 5110/10000 kg.
Bewaffnung: (T129) Eine 20-mm-Kanone mit 300 Schuss in einem Drehturm unter der Bugspitze und acht Panzerabwehrlenkwaffen TOW oder Hellfire plus Raketenwerfer für ungelenkte 70-mm-Raketen, Stinger-Flablenkwaffen usw. verteilt auf vier Aufhängepunkte mit einer Tragkraft von je 300 kg. (T929) eine 30-mm-Kanone und an sechs Aufhängepunkten unter den Stummelflügel ähnliche Waffen wie die T129 bis zu einem Gesamtgewicht von 1500 kg.
Entwicklungsstand: Die Ausführung A129 ATAK flog erstmals am 28. September 2009, die erste in der Türkei in Lizenz hergestellte Maschine am 17. August 2011. 90 Hubschrauber bestellte die Türkische Armee. Die Mehrheit ist mittlerweile ausgeliefert. Weitere Bestellungen: Aserbaidschan 60, Nigeria 6, Philippinen 8. Der bisher einzige Prototyp der T929 flog erstmals am 28. April 2023.
Bemerkungen: Wie die AgustaWestland A129 CBT (siehe Ausgabe 2004) verfügt auch die AW129 ATAK (siehe Dreiseitenriss) über einen Fünfblattrotor mit modifiziertem Rotorkopf und verstärkter Transmission sowie über einen zweiblättrigen Heckrotor, beide aus Verbundwerkstoffen. Zudem wurde der Rumpf punktuell verfestigt. Wesentliche Elemente der Elektronik sind neu und zu weiten Teilen türkischen Ursprungs, so u. a. der Missions-Computer, das Navigationssystem und die gesamte Kampf-Elektronik. Ergänzt werden diese Systeme durch ein GPS, verbesserte Kommunikationsgeräte und ein neues Abwehrsystem. Das Cockpit erhält Multifunktionsanzeigen, verbunden mit einem am Helm des Piloten montierten Display für die wichtigsten Parameter. Bei der T929 ATAK-2 (siehe Foto) handelt es sich um einen fast doppelt so großen Nachfolger für die T129. Er ist leistungsmäßig mit der Boeing AH-64E (siehe Seite 90/91) zu vergleichen. Noch fehlen nähere Informationen über dieses Muster.
Hersteller: Turkish Aerospace Industries Inc., Kazan-Ankara, Türkei.

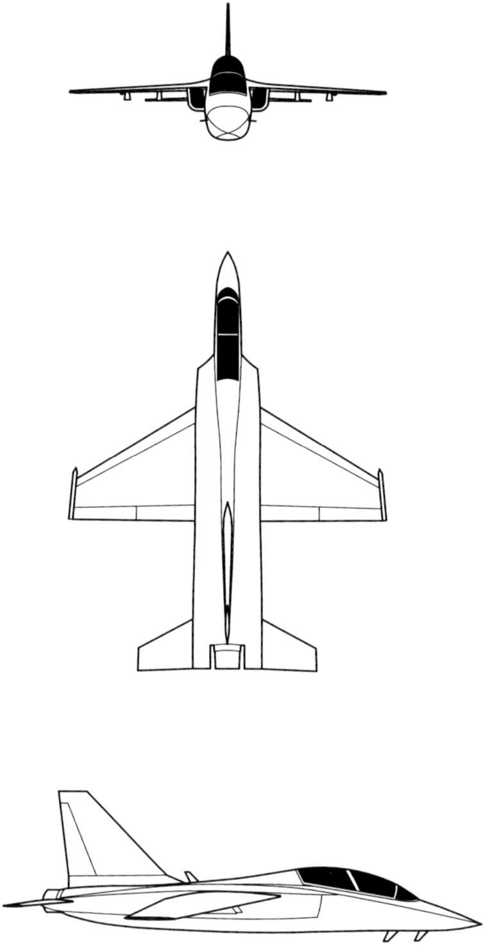

Abmessungen (ungefähre Daten):
Spannweite 9,50 m,
Länge 13,60 m,
Höhe 5,10 m,
Flügelfläche 35,00 m².

TURKISH AEROSPACE HÜRJET

Ursprungsland: Türkei.
Kategorie: Fortgeschrittenentrainer und leichtes Erdkampfflugzeug.
Triebwerke: Ein Mantelstromtriebwerk General Electric F404-GE-102 von 8000 kp (79 kN) Standschub mit Nachbrenner.
Leistungen (geschätzt): Höchstgeschwindigkeit 1485 km/h (Mach 1,4); Anfangssteiggeschwindigkeit 200 m/Sek; Dienstgipfelhöhe 13716 m; max. Reichweite 2222 km.
Gewichte: (Noch sind keine Angaben bekannt).
Bewaffnung: An vier Stationen unter den Flügeln können verschiedene Waffen bis zu einem Gewicht von 2721 kg mitgeführt werden.
Entwicklungsstand: Ein erster Prototyp startete am 25. April 2023 zum Erstflug. Die Türkische Luftwaffe will diesen Typ beschaffen. Bei einem Bedarf von 70 Flugzeugen wurden vorerst vier fest bestellt und eine Option auf zwölf weitere erteilt. Die Serienfertigung wurde von der Regierung aber bereits freigegeben.
Bemerkungen: Der TAI Hürjet ist ein einmotoriges, tandemsitziges, fortschrittliches Überschall-Trainings- und leichtes Kampfflugzeug. Die Türkische Luftwaffe beabsichtigt, das Flugzeug als Ersatz für die Northrop T-38 Talon/F-5 Freedom Fighter als Schulflugzeug und als Ergänzung zur General Dynamics F-16 Fighting Falcon zur Luftnahunterstützung einzusetzen. Möglicherweise wird auch eine Marineversion abgeleitet. Malaysia wurde von TAI eingeladen, an der Entwicklung des Hürjet mitzuwirken. Ein Entscheid steht noch aus. Das Muster soll für Luftbetankung eingerichtet werden. Soweit bekannt besteht die ganze Konstruktion aus Verbundwerkstoffen, Fly-By-Wire mit Parameterbegrenzung, eingebautes Hilfstriebwerk, Nachtsichtbrillen-kompatibles Cockpit, Head-up-Display und ein integriertes Helm-Anzeigesystem sind weitere Merkmale. Der Hürjet soll sehr wendig sein und eine g Limite von +8/-3 aushalten können. Es kann sein, dass die Serienmaschinen mit einem anderen Triebwerk ausgestattet werden, so sind aktuell Verhandlungen über das Eurojet EJ200-Triebwerk des Eurofighters (siehe Seiten 164/165) im Gange.
Hersteller: Turkish Aerospace Industries Inc., Kahramankazan Ankara, Türkei.

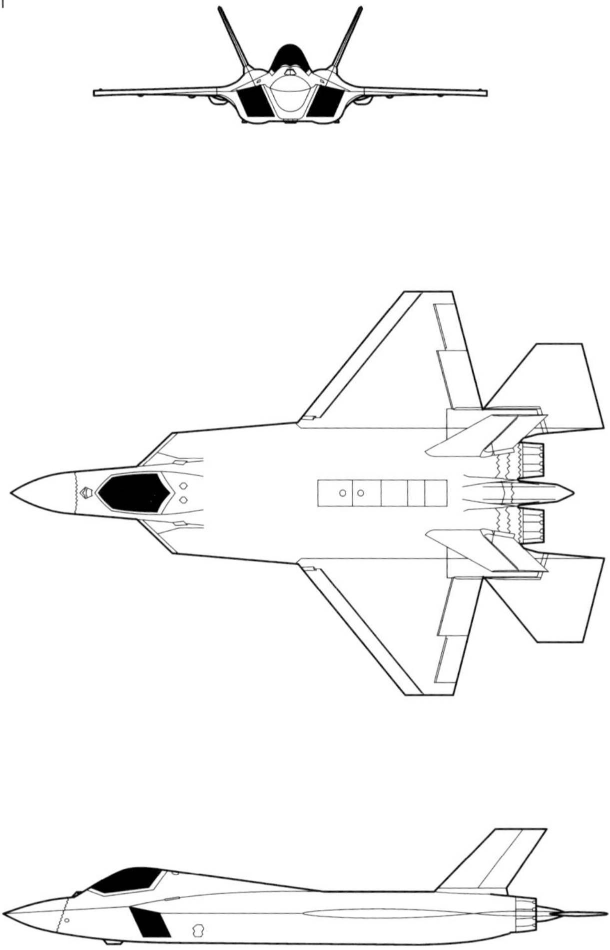

Abmessungen (ca. Masse):
Spannweite 14,00 m,
Länge 21,00 m,
Höhe 6,00 m,
Flügelfläche 60,00 m².

TURKISH AEROSPACE INDSTURIES KAAN

Ursprungsland: Türkei.
Kategorie: Mehrzweckkampfflugzeug mit Stealtheigenschaften.
Triebwerke (Prototypen): Zwei Mantelstromtriebwerke General Electric F110GE-129 von je 7780 kp (76,31 kN) Standschub und 13150 kp (131 kN) mit Nachbrenner.
Leistungen (geschätzt): Höchstgeschwindigkeit 1910 km/h (Mach 1,8); Dienstgipfelhöhe 17000 m; Aktionsradius 1100 km.
Gewichte (geschätzt): Max. Startgewicht 27215 kg.
Bewaffnung: Im internen Waffenschacht soll eine Vielzahl von Luft-Luft- und Luft-Boden Lenkwaffen sowie Bomben bis zu einem noch unbekannten Gesamtgewicht mitgeführt werden können. Details sind noch nicht bekannt.
Entwicklungsstand: Der offizielle Rollout des ersten Prototyps fand am 1. Mai 2023 statt. Am 26. Februar 2024 fand der Erstflug statt. Erste Serienflugzeuge sollen ab 2025 fliegen. Mit der Indienststellung rechnet man ab 2028. Noch ist nicht bekannt, ob und wie viele Kaans die Türkische Luftwaffe beschaffen will.
Bemerkungen: Die anfänglich als TF-X bezeichnete Kaan ist das erste weitgehend durch die türkische Industrie entwickelte Mehrzweckkampfflugzeug. Als wichtiger Subcontractor ist British Aerospace miteingebunden. Die Kaan weist die wesentlichen Eigenschaften eines Kampfflugzeuges der sog. 5. Generation auf: Stealth-Eigenschaften, Struktur aus Verbundwerkstoffen, moderne digitale Avionik, interner Waffenschacht und die Supercruise-Fähigkeit, d. h. ohne Nachbrenner Überschall zu erreichen. Es sind sowohl Einsitzer- als auch Zweisitzerversionen geplant. Eingebaut ist ein AESA-Radar ungenannter Herkunft. Soweit bekannt soll die Serienversion mit neuen In der Türkei zusammen mit einem ausländischen Partner entwickelten Triebwerken ausgestattet werden. Alle hier gemachten Angaben sind noch sehr vorläufiger Natur.
Hersteller: TAI Turkish Aerospace Industries, Inc., Kahramankazan, Ankara, Türkei.

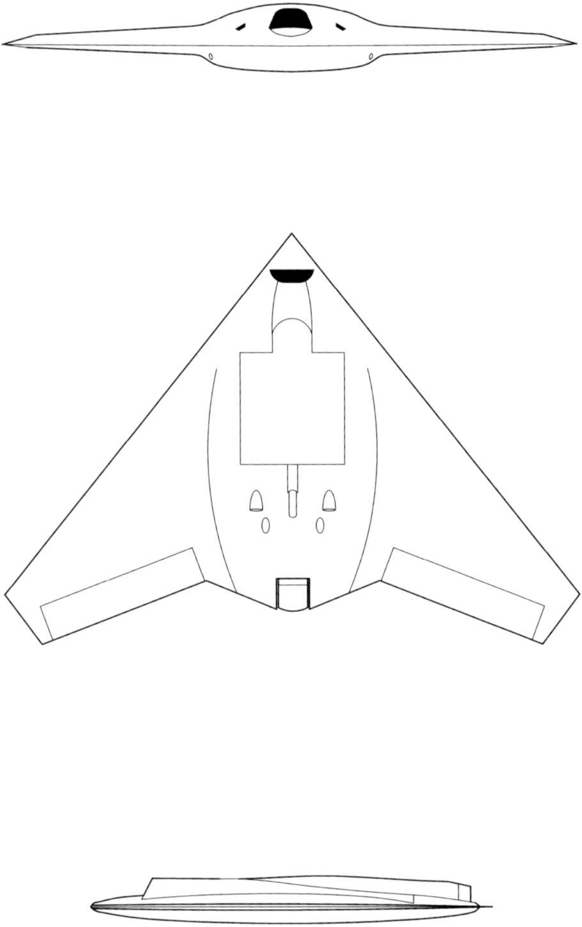

Abmessungen:
Spannweite 12,50 m,
Länge 9,50 m.

TURKISH AEROSPACE ANKA-3

Ursprungsland: Türkei.
Kategorie: Drohne für Waffen-, Aufklärungs- und Elektronikabwehreinsätze.
Triebwerke: Vermutlich ist ein Turbofantriebwerk aus der Ukraine Ivchenko-Progress AI-25TLT oder AI-322 von noch unbekannter Stärke eingebaut.
Leistungen (Schätzungen): Höchstgeschwindigkeit 865 km/h; max. Reisegeschwindigkeit 500 km/h; Dienstgipfelhöhe 12192 m; max. Flugdauer 10 Std.
Gewichte (geschätzt): Max. Abfluggewicht 6500 kg.
Zuladung: Aufklärungs- und Elekronikausrüstung.
Bewaffnung: In einem internen Waffenschacht und an vier Stationen unter dem Trapezflügel können diverse Waffen mitgeführt werden; maximale Nutzlast offenbar 1200 kg. Welche Waffen vorgesehen sind, ist noch nicht bekannt.
Entwicklungsstand: Ein Modell wurde erstmals an der Luftfahrtausstellung in Paris im Juni 2023 vorgestellt. Die Bodenerprobung startete im April 2023. Der Erstflug fand am 28. Dezember 2023 statt. Ob und in welcher Anzahl die Türkische Luftwaffe diese Drohne beschaffen wird, ist noch offen.
Bemerkungen: Die Entwicklung der Anka-3 wurde bis zur Veröffentlichung geheim gehalten. Mit dieser Drohne entwickelt der türkische Hersteller eine ähnliche bewaffnete Drohne wie die Suchoj S-70 (siehe Ausgabe 2023). bzw. Northrop Grumman X-47B (siehe Ausgabe 2013). Nebst Waffeneinsätzen soll sie auch für Aufklärungs- und ECM Einsätze dienen. Es ist die Idee, Drohnen des Typs Anka-3 zur Erfüllung von kritischen Einsätzen einzusetzen. Dieser Nurflügler mit Triebwerkeinlass oberhalb der Vorderkante des Flügelprofils verfügt daher über Stealth-Eigenschaften. Weitere Details, z. B. über die Konstruktion, die Avionik usw. sind noch nicht erhältlich. Das Fahrwerk ist einziehbar. Mittelfristig soll geplant sein, das ukrainische Triebwerk durch ein türkisches zu ersetzen. Weiter ist vorgesehen, eine Version für Einsätze ab dem türkischen Flugzeugträger zu entwickeln.
Hersteller: Turkish Aerospace Industries Inc., Kahramankazan, Ankara, Türkei.

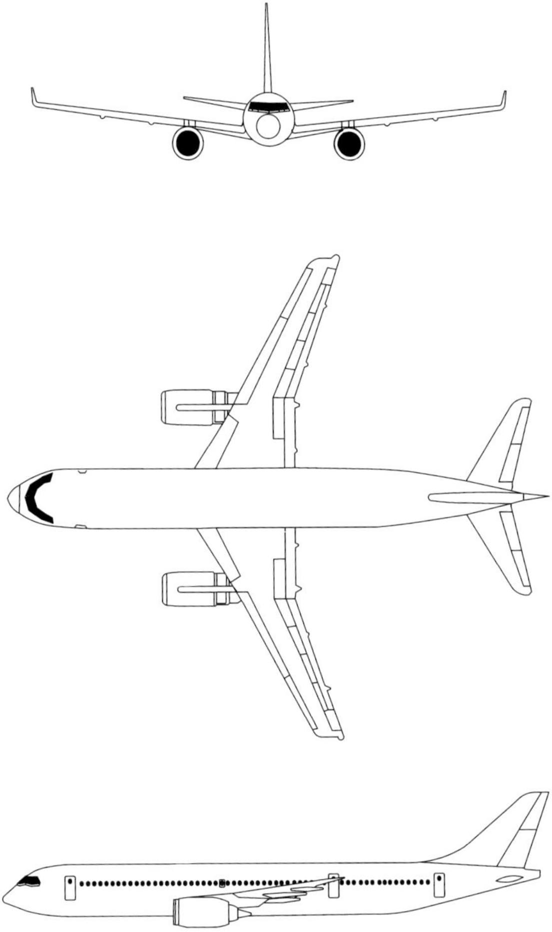

Abmessungen (MC-200/300/400):
Spannweite 35,90/35,90/36,80 m,
Länge 36,80/42,30/46,70 m,
Höhe 11,50/11,50/12,70 m.

UNITED AIRCRAFT MC-21

Ursprungsland: Russland.
Kategorie: Kurz- und Mittelstrecken-Verkehrsflugzeug.
Triebwerke: Zwei Mantelstromtriebwerke (Serienflugzeuge) Aviadvigatel PD-14 oder (Prototypen) Pratt & Whitney PW1400G mit einer Leistung von (MC-200/300/400) 12500/14000/15600 kp (122,6/137,3/153,0 kN).
Leistungen: Max. Reisegeschwindigkeit Mach 0,80; Dienstgipfelhöhe 11600 m; Reichweite (200/300/400): 6400/6000/5500 km.
Gewichte (MC-21-200/300/400): Max. Startgewichte 72390/79250/87230 kg.
Zuladung: Zwei Mann Cockpitbesatzung und bei einer Standard-Zweiklassenbestuhlung (MC-200/300/400) 132/163/178 Passagiere in Sechserreihen. Maximal können 176/211/230 Passagiere mitgeführt werden; max. Nutzlast 17560/22600 kg.
Entwicklungsstand: Ein erster Prototyp MC-21-300 hob am 28. Mai 2017 zum Erstflug ab. Der fünfte Prototyp MC-21-310, ausgerüstet mit PD-14-Triebwerken nahm die Erprobung im Dezember 2020 auf, Zulassung im Dezember 2021. Ein neuer Prototyp mit fast ausschließlich russischer Ausrüstung soll 2024 erstmals fliegen. Als Erstbesteller wird die Rossiya aber erst etwa 2025 diesen Typ erhalten. Die Aeroflot hat mittlerweile 210 MC-21 in Auftrag gegeben.
Bemerkungen: Dank der MC-21-Familie will Russland mit einem konkurrenzfähigen Muster in den heiß umkämpften Markt der 150- bis 200-plätzigen Mittelstreckenflugzeuge eindringen. Drei Varianten sollen gebaut werden, die MC-200, -300 und -400, die sich primär durch unterschiedliche Abmessungen, Gewichte und Triebwerke voneinander unterscheiden. Ziel dieses Musters ist, gegenüber den heutigen Modellen ein bis zu 15 % effizienteres Flugzeug anzubieten. Zwei Hauptfaktoren dafür sind die Triebwerke sowie die Struktur, die zu rund einem Drittel aus Verbundwerkstoffen, darunter der ganze Hauptflügel, besteht. Die Avionik stammt von Rockwell Collins. Dank gegenüber Konkurrenzmustern breiterer Kabine kann ein besserer Passagierkomfort angeboten werden. Angesichts der aktuellen Situation werden voraussichtlich alle Serienmodelle der MC-21 ausschließlich mit dem Aviadvigatel-Triebwerk ausgerüstet. Möglichst alle Komponenten sollen russischer Herkunft sein, um westliche Embargos zu umgehen. Dies führt zu einer Einführungsverzögerung von rund zwei Jahren. Einzelne Quellen nennen nun als Produzenten neu das A.S. Yakowlew Design Bureau.
Hersteller: United Aircraft Corporation (UAC), Moskau, Teil des Rostec Konglomerats, Werk Irkutsk Corp., Irkutsk, Russland.

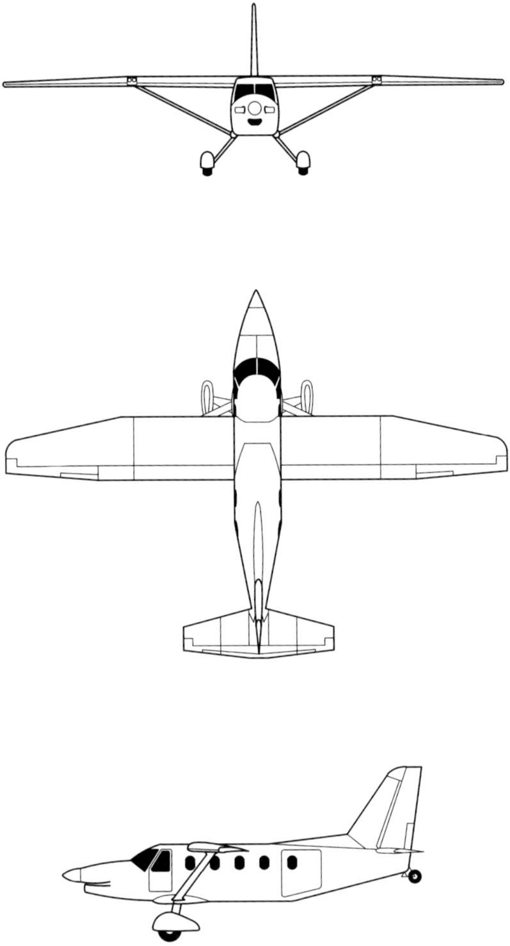

Abmessungen:
Spannweite 16,50 m,
Länge 12,20 m,
Höhe 3,70 m,
Flügelfläche ca. 28,00 m².

UZGA LMS-901 BAIKAL

Ursprungsland: Russland
Kategorie: Leichtes einmotoriges Turboprop-Mehrzweckflugzeug.
Triebwerke: Eine Propellerturbine (Prototyp) GE Aviation H80-100 von 800 WPS (597 kW) bzw. (Serienflugzeuge) Klimow VK-800S von 800 WPS (597 kW) Leistung.
Leistungen (nach Angaben des Herstellers): Normale Reisegeschwindigkeit 300 km/h; Reichweite mit einer Nutzlast von 2000 kg 1500 km; max. Reichweite 3000 km.
Gewichte: Leergewicht 2040 kg; max. Startgewicht 4800 kg.
Zuladung: Pilot und bis zu neun Passagiere, Zuladung 2000 kg.
Entwicklungsstand: Der Erstflug der LMS-901 Baikal fand am 30. Januar 2022 statt. Die Serienproduktion soll 2024 beginnen. Erste Bestellungen seien eingetroffen. Mittelfristig ist geplant, jährlich 50 Einheiten zu produzieren. Erste Aufträge über 120 Baikal wurden durch die Aerokhimflot und über 95 durch die GTLK erteilt.
Bemerkungen: Im September 2019 wurde bekannt, dass das Ministerium für Industrie und Handel ein leichtes Mehrzweckflugzeug in Auftrag gegeben hat, um die Antonow An-2 zu ersetzen. Es wird angestrebt, dass sämtliche Elemente russischer Herkunft sein werden. Neben der Landversion sei auch eine Amphibienversion mit Schwimmern geplant. Später soll auch eine Ausführung mit Hybrid-Antrieb entwickelt werden. Die ganze Konstruktion besteht aus Aluminium, ist sehr einfach und robust gehalten. Für Einzelteile werden Verbundwerkstoffe eingesetzt. Damit soll ein wirtschaftlicher Betrieb und eine einfache Wartung erzielt werden. Auf der linken Seite ist eine Frachttüre eingesetzt. Heute selten angewandt ist das Festfahrwerk mit Heckrad. Die LMS-901 soll in der Lage sein, von kurzen unvorbereiteten Pisten starten und landen zu können.
Hersteller: UZGA Ural Civil Aviation Plant bzw. Baikal-Engineering (Produktion), Jekaterinburg und Ljogky Mnogotselevoi Samoljot (LMS) (Entwicklung), Russland.

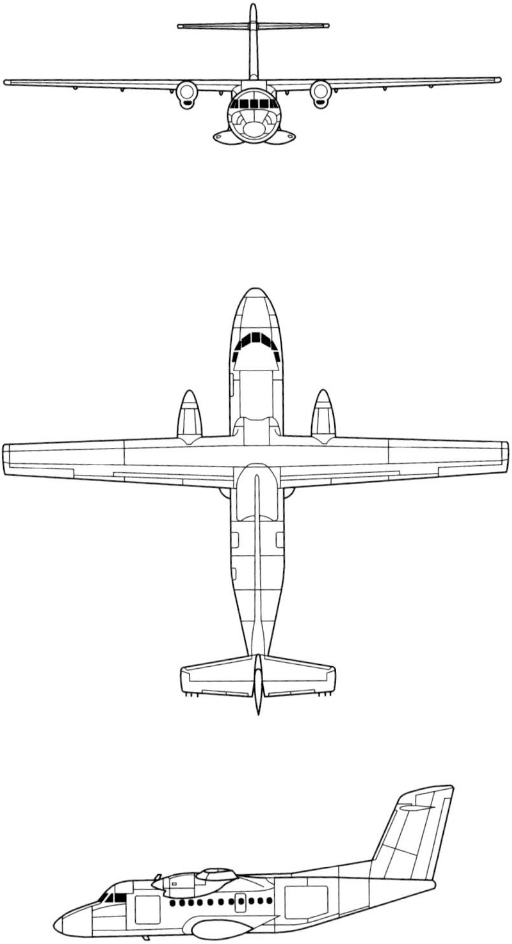

Abmessungen:
Spannweite 26,00 m,
Länge 22,83 m,
Höhe 8,32 m.

UZGA TVRS-44 LADOGA

Ursprungsland: Russland.
Kategorie: Kurzstrecken-Passagierflugzeug.
Triebwerke: Zwei Gasturbinen Klimow TW7-117ST-02 mit einer Startleistung von je 2400 WPS (1789 kW) Leistung.
Leistungen (Schätzungen): Höchstgeschwindigkeit 530/480? km/h; Dienstgipfelhöhe 9200 m; Reichweite mit max. Nutzlast rund 1200 km; maximale Reichweite 2200 km.
Gewichte: Leergewicht 10500 kg; max. Startgewicht 17000 kg.
Zuladung: Zwei Piloten und je nach Sitzanordnung zwischen 36 und 44 Passagiere; Nutzlast als Frachter 5000–6000 kg
Entwicklungsstand: Prototypen befinden sich im Bau, ein Erstflug ist für Anfang 2024 vorgesehen. Die Einsatzbereitschaft ist für 2026 geplant. Insgesamt sollen bisher 53 Ladoga bestellt worden sein, darunter 20 Einheiten durch KrasAvia.
Bemerkungen: Das Uraler Zivilflugzeugwerk entwickelt aktuell die TVRS-44 als Ersatz vieler mittlerweile überalterter Antonow An-24/26/Yakowlew Yak-40. Geplant ist eine Passagier- wie auch eine Frachtversion bzw. eine Kombiausführung, die sich schnell für die jeweilige Aufgabe umrüsten lässt. Da die TVRS-44 primär für den eher rauen innerrussischen Luftverkehr vorgesehen ist, soll die ganze Konstruktion sehr robust und einfach ausgelegt werden. Aufgrund der Sanktionen, sollen möglichst alle Komponenten russischer Provenienz sein. Bei der Ladoga handelt es sich nach bisherigen Quellen um eine Weiterentwicklung der früheren tschechischen Let L-610 (siehe Ausgabe 1996 und Dreiseitenriss). Das Triebwerk soll eine verbesserte Version des bekannten TV-117ST sein, welches einen geringeren Treibstoffverbrauch verspricht.
Hersteller: UZGA Ural Works of Civil Aviation Plant, Jekaterinburg, Russland.

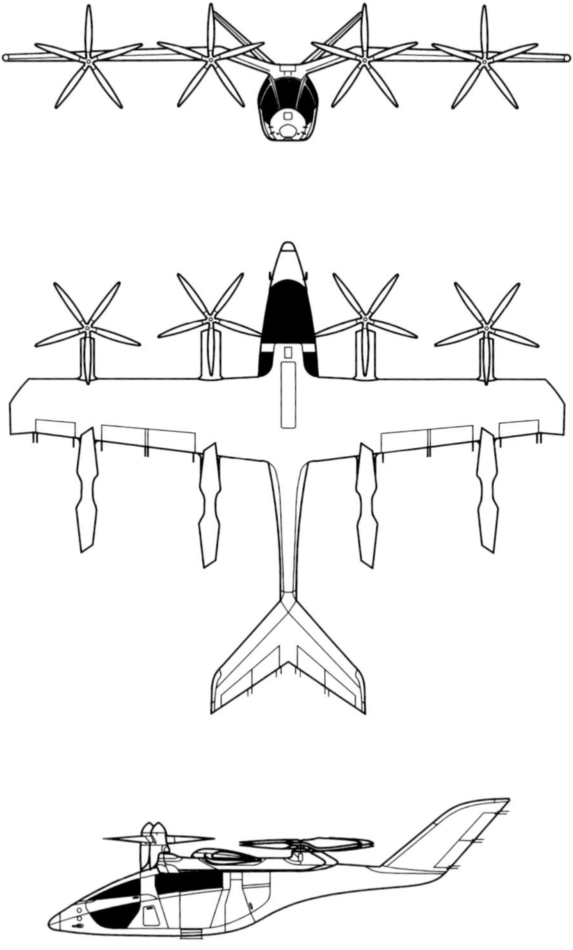

Abmessungen:
Spannweite ohne Rotoren 15,00 m,
Rumpflänge 13,00 m,
Höhe 4,00 m.

VERTICAL AEORSPACE VX4

Ursprungsland: Großbritannien.
Kategorie: Zero-Emission senkrecht startendes und landendes elektrisch angetriebenes Flugzeug (eVTOL).
Triebwerke: Acht schwenkbare Elektromotoren unbekannten Typs und unbekannter Leistung. Je vier Motoren treiben vier Fünfblatt-Rotoren vor dem Flügel und vier Vierblatt-Rotoren hinter dem Flügel an.
Leistungen (Nach Angaben des Herstellers): Normale Reisegeschwindigkeit 240 km/h; Reichweite mit vier Passagieren 160 km.
Gewichte: Noch keine Angaben erhältlich.
Zuladung: Ein Pilot und vier Passagiere; Nutzlast 450 kg.
Entwicklungsstand: Ein erster von sechs geplanten Prototypen nahm später als geplant die Flugerprobung im Juli 2023 auf, stürzte jedoch bereits am 9. August 2023 ab. Der nächste Prototyp soll im zweiten Semester 2024 fliegen. Die Einsatzbereitschaft wird für 2026 erwartet. Bisher sind rund 1400 Bestellungen eingegangen, darunter von American Airlines, Virgin Atlantic und FlyBalde.
Bemerkungen: Die VX4 reiht sich in die zunehmend größer werdende Zahl von Modellen, welche primär für den innerstädtischen Flugverkehr vorgesehen ist. Gestartet und gelandet wird vertikal, um dann in den Horizontalflug zu wechseln. Dazu können die Triebwerke nach vorne gedreht werden. Die ganze Struktur besteht aus Verbundwerkstoffen. Der Rumpf wird von Leonardo im Werk Grottaglie hergestellt. Dank einer 220Wh/kg-Batterie sollen sog. back-to-back-Rotationen möglich sein, d. h. dass ein Aufladen der Batterien nur jeweils am Ausgangspunkt nötig sein wird. Avionik und Flight Control System stammen von Honeywell. Das Fahrwerk ist einziehbar. Wo die VX4 in Serie gebaut werden soll, ist noch offen. Der Hersteller behauptet, dass dieses Muster deutlich leiser als ein konventioneller Hubschrauber sein wird. Dank der großen Zahl an Propellern soll der Flugbetrieb sehr sicher sein. Ein Ausfall eines Motors bzw. eines Propellers würde einen Flug nicht gefährden. Die Batterien stammen von E One Moli Energy.
Hersteller: Vertical Aerospace Group Ltd., Bristol, Flugerprobung am Kemble Airport, Gotswold, Großbritannien.

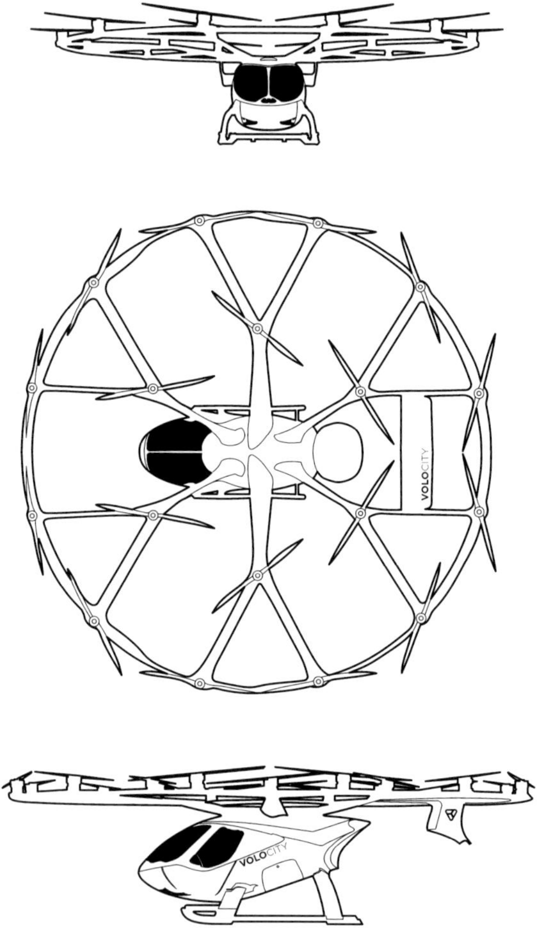

Abmessungen:
Spannweite 11,30 m,
Rumpflänge 9,50 m,
Höhe 2,50 m,
Durchmesser eines einzelnen Rotors 2,30 m.

VOLOKOPTER VOLOCITY

Ursprungsland: Deutschland.
Kategorie: Elektrisch autonom fliegender Hubschrauber/Mulitcopter.
Triebwerke: 18 3-Phasen-PM-Synchronmotoren noch unbekannter Leistung.
Leistungen (nach Angaben des Herstellers): Höchstgeschwindigkeit 110 km/h; normale Reisegeschwindigkeit 100 km/h; Reichweite 35 km.
Gewichte: Leergewicht 700 kg; max. Startgewicht 900 kg.
Zuladung: Ein Pilot und ein Passagier; Nutzlast 200 kg.
Entwicklungsstand: Ein erster Prototyp nahm im Dezember 2021 die Flugerprobung auf. Über die Auftragslage ist im Moment nichts bekannt. Ebenso wurde noch nicht mitgeteilt, ab wann der VoloCity einsatzbereit sein wird.
Bemerkungen: Nachdem der Hersteller zuerst mit einigen Erprobungsmustern experimentierte, entstand mit dem VoloCity ein erstes seriennahes Muster. Er ist rein elektrisch angetrieben, kann autonom fliegen und senkrecht starten und landen. Außergewöhnlich ist die große Zahl von Elektromotoren und Rotoren, welches dem Luftgerät ein sehr individuelles Aussehen verschafft. Als Energiequelle sind neun wiederaufladbare Lithium-Ionen-Batterie-Pakete vorgesehen. Auch dieses Muster ist hauptsächlich für den innerstädtischen Flugverkehr vorgesehen. Wie weit aber einzelne Städte einen solchen Verkehr zulassen werden, wird sich weisen. Was für dieses Konzept spricht, ist, dass dieser Typ keine Abgase ausstößt und die Lärmemission gering sein soll. In einer ersten Phase wird der VoloCity einen Piloten an Bord haben, später aber ausschließlich zwei Passagiere mitführen. Die ADAC Luftrettung prüft derzeit, wie weit sich dieses Muster auch im Rettungswesen, beispielsweise in der Notfallversorgung einsetzen ließe.
Hersteller: Volokopter GmbH, Bruchsaal, Deutschland.

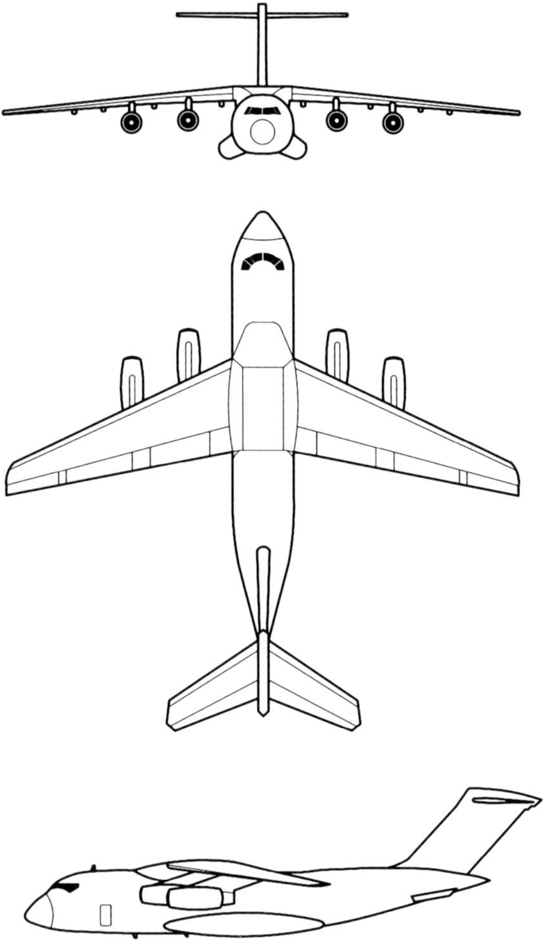

Abmessungen (provisorische Angaben):
Spannweite 50 m,
Länge 47 m,
Höhe 15 m,
Flügelfläche 330 m².

XI'AN Y-20/Y-20U

Ursprungsland: Volksrepublik China.
Kategorie: (Y-20) Schwerer militärischer Langstreckentransporter, (Y-20U) Tanker.
Triebwerke: Vier Mantelstromtriebwerke NPO Saturn D-30KP-2 von je 12440 kp (122,00 kN) Leistung.
Leistungen (Schätzungen): Höchstgeschwindigkeit ca. 920 km/h; Dienstgipfelhöhe 13000 m; Reichweite mit max. Nutzlast 4500 km; max. Reichweite 10000 km.
Gewichte (Schätzungen): Leergewicht ca. 100000 kg; max. Startgewicht 220000 kg.
Zuladung: Zwei Piloten und je nach Quelle eine maximale Nutzlast von zwischen 50000 und 66000 kg.
Entwicklungsstand: Die erste Y-20 nahm die Erprobung am 26. Januar 2013 auf. Zwei erste Serienmaschinen wurden Mitte 2016 von der Luftwaffe der Volksrepublik China in Dienst gestellt. Je nach Quelle sollen rund 100 Einheiten beschafft werden. Mittlerweile dürften rund 40 Y-20 im Einsatz stehen.
Bemerkungen: Gewisse Ähnlichkeiten mit der Il-76/476 (siehe Seiten 190/191) sind erkennbar. Trotzdem handelt es sich um ein eigenständiges Muster, welches anfänglich mit Unterstützung der ukrainischen Antonow entwickelt wurde. Die Y-20 weist die typischen Merkmale eines militärischen Transporters auf: Rumpf mit großem Querschnitt, Heckladerampe, Hochdecker, T-Leitwerk, robustes Fahrwerk. Heutigen Angaben zufolge dürfte die Y-20 größenmäßig (u. a. Rumpfquerschnitt) zwischen der Il-76 und der C-17 (siehe Ausgabe 2015) liegen. Obwohl rund 2 m kürzer als die Il-76, soll das Ladevolumen deutlich größer sein. Leistungsmäßig sind mindestens die Prototypen und die Vorserienmaschinen durch die eher schwachen russischen Triebwerke D-30 eingeschränkt. Seit 2018 wird in zwei Prototypen Y-20B das neue stärkere chinesische Triebwerk Shenyang WS-20 Huanghe mit größerem Nebenstromverhältnis und einer Leistung von 14000 kp (137 kN) erprobt. Dank einem Flügel mit superkritischem Profil und Auftriebshilfen sollen gute Startleistungen und hohe Reichweiten möglich sein. Die Avionik entspricht dem heutigen Standard. Jedes Rad des Fahrwerks weist eine eigene Aufhängung auf und die Y-20 ist damit geeignet, auch auf Naturpisten zu operieren. 2021 wurde erstmals die Tankerversion Y-20U gesichtet. Offenbar befindet sich auch eine AEW&C-Ausführung in Entwicklung. Ebenfalls geplant ist eine verlängerte zivile Frachtversion Y20F 100. Ganz neu fliegt eine Y-20 mit Triebwerken Aero Engine Corp. of China CJ-1000A. Diese Version soll 2027 einsatzbereit werden.
Hersteller: Xi'an Aircraft Industrial Corporation, Xi'an, Volksrepublik China.

VERZEICHNIS DER FLUGZEUGTYPEN

ABKÜRZUNGEN IM TEXT

Aéronavale = Französische Marineluftwaffe
AESA-Radar = **A**cive **E**lectronically **S**canned **A**rray, Radar mit aktiver elektronischer Strahlschwenkung
AEW/C = **A**irborne **E**arly **W**arning/**C**ommand, fliegende Radarfrühwarn- und Kommandoflugzeuge
ALAT = **A**viation **L**égère de l'**A**rmée de **T**erre, französische Heeresluftwaffe
Armée de l'Air = Französische Luftwaffe
ASW = **A**nti-**S**ubmarine **W**arfare, U-Boot-Bekämpfung
AWACS = **A**irborne **W**arning **A**nd **C**ontrol **S**ystem, Frühwarnflugzeug
COMINT = **COM**munications **INT**elligence, Nachrichtenaufklärung
CTOL = **C**onventional **T**ake-**O**ff and **L**anding, Start und Landung konventionell
ECM = **E**lectronic **C**ounter **M**easures, Sammelbegriff für alle Massnahmen zur Störung feindlicher Funk- und Radareinrichtungen auf elektronischem Weg
EFIS = **E**lectronic **F**light **I**nstrument **S**ystem, Elektronische Bildschirmanzeigeinstrumente
Elint = **El**ectronics **Int**elligence, elektronische Aufklärung
eVTOL = **e**lectric **V**ertical **T**ake-**O**ff-**A**nd-**L**anding, Senkrechtstart und-landung mit elektrischem Antrieb
FADEC = **F**ull **A**uthority **D**igital **E**ngine **C**ontrol, Digitales Triebwerkmanagement-System
FBW = **F**ly-**B**y-**W**ire, Steuerung des Flugzeuges mittels elektrischen Impulsen
FLIR = **F**orward-**L**ooking **I**nfra**R**ed, Infrarot-Nachtsichtgerät
GFK = **G**las**f**aserverstärkter **K**unststoff
GPS = **G**lobal **P**ositioning **S**ystem, präzise Navigationshilfe mittels Satelliten
HOTAS = **H**ands-**O**n-**T**hrottle-**A**nd-**S**tick, alle wichtigen Bedienungsfunktionen sind im Schubhebel und Steuerknüppel vereinigt
HUD = **H**ead-**U**p **D**isplay, Blickfelddarstellungsgerät. Die wichtigsten Flugdaten werden auf die Frontscheibe projiziert
IFR = **I**nstrument **F**light **R**ules, Instrumentenflugregeln
LANTIRN = **L**ow-**A**ltitude **N**avigation **T**argeting **IR** for **N**ight, Tiefflugnavigations- und Infrarot-Angriffssystem für Nachteinsätze
MAD = **M**agnetic **A**nomaly **D**etection, Magnetometer, Gerät zum Aufspüren magnetischer Unregelmässigkeiten (Einsatz zur U-Boot-Bekämpfung)
NVG = **N**ight **V**ision **G**oggles, Sammelbegriff für Nachsichtgeräte/-brillen am Kopf des Piloten befestigt
RAAF = **R**oyal **A**ustralien **A**ir **F**orce, australische Luftwaffe
RAF = **R**oyal **A**ir **F**orce, britische Luftwaffe
RN = **R**oyal **N**avy, britische Marineluftwaffe
SAF = **S**ustainable **A**viation **F**uel
SAR = **S**earch **A**nd **R**escue, Such- und Rettungseinsätze
SAR = **S**ynthetic **A**perture **R**adar, Sythetisches Breitband-Aufklärungsradar
SIGINT = **SIG**nals **INT**ellingence, Funkaufklärung
STOL = **S**hort **T**ake-**O**ff and **L**anding, Kurzstart und -landung
STOVL = **S**hort **T**ake-**O**ff and **V**ertical **L**anding, Kurzstart und Senkrechtlandung
USAF = **U**nited **S**tates **A**ir **F**orce, Luftwaffe der USA
USCG = **U**nited **S**tates **C**oast **G**uard, Küstenwache der USA
USMC = **U**nited **S**tates **M**arine **C**orps, Marineinfanterie der USA
USN = **U**nited **S**tates **N**avy, Marine der USA
VFR = **V**isual **F**light **R**ules, Sichtflugregeln
VTOL = **V**ertical **T**ake-**O**ff and **L**anding, Senkrechtstart und -landung
WPS = **We**llen-**PS**, Leistung einer Propeller- oder Gasturbine, gemessen an der Welle; der Restschub wird nicht berücksichtigt, Englisch: shp (Shaft Horse Power)